AF501663

# DES COMICES AGRICOLES

ET EN GÉNÉRAL

# DES INSTITUTIONS D'AGRICULTURE,

**PAR M. DUPIN,**

PRÉSIDENT DU CONGRÈS CENTRAL D'AGRICULTURE DE FRANCE,
ET DU COMICE AGRICOLE DE L'ARRONDISSEMENT DE CLAMECY;
MEMBRE HONORAIRE DE LA SOCIÉTÉ D'AGRICULTURE DE SAÔNE-ET-LOIRE.

Omnium autem rerum ex quibus aliquid acquiritur, nihil est Agricultura melius, nihil uberius, nihil dulcius, nihil homine libero dignius.

CICERO, *De Officiis*, lib. I.

PARIS.
VIDECOQ FILS AINÉ, ÉDITEUR,
1, PLACE DU PANTHÉON.

JUIN 1849.

IMPRIMÉ PAR PLON FRÈRES, 36, RUE DE VAUGIRARD.

# INTRODUCTION.

L'agriculture est le plus ancien, le plus nécessaire, le plus noble des arts.

En livrant la terre à l'homme, Dieu lui a donné pour mission de la féconder par le travail et de l'arroser de ses sueurs[1].

C'est ce labeur de l'homme ajouté à l'œuvre de la création qui a constitué le privilége du possesseur, son droit de jouir, à l'exclusion de tous autres, de la portion de terre qu'il avait ainsi appropriée à ses usages; et, par suite, la faculté de la transmettre après lui à ses enfants ou à d'autres, par les moyens que les législations humaines ont successivement autorisés.

Chez tous les peuples, le laboureur devrait, entre tous les travailleurs, être le plus honoré dans la paix, le plus ménagé dans la guerre. — Malheureusement on a presque toujours vu le contraire.

Dans la guerre, c'est d'abord à lui qu'on s'en prend. On n'enlève pas seulement à la terre les bras qui la cul-

[1] In laboribus comedes... in sudore vultûs tui vesceris pane. *Genes. chap.* III, *v.* 17 *et* 19.

tivent, on met en réquisition les attelages pour les charrois, les bestiaux et les grains pour la nourriture des armées, les fourrages pour la cavalerie et pour le bivouac.

En voyant s'approcher l'ennemi, l'avare cache son or, le banquier serre son portefeuille, les villes se ferment, se défendent ou se préservent par des capitulations; — le laboureur est réduit à jeter sur ses champs un regard douloureux, il s'écrie comme le paysan du Mantouan [1] dans la première églogue de Virgile : Des barbares auront donc ces moissons! ces magnifiques cultures! voilà donc pour quelles gens nous avons ensemencé nos terres!

> Impius hæc tam culta novalia miles habebit!
> Barbarus has segetes! en queis consevimus agros!

Aussi les défend-il avec ardeur. Et de tout temps on a remarqué que les hommes de l'agriculture étaient aussi les meilleurs soldats. Presque tous ont servi dans les deux milices, l'agriculture et l'armée : gloire au vétéran! honneur au soldat laboureur!

Les législateurs ont dû maintes fois s'occuper de protéger l'agriculture. Même au moyen âge, on voit des trêves ménagées pour laisser le temps de semer et de récolter. On trouve çà et là des ordonnances pour réprimer ce que les plus anciennes appellent les *pilleries des gens de guerre,* et les vexations exercées par certains hobereaux sur les pauvres gens du *plat pays.*

[1] Aujourd'hui la Lombardie.

Les édits sur la procédure exceptent des saisies-exécutions les semences et les instruments aratoires. Quelques exemptions de formes, certaines facilités accordées par le législateur à ceux qu'on appelait insolemment des *rustres*, ont été réunies par un jurisconsulte du seizième siècle sous le titre *De privilegiis rusticorum*[1].

Mais pendant plusieurs siècles encore, les corvées, les dîmes, les oppressions de toute nature, le défaut de liberté dans le commerce et dans la circulation des marchandises et des denrées, devaient peser sur l'agriculture. Sully et Vauban avaient en vain réclamé pour elle! Une révolution seule pouvait réellement affranchir l'homme et la terre.

Telle fut la révolution de 1789.

Cette révolution a aboli le servage, la mainmorte, la dîme, la corvée et toutes les exactions féodales; elle a supprimé les *priviléges*, détruit les *servitudes* et fondé l'*égalité* de droit, le *droit commun* de tous les Français.

Et pourtant, que le laboureur ne l'oublie pas, peu de temps après l'avénement de ce régime qui avait proclamé si haut les grands mots de *Liberté*, *Égalité*, *Fraternité*, la laboureur français vit, sous le fatal régime de la Terreur, fondre sur lui, comme une grêle, les réquisitions de toute espèce, le maximum et les assignats.

Et dans ces derniers temps, que je rapproche à cause de la ressemblance qu'une faction insensée s'est efforcée

[1] Choppin.

de leur donner avec un odieux passé, ce n'est pas la faute des nouveaux montagnards si l'on n'a pas renouvelé tous les expédients de 1793, y compris le papier-monnaie !

Il y a donc deux époques que je ne voudrais jamais voir effacer du souvenir de ceux qu'on appelait jadis avec dédain les *paysans :* nom dont ils pourraient s'honorer aujourd'hui, si l'on doit entendre par ce mot, ainsi que l'indique son étymologie, les *hommes du pays*, ceux qui fécondent le *sol* de la patrie, qui vivent le plus de la vie des champs, du soleil et du grand air, vie de force et de liberté.

La première époque est celle qui a fondé la liberté en détruisant toutes les oppressions antérieures à 1789.

La seconde époque est celle de la Terreur, époque de larmes et de sang, des réquisitions, du maximum et des assignats, avec tous les excès et tous les malheurs qu'entraînent les discordes civiles : *En quo discordia cives perduxit miseros !*

Si les vieillards prenaient soin de transmettre ces traditions à leurs enfants ; si ceux à qui la patrie confie le soin d'instruire la jeunesse des campagnes en remettaient à propos le tableau sous les yeux de leurs élèves ; ils apprendraient aux populations à détester également le despotisme et l'anarchie, à comprendre que l'ordre public maintenu, la loi sévèrement exécutée, peuvent seuls garantir à chacun la sûreté de sa personne, de son travail et de sa propriété. Tous demeureraient convaincus que les tempêtes politiques sont aussi redoutables pour leur bien-être que les tempêtes naturelles sont dommageables pour leurs récoltes; ils apprécieraient davantage le bonheur de vivre sous un régime protecteur; ils comprendraient mieux le devoir de soutenir les gouvernements qui les font jouir des bienfaits de la paix, et l'obligation imposée à tout citoyen de prêter main forte aux pouvoirs institués pour faire respecter le droit et la liberté de tous contre la violence et l'oppression des plus audacieux.

Sous tous les régimes qui, depuis 1793, ont pu mériter le titre de gouvernements *modérés*, l'agriculture a vu successivement sa condition s'améliorer et devenir l'objet d'une sollicitude plus active.

Malgré la guerre, aussi longtemps du moins que la victoire sut la tenir éloignée de nos frontières, Napoléon, par la police sévère qu'il sut établir, par son Code civil et ses grandes lois d'administration, fut véritablement *l'homme national,* et l'on put dire de son gouvernement succédant aux agitations révolutionnaires, comme de celui d'Auguste après la cessation des guerres civiles : *Deus nobis hæc otia fecit.*

Sous la Restauration, on a commencé à mieux étudier et à mieux connaître les vrais principes de l'économie politique. On a combiné les lois de douane avec les forces de la production nationale.

Depuis 1830, la paix continuée, le crédit plus développé, les travaux publics et les entreprises particulières prenant une extension dont aucune autre époque de notre histoire n'avait offert d'exemple; tout, pendant dix-huit ans, avait contribué à exciter la production, à perfectionner l'industrie, à multiplier les voies d'écoulement et d'échange, à accroître la masse du travail et des consommations.

Pendant cette même période, l'agriculture est devenue l'objet d'un véritable culte.

Les hommes que les diverses révolutions avaient repoussés de la carrière politique et de celle des armes, ont cherché dans les campagnes le moyen d'occuper l'activité de leur corps et de leur esprit. On a réparé les châteaux, rebâti les fermes, fondé de nouvelles usines, éclairé ou assaini les moindres habitations. *Regis ad exemplum*, chacun semblait avoir ce qu'on nomme vulgairement la *maladie de la pierre* : ç'a été le bon temps des maçons et des architectes, et de tous les ouvriers qui travaillent à leur suite : ils ne sauraient l'oublier.

D'un autre côté, la classe des cultivateurs est devenue plus éclairée. Sur tous les points du territoire, on a vu se former des sociétés d'agriculture ; la presse leur a prêté son concours par des journaux spéciaux et une foule de publications; des fermes-écoles, des fermes-modèles, des colonies agricoles ont été fondées; on a mieux que par le passé interrogé les sciences naturelles, la physique, la chimie ; on est remonté de la pratique à la théorie, et réciproquement on est redescendu de la théorie à la pratique, en éclairant ou rectifiant l'une par l'autre, par des essais, des expériences, des tâtonnements. On a déclaré la guerre à la routine, supprimé les jachères, varié les assolements, introduit des cultures nouvelles, amélioré la race des bestiaux, étudié les engrais, perfectionné les charrues et les autres instruments d'agriculture, utilisé les eaux par de savantes irrigations, multiplié les voies de communication : — sur tous les points on a vu s'établir les améliorations et le progrès.

Une des institutions qui ont le plus contribué à propager ces résultats est sans contredit l'institution des *comices agricoles*, heureuse pensée qui, à un jour donné, dans le même champ, sous le feu du soleil qui embellit et féconde toute la nature, rassemble le propriétaire, le fermier, le laboureur ; celui qui élève le bétail, le conduit et le garde ; tous ceux, en un mot, qui, à un titre quelconque, peuvent être considérés comme des agents de l'agriculture ; en présence, avec le concours et aux applaudissements de toute la contrée.

Quoi de plus libéral que ces assemblées ! Formées par la seule volonté de ceux qui les composent, elles élisent leur président, leurs secrétaires, leur bureau ; des prix sont décernés par des jurys élus par le suffrage universel des membres du comice ; les juges du concours sont seuls exclus des prix qu'ils sont chargés de distribuer ; c'est à eux d'opter entre la qualité de juges et celle de concurrents.

Dans ces réunions populaires, l'égalité, la fraternité ne sont pas de vains mots : l'égalité n'y est point un texte pour l'envie et la spoliation ; la fraternité ne s'y produit pas avec des formules grossières et en quelque sorte menaçantes. Tout y est libre, volontaire, affectueux, sans prétention. Le riche y couronne le pauvre ; il applaudit en lui, non le fainéant, mais le travailleur ; non l'ouvrier débauché, mais l'ouvrier honnête et moral. Le vieux serviteur y paraît sous le patronage de son maître, qui le premier s'empresse de louer ses bonnes qualités en rendant témoignage de son intelligence et de ses services; les deux y gagnent, car souvent l'éloge du bon serviteur remonte au bon maître par les voix qui redisent le proverbe: *Tel maître, tel valet.*

On se presse pour voir fonctionner les charrues de divers modèles; et tel cultivateur, encroûté dans la routine, qui ne se serait jamais laissé persuader qu'il existe de meilleure charrue que son araire primitive, à soc pointu avec d'étroites oreilles dont il s'est toujours servi, s'extasie devant la charrue Dombasle et la charrue Granger, et ne peut résister au désir de s'en procurer une semblable à celle qui sous ses yeux a tracé un sillon plus profond, plus droit, plus régulier.

Il en est de même des machines : c'est en les voyant fonctionner qu'on s'en dégoûte ou qu'on s'en éprend: A l'œuvre on connaît l'artisan.

Et tout cela se passe au milieu des communications les plus franches, les plus vives, les plus sympathiques; au milieu des ondulations d'une population dont les flots se portent successivement sur tous les points où sa curiosité est éveillée : ici un bel étalon, là un taureau de Durham, un charolais, un morvandiau; plus loin de beaux moutons de race ou croisés. Tout le monde se touche, se presse, s'interpelle par des questions, des éloges, des critiques, des doutes, des réflexions de toute nature; la plaisanterie, le rire, la gaieté éclatent à chaque instant.

Tout se termine par un banquet dont le prix modique est à la portée des bourses les plus modestes. Excepté cinq ou six places réservées aux dignitaires et aux ordonnateurs de la fête, chacun se place au hasard, sans distinction, et se montre toujours content de son voisin. Des discours y sont prononcés, non pour animer les passions et exciter les cupidités, mais pour louer l'intelligence appliquée aux travaux utiles et développer les sentiments honnêtes. Des toasts y sont portés, mais à qui? *Au chef de l'État;* — au pouvoir protecteur de la paix publique, du commerce et de l'industrie; — *à l'agriculture*, à ses bienfaits, à ses progrès; — *aux lauréats*, objet des honneurs et des encouragements décernés par le Comice; — enfin *aux visiteurs*, dont la présence est venue ajouter quelque éclat à la solennité de la réunion. Et chacun se retire content.

Il n'y a guère d'apport, de foire, de fête mangeoire qui se termine sans rixes, sans disputes ou sans quelque ignoble scène d'ivrognerie [1]. Jamais banquet de Comice n'a rien offert de semblable. On pourrait dire de chaque assemblée de ce genre que c'est une foire où l'on ne s'enivre pas et où l'on ne ment point.

Aussi le gouvernement a-t-il favorisé autant qu'il l'a pu le développement et la multiplication des Comices.

Des *instructions* que le ministre de l'agriculture

[1] Le vin commence par la joie et finit par la bataille. Ce genre d'excès est le fléau des campagnes.

> Natis in usum lætitiæ scyphis
> Pugnare Thracum est : tollite Barbarum
> Morem, verecundumque Bacchum
> Sanguineis prohibete rixis.

a publiées ont eu pour objet d'indiquer aux localités les moins éclairées les meilleures conditions auxquelles ces associations peuvent se former. Le gouvernement y a affecté des primes, des médailles, des encouragements. Les Conseils Généraux ont secondé cette impulsion, et les Comices ont prospéré. — Or, sans méconnaître les avantages des diverses autres institutions agricoles dont chacune a son caractère propre d'utilité, je ne crains pas de dire qu'entre toutes ces institutions, les Comices ont le plus efficacement contribué à répandre dans le peuple, le peuple laboureur, le peuple qui cultive la terre de ses mains, les idées qu'il importe le plus de répandre pour vaincre les vieilles routines, les pratiques vicieuses, et pour faire pénétrer dans les campagnes l'esprit de moralité, d'amélioration et de progrès.

Un *état* de toutes les Sociétés d'agriculture et des Comices actuellement existants, que l'on trouvera à la fin de ce volume, donnera une idée du développement qu'a pris en France cette institution devenue réellement nationale.

Au-dessus de toutes ces institutions locales est venu se placer le *Congrès central* d'agriculture. — Née des besoins de l'agriculture, du sentiment de sa faiblesse si elle ne se créait pas un organe puissant capable de la défendre en exposant ses besoins et en faisant entendre ses vœux ; cette Assemblée, mal à propos redoutée de quelques hommes du pouvoir, et introduite de fait, moins avec l'autorisation qu'avec la tolérance de l'administration supérieure, a présenté comme les *États-Généraux de l'agriculture en France.*

Là en effet sont venus se grouper avec un empressement remarquable les députés de tous les Comices, de toutes les Sociétés d'agriculture des départements; et l'on a vu parmi ces *députés de la terre* surgir, comme d'une végétation improvisée, des orateurs habiles à traiter les diverses questions, des rapporteurs savants dans la manière de les exposer et de les résumer, des hommes hardis quelquefois dans leurs idées et dans leur langage, mais contenus ou ramenés aussitôt dans de justes limites par la nature pacifique du sujet, le caractère moral de la réunion, et le bon sens exquis de la grande majorité de ses membres.

Mais revenons aux *Comices.* Ceux de Seine-et-Marne et de Seine-et-Oise ont été les premiers à se former aux portes de la capitale. Bientôt leur exemple a été suivi.

La Nièvre en a promptement ressenti l'impulsion. Dès l'année 1839, une souscription s'est ouverte dans l'arrondissemsnt de Clamecy; et le 8 septembre de la même année, son Comice a tenu sa première assemblée près de la ville de Tannay, dans un site délicieux dominant les admirables prairies qui bordent la belle vallée de l'Yonne.

Le *règlement* de ce Comice approuvé le 14 juin renferme les dispositions les plus sages, dont quelques-unes ont été empruntées à ses devanciers, et d'autres ont mérité d'être adoptées par ceux qui sont venus après.

Depuis son origine, j'ai eu l'honneur d'être le président de ce Comice : honneur déféré à mon goût pour l'agriculture, que j'aime, bien plus qu'à mes connaissances agronomiques, qui sont, je l'avoue, très-bornées. Ma pratique, fort restreinte, s'est exercée sur les plantations et sur les prairies, plus que sur les cultures que mon séjour habituel à Paris m'empêche de suivre; et j'en dois d'autant plus de gratitude à l'indulgence de ceux qui, malgré mes recommandations, ont insisté pour me placer à leur tête, lorsque tant d'autres, à mon avis, en eussent été plus capables que moi. — J'ai voulu du moins témoigner mon estime et ma reconnaissance pour tous les membres du Comice en publiant ce petit volume, dans lequel j'ai réuni les divers *discours* qui chaque année, dans les différents cantons de l'arrondissement, ont constaté les efforts et proclamé les succès de nos cultivateurs et de nos éleveurs de troupeaux[1].

L'agriculture de la Nièvre, déjà en progrès, a fait des pas rapides et obtenu des succès remarquables depuis dix ans, c'est-à-dire depuis l'institution des Comices. La race des chevaux de trait s'est agrandie et fortifiée; la race bovine charolaise, croisée avec la race morvandelle, a pris de la taille et de la finesse sans rien perdre de sa vigueur; et l'intervention des taureaux de Durham a donné naissance à de magnifiques sujets, dont plusieurs ont été primés au *Congrès de Poissy*, parmi les plus belles espèces destinées à la consommation, tandis que nos bœufs du Morvand conservaient leur supériorité pour le travail, la force et la dextérité.

[1] J'y ai joint aussi les discours que j'ai improvisés dans plusieurs assemblées du Comice de Seine-et-Oise.

Le *Comice de Clamecy* n'a pas seul contribué à ces grands résultats, je le reconnais : il n'y a fourni que son contingent. Les autres arrondissements ont fait aussi leurs efforts; la *Société centrale de Nevers*, qui compte dans son sein des hommes éminents, a donné de sages conseils, pendant que la *ferme de Poussery* offrait d'utiles leçons et de précieux modèles. Tout était en mouvement et en travail, et l'on pouvait dire : *Fervet opus...* quand de malheureux troubles civils, en alarmant tous les intérêts, en menaçant toutes les existences, sont venus suspendre le cours de cette admirable prospérité, et produire cette détresse universelle dont en ce moment l'agriculture souffre et gémit [1].

[1] *Extrait du rapport déposé le 25 avril 1846 à l'Assemblée nationale par M. Théodore Ducos au nom de la commission chargée de l'examen des dépenses du gouvernement provisoire.*

« Une grande et soudaine révolution a éclaté : elle a brisé un trône et renversé la monarchie. Au moment où il s'y attendait le moins, le pays a vu proclamer la République. Des hommes qui naguère encore n'aspiraient à aucune fonction dans l'État, ont été tout à coup placés au premier rang, et ont conquis ou accepté la direction des affaires publiques.

» Sous le nom de Gouvernement provisoire, ces hommes, pendant soixante-dix jours, ont concentré dans leurs mains tous les pouvoirs de la France : sortis d'une révolution, ils ont voulu accomplir la révolution et obtenir d'elle tout ce qu'elle pouvait produire. Une dictature absolue, souveraine, a été exercée ; — les institutions ont été profondément modifiées ; — la plupart des fonctions ont passé en des mains nouvelles ; — les finances ont été administrées sans contrôle et au gré du seul pouvoir existant ; — la force publique a été modifiée ; — l'agitation a régné dans les rues et le désordre dans les esprits ; — les transactions commerciales, industrielles et agricoles, se sont vues frappées de paralysie ; — un discrédit général a atteint les plus hautes fortunes comme les plus humbles ; — le Trésor de l'État, qui repose sur des bases si solides, la Banque de France elle-même, qui se trouve si vigoureusement constituée, les maisons de commerce les plus anciennes et les plus puissantes, ont dû suspendre ou ralentir leurs payements ; — une multitude in-

Malheur ! grand malheur sans doute ! mais dont je profiterai du moins pour en tirer une leçon que j'adresse principalement aux laboureurs, et je devrais dire en général aux *travailleurs de tous états;* car tout se tient dans ce monde par les liens dont la Providence, dans sa prescience et sa justice universelle, se sert pour enchaîner les effets et les causes.

Je leur dis à tous : Quand il y a des troubles à Paris, n'écoutez pas ceux qui s'en réjouissent d'une manière stupide ou féroce; comme si les perturbations de cette capitale devaient, selon le langage de ceux qui vous trompent ou qui vous flattent, diminuer vos misères et améliorer votre position. — C'est tout le contraire.

Point de jalousie contre la capitale : c'est un mauvais sentiment. Si Paris était anéanti, comme le voudraient les ennemis de la France, plus de soixante départements, qui ne vivent que de leurs relations et de leur commerce avec Paris, seraient ruinés. La Nièvre particulièrement, toutes les fois que Paris est agité, en reçoit le contre-coup le plus immédiat et le plus douloureux.

En effet, écoutez bien ceci : la guerre civile à Paris, quels en sont les effets ?

Les étrangers venus de tous les pays de l'Europe pour y jouir des plaisirs et y contempler les merveilles de

nombrable de maisons moins robustes ont succombé; — les principaux revenus publics ont été taris dans leurs sources; — des charges imprévues ont frappé la propriété foncière; — la capitale a été menacée; — la circulation du numéraire a été arrêtée; — l'étonnement, l'inquiétude et l'effroi ont mis le comble à une crise dont nul ne pouvait sans terreur mesurer l'étendue et le terme... »

notre longue civilisation, se hâtent de retourner chez eux, et les hôtels garnis sont déserts.

Les gens riches, ceux qu'aucune fonction publique, aucun devoir n'enchaînent à Paris, quittent leurs hôtels ou donnent congé de leurs appartements, et vont à la campagne, dans leurs terres, chercher une paix, une sécurité que ne leur offre plus la capitale, et y vivre obscurément, avec une économie que la perte du crédit et le défaut de rentrée de leurs capitaux et de leurs revenus leur rendent nécessaire, s'ils veulent, comme on dit vulgairement, mettre les deux bouts l'un vers l'autre.

Les parents, craignant pour la vie et le moral de leurs enfants, qu'ils n'envoient à Paris que pour y puiser une éducation plus exquise, les retirent de ce foyer d'agitation, les rappellent auprès d'eux; et les nombreux pensionnats de Paris sont déserts ou grandement dépeuplés.

Le crédit se resserre, le marchand cesse de vendre, les travaux en tout genre sont froissés ou interrompus, surtout si à la restriction des commandes vient se joindre l'action violente des paresseux qui, ne voulant pas travailler, contraignent par menaces et par voies de fait les bons ouvriers à quitter leurs ateliers.

Voilà l'effet immédiat des troubles civils de Paris. — Et maintenant, éleveurs de troupeaux, charroyeurs morvandiaux, et vous, flotteurs de Clamecy, voici la réaction que ces malheurs publics appellent spécialement sur vous.

La consommation de viande de Paris étant diminuée

par la retraite des principaux consommateurs, on n'achète plus autant nos bœufs gras aux marchés de Sceaux et de Poissy; ceux qui restent invendus, il faut les ramener à grands frais ou les délaisser à vil prix.

Ainsi avertis et revenus en foire, le marchand de bestiaux, l'engraisseur disent au laboureur et au fermier : Si le commerce allait, je vous donnerais 600 fr. de votre paire de bœufs ; mais Paris ne consomme plus, rien ne va, je ne vous en donne que 350 fr., ou même je n'achète pas jusqu'à nouvel ordre. Et l'on ramène les bœufs à l'étable.

Venons au commerce de bois, autre richesse de notre département.

Le marchand de bois de Paris n'a presque rien vendu, son chantier est encore plein à l'époque où ordinairement il était presque vide; les bois ne se demandent pas sur les ports du haut, ou bien ils ne se vendent, comme en 1848-49, que moitié du prix de l'année précédente. Quelle en sera la conséquence? C'est que chaque propriétaire, à moins qu'il n'y soit forcé par la nécessité de ses affaires, restreindra ses coupes au tiers ou à moitié.

Bûcherons, vous aurez moins d'ouvrage; car il y a des factieux qui ont troublé l'ordre à Paris.

Charroyeurs, vous aurez moitié moins de bois à extraire des ventes, et à conduire au port, parce qu'on a coupé moitié moins qu'à l'ordinaire. — Par contrecoup, vous n'irez pas en foire acheter des bœufs pour faire plus d'ouvrage que vous n'en avez.

Flotteurs de Clamecy, vous ferez moitié moins de

trains, parce qu'il descendra moins de bois des ports du haut, et parce que, Paris troublé consommant moins que Paris paisible, les marchands auront besoin d'un moindre approvisionnement.

Maintenant allez au club, si vous voulez; allez écouter les charlatans politiques et les démagogues déclamer contre les riches qu'on s'efforce de ruiner, contre les fonctionnaires publics dont on sape l'autorité, contre la société qu'on prétend refaire et qu'on parvient seulement à ébranler. Avec votre bon sens naturel, si vous voulez bien y joindre un peu de réflexion, vous leur répondrez : Prophètes de malheur, c'est vous et ceux dont vous êtes les correspondants et les organes, qui êtes cause de notre détresse; ce sont les journées de mars et d'avril, l'attentat du 15 mai, la sédition de juin, la propagande infernale de vos écrits, l'agitation entretenue et sans cesse renouvelée, qui, en détruisant la sécurité, l'aisance et la consommation de Paris, ont diminué pour nous les causes du travail. Laissez-nous en paix, et ne nous donnez pas à croire que, si l'on procurait à vos meneurs les places qu'ils convoitent, tout irait pour le mieux. Taisez-vous et laissez-nous travailler.

Ce que je viens de dire pour la Nièvre, chacun des autres départements peut l'appliquer également à ses productions et à ses travailleurs : la Normandie pour ses bestiaux; le Midi pour ses vins, ses eaux-de-vie, ses huiles; le Nord pour ses lins et ses colzas; tous les pays de fabrique pour leurs débouchés[1]. Partout cette ques-

[1] Une des formules de séduction lors des dernières élections était de déclamer contre les *habits de drap!* Eh bien! portons tous

tion rappelle la fable des membres qui refusaient de travailler pour l'estomac. Oui, Paris digère tout, absorbe tout ; mais en achetant et en payant tout ce qu'il reçoit et tout ce qu'il consomme, c'est-à-dire en enrichissant les départements qui lui apportent et lui vendent les produits de leur sol et de leur travail [1].

Dans ces derniers temps on a tout menacé, la religion, la propriété, la famille.

Proudhon a poussé le blasphème jusqu'à oser dire que *tout mal venait de Dieu!* — J'aime mieux l'impie, qui, dans son aveuglement, se dit en lui-même : *Il n'y a pas de Dieu* [2], que la créature qui se dresse ainsi avec orgueil et avec insulte contre le Créateur.

On a vu les différentes sectes du socialisme, divisées sur les moyens, s'accorder sur le but, qui était de miner et de détruire la propriété : « s'efforçant, » comme je le disais dans la séance du 10 août 1848, « d'effacer le

des blouses ; mais combien désormais vendrez-vous vos laines, et que ferez-vous des nombreux et intéressants ouvriers qui fabriquent les draps? Si vous proscrivez le drap, à plus forte raison la soie, que deviendront les ouvriers de Lyon? Tout se tient dans ce monde.

[1] La même réflexion s'applique aux grands monuments de Paris, auxquels certains députés trouvent quelquefois mauvais qu'on applique en partie les fonds du budget. Tous ces monuments sont à la France; ils attestent sa grandeur, et sont seuls capables d'attirer les regards des étrangers. Ceux-ci ne seraient certainement pas venus pour admirer la présence des *invalides civils* aux Tuileries; mais ils viendront admirer le tombeau de Napoléon gardé par les invalides de nos glorieuses armées, la colonne de la place Vendôme, l'arc de triomphe de l'Étoile, les jardins et le musée de Versailles, le Panthéon, le Louvre, même inachevé; etc., etc.

[2] Dixit insipiens in corde suo : *Non est Deus.*

» titre de la Propriété dans le Code civil, et le titre du » Vol dans le Code pénal. »

Les novateurs ont soumis leurs idées à la discussion et à l'expérience ; ils y ont trouvé leur réfutation par le raisonnement, et par la ruine de leurs dupes dans les essais qu'ils sont parvenus à tenter.

C'est ainsi que la banque de Proudhon est allée joindre les travaux d'Owen en Angleterre et en Amérique, les tentatives des saints-simoniens à Ménilmontant, l'organisation du travail de Louis Blanc au Luxembourg, et l'entreprise des malheureux entraînés en Icarie par le citoyen Cabet ; enfin l'expérience faite par les fouriéristes eux-mêmes avec les capitaux fournis par Baudet-Dulary, et que M. Victor Considerant, homme de seconde vue, proposait bravement de renouveler aux dépens du domaine public et du trésor de l'État, si l'on avait bien voulu lui confier 1,500 arpents de terre dans la forêt de Saint-Germain, avec un ou deux millions pour les mettre en valeur, et y fonder un phalanstère-modèle dont il prétendait faire un nouveau paradis terrestre !

Quant à la famille, M. Desjobert, répondant à M. Victor Considerant dans la séance du 14 avril 1849, a donné une idée de la théorie des socialistes en fait de mariage : — Je citerai, disait l'orateur, ce que j'ai trouvé de *plus chaste* dans les doctrines de Fourier, le grand-prêtre de la doctrine. Dans sa *Théorie des Quatre mouvements,* tome I^er^, page 180, Fourier réglemente ainsi le mariage : « Une femme, dit-il, peut » avoir à la fois : 1° un *époux* dont elle a deux en-

» fants; 2° un *géniteur* dont elle n'a qu'un enfant; » 3° un *favori* qui a vécu avec elle et conserve ce » titre; 4° de *simples possesseurs* qui ne sont rien » devant la loi. » — Les *Holà!* de l'Assemblée ont mis fin à la citation.

Heureusement de telles horreurs révoltent plus qu'elles ne séduisent; elles ne trouveraient point d'accès au paisible foyer de l'agriculteur. Son labeur n'est surtout moral que parce qu'il a pour base la famille, et qu'il exige le concours de tous ses membres. Car, « dans ce ménage des champs (suivant l'intéressante » description que Guy Coquille nous a laissée des fa- » milles nivernaises de laboureurs exploitant un même » domaine), ces familles sont composées de gens qui » tous sont employés selon leur âge, sexe et moyens; » on y fait compte des enfants qui ne savent encore » rien faire pour espérance qu'on a qu'à l'avenir ils » feront; on fait compte de ceux qui sont en vigueur » d'âge pour ce qu'ils font; on fait compte des vieux, » et pour le conseil et par la souvenance qu'on a de ce » qu'ils ont bien fait. » — Voilà la famille du laboureur.

Spectacle digne d'être contemplé avec ravissement et qui fonde aujourd'hui l'espérance de la patrie. Oui, en présence de l'agitation des villes et de la surexcitation des opinions, la France a cru voir dans les premiers essais du suffrage universel que le bon sens des agriculteurs serait son refuge et son ancre de salut.....

Et cependant qu'on ne s'y méprenne pas. Des efforts inouïs ont été tentés dans ces derniers temps pour égarer l'esprit des campagnes. Une organisation sourde a servi de véhicule aux bruits les plus absurdes, aux calomnies les plus éhontées contre les hommes que leur éducation, leur moralité, leurs services avaient jusque-là recommandés à la considération et à la confiance publique; les doctrines les plus subversives circulent à l'ombre d'un ignoble colportage d'écrits marqués au coin du socialisme le plus effréné; les novateurs, ne trouvant plus de *priviléges* qu'ils puissent accuser, ne craignent pas de s'attaquer au *droit*, ou plutôt, dans leur audace, ils nient le droit lui-même, ce rempart divin du faible contre le fort. *Jura negant sibi nata, nihil non arrogant armis.* Pour eux tout se réduit à une question de force brutale. Dans leur programme, ils tiennent, à ceux qu'ils s'efforcent de recruter, le langage que les chefs de pirates du moyen âge tenaient à leur troupe avant d'attaquer et de piller une riche habitation ou de dévaster toute une contrée; c'est (je traduis la chose en langue vulgaire), c'est *la bourse ou la vie*, peut-être même les deux, que ces forcenés demandent à une partie de leurs concitoyens, en promettant aux autres le pillage des meubles, le partage des biens, et l'anéantissement de tous les contrats.

Que chacun donc se tienne pour averti, que les gens d'honneur et de probité se rallient, que les hommes politiques, jusque-là divisés d'opinion sur la théorie du gouvernement et sur la marche des affaires, comprennent que sous la forme actuelle et nécessaire du gouvernement républicain, c'est-à-dire le gouvernement du pays par et pour le pays, il n'y a plus qu'une question, mais une question sociale, une question de vie ou de mort : Être ou n'être pas. L'anarchie est l'ennemi qu'il faut combattre; l'ordre et la paix deviennent le mot de ralliement : *In hoc signo vinces.* Il faut que toutes les influences honnêtes se concertent et se réunissent pour défendre ce dernier rempart et donner au gouvernement et à l'Assemblée nationale la force de comprimer une faction désorganisatrice, qui, dans sa fureur, si elle pouvait prévaloir, détruirait jusque dans ses derniers fondements tous les éléments de moralité, de force et de grandeur de notre belle patrie.

Raffigny, ce 22 mai 1849.

DES

# COMICES AGRICOLES

ET EN GÉNÉRAL

# DES INSTITUTIONS D'AGRICULTURE.

---

## COMICE DE CLAMECY, — RÉUNI A TANNAY,

le 8 septembre 1839.

*Discours de M. Dupin, président du Comice.*

Messieurs, depuis longtemps j'avais exprimé le désir de voir l'institution des Comices agricoles pénétrer dans le département de la Nièvre; et si mes vœux avaient pu s'accomplir aussitôt qu'ils ont été formés, aucun autre arrondissement n'aurait devancé celui de Clamecy.

Mais si des délais inévitables ont retardé la formation de cette utile association, actuellement qu'elle existe, vous accorderez, je l'espère, votre approbation à ceux d'entre nous qui, sans se décourager à la vue de leur petit nombre, ont pris sur eux de constituer le Comice; et de faire un appel à leurs concitoyens en provoquant leur adhésion et leur concours à cette réunion, aujourd'hui si nombreuse et si brillante.

J'aurais désiré, Messieurs, que l'honneur de la présider fût déféré à quelqu'un de ces hommes pratiques à qui notre agriculture nivernaise doit ses principales améliorations. Comme eux, assurément, j'aime et j'honore l'agriculture; mais ils ont sur moi l'immense avantage d'avoir su réaliser ce que je m'efforce seulement de conseiller et de populariser. Une nouvelle élection réparera bientôt cette espèce de passe-droit fait à leurs titres, et ils me trouveront empressé de reporter sur eux mon suffrage.

Messieurs, on dit souvent de l'agriculture, tantôt qu'elle est en souffrance, tantôt qu'elle est encore dans l'enfance de l'art.

Eh! sans doute, elle a ses souffrances! quelle est l'industrie qui, de temps à autre, n'ait aussi les siennes? En est-il, d'ailleurs, de plus exposées aux désastres, que celles dont tous les travaux comme toutes les espérances peuvent être renversées en un instant par l'inclémence du ciel et l'intempérie des saisons!

Sans doute encore, il y a des contrées où la misère des habitants, le manque d'avances, et le défaut absolu d'instruction, retiennent l'agriculture dans un état presque sauvage. Mais, en revanche, combien d'autres régions dans lesquelles on ne peut, sans nier l'évidence, méconnaître que les plus grands progrès se sont déjà manifestés?

Ainsi, dans la plupart de nos cantons, le système des jachères qui laissait le tiers des terres en friches, et dont les propriétaires avaient la simplicité de faire une condition dans leurs baux à ferme, ce système absurde a commencé à disparaître; — l'usage des prairies artificielles est devenu général; — l'emploi des irrigations bien ménagées et bien conduites s'est répandu, à l'exemple de ce qu'on a vu si habilement pratiquer par l'industrieux propriétaire de la belle terre de Saint-Pierre-du-Mont.

Par une conséquence naturelle, le nombre des bestiaux s'est singulièrement accru; j'en donnerai pour exemple ce fait, qu'avant 1790, la Nièvre n'envoyait à Paris que quinze cents bœufs gras, tandis qu'à présent le nombre des bœufs d'embauche approche de dix mille.

Non-seulement le nombre s'est augmenté, mais les races se sont améliorées. L'introduction de l'espèce charolaise a merveilleusement réussi; et si le bœuf du Morvan conserve sa supériorité de force et de ténacité pour le travail, la qualité plus savoureuse de la viande recommande les charolais aux suffrages du consommateur.

Nous possédons une bonne race de chevaux de trait; et il ne tiendrait qu'au gouvernement d'obtenir un grand nombre d'excellents chevaux pour la cavalerie, s'il voulait garantir aux éleveurs qui les conserveraient jusqu'à l'âge de cinq ans, un prix suffisant, qui se trouverait encore très-inférieur à ce qu'il en coûte à l'Etat pour tenir à l'écurie ceux qu'il achète à l'âge de 4 ans, avec tous les risques de mortalité qui accompagent ce complément d'éducation.

Un de nos concitoyens, dont la perte a donné des regrets, et dont le nom mérite d'être prononcé ici avec éloge, feu M. Hervieux, a spécialement consacré ses soins à 'amélioration de l'espèce ovile, et il a parfaitement réussi à constituer une espèce mixte parfaitement en rapport avec notre climat et avec le genre de nourriture qu'il peut procurer à ces animaux. Il est aussi le premier qui ait introduit dans la Nièvre les bœufs anglais.

Tous ces résultats obtenus en quelques années sont, vous le voyez, un puissant motif d'espérance et d'encouragement pour ce qui reste à faire encore.

En effet, les progrès dont l'agriculture est susceptible sont infinis! l'introductiion de nouvelles cultures, les divers systèmes d'engrais, le meilleur assolement des terres, 'horticulture, l'art des plantations, le perfectionnement des machines actuellement en usage, l'invention de toutes celles qui ont pour but d'économiser la main-d'œuvre, quand elles réunissent la commodité, la solidité et le bon marché; tout ce qui tient à l'amélioration des races, à 'hygiène des troupeaux, aux progrès de l'art vétérinaire, 'ouverture et l'entretien des chemins vicinaux, tels sont es objets qui méritent d'occuper les membres d'un Comice agricole.

C'est là que la propagande est utile, et qu'il faut prêcher 'exemple! Si vous ne faites que raconter, les laboureurs e vous croiront pas. Trop peu riches pour rien risquer en essais, ils sont essentiellement gens de routine : adorateurs uperstitieux des vieux usages, ils se défient des innovaions. *Ce n'est pas la coutume chez nous*, telle est ordiairement leur réponse à tout ce qu'on leur propose de ouveau. Appelez-les à vos réunions; faites fonctionner evant eux les nouvelles machines, montrez-leur des végétations activées par l'aspersion de la chaux ou du plâtre; u'ils voient à vos concours ce qu'ils ne voient pas chez ux; prouvez-leur, en un mot, qu'il ne s'agit plus d'essayer, mais que le résultat est certain, le succès infaillible, alors ils ne douteront plus, et ils vous imiteront.

Mais, Messieurs, l'institution des Comices se recommande surtout par le but moral. Ces prix décernés au meilleur laboureur, au meilleur berger, au meilleur domestique ; ces récompenses, ces éloges accordés publiquement aux longs services, à la bonne conduite, pouvez-vous douter de l'immense influence qu'ils exerceront sur l'esprit de tous les habitants des campagnes ? Déjà, il faut leur rendre cette justice, de tous les ouvriers qui gagnent leur vie par le travail, il n'y en a point de plus pacifiques et de plus assidus que ceux qui sont voués aux travaux des champs. La séduction du mal serait impuissante pour les distraire ; l'émeute essaierait en vain de les recruter ; la *débauche du lundi*, si fatale à l'ouvrier des villes et à la plupart des gens de métier, n'a point pénétré parmi eux. Ils connaissent trop le prix du temps ! Que sera-ce donc lorsqu'ils verront l'agriculture honorée comme elle mérite de l'être ? Quand ils sauront que la science y trouve place, que le mérite peut s'y produire, que les récompenses peuvent arriver à tous ; en apprenant que le modeste Granger, simple laboureur, ce villageois en blouse que je me rappelle avoir vu au Comice de Grignon avec la charrue dont il etait l'inventeur, a reçu la croix d'honneur des mains d'un roi juste appréciateur de tous les services rendus à la patrie ; tous se diront que la profession d'agriculteur est en effet une belle et noble profession. Il est impossible, alors, que des sentiments honorables ne se développent pas au sein d'une classe qui se verra honorée par la société tout entière. Il est impossible que le laboureur et le fermier, en quittant le Comice pour regagner leur village, ne se sentent pas un peu fiers d'avoir vu tous les ordres de citoyens se réunir, comme en un jour de fête, pour encourager leur industrie et récompenser leurs travaux.

Je terminerai, Messieurs, en adressant, au nom du Comice, nos remercîments à la ville de Tannay, qui, dans un des sites les plus gracieux du Nivernais, s'est empressée de faire les apprêts de cette solennité champêtre, avec une politesse et une cordialité dont nous conserverons fidèlement le souvenir.

## COMICE AGRICOLE, — TENU A CLAMECY,

### Le 6 septembre 1840.

A dix heures, l'appel étant fait et les noms des laboureurs tirés au sort, un roulement de tambours donna le signal des épreuves. Toutes étaient faites à midi, heure à laquelle M. Dupin, président du Comice, prit la parole et prononça le discours suivant :

Messieurs, dans sa dernière réunion, l'assemblée générale du Comice a décidé qu'à l'avenir les concours auraient lieu successivement dans chaque canton de l'arrondissement. — On l'a voulu ainsi par esprit de justice, pour que chaque localité, tour à tour, pût s'épargner la dépense et la fatigue d'un long déplacement.

En cela, le chef-lieu n'a réclamé aucune priorité : au contraire, la ville de Clamecy a vu avec plaisir qu'on débutât par l'endroit le plus central; et grand nombre de ses habitants ont donné l'exemple de leur empressement à se transporter au rendez-vous indiqué dans le canton de Tannay. — Tout le monde, nous l'espérons, comprendra qu'il est de la courtoisie d'en user ainsi réciproquement avec les autres cantons, autrement plusieurs concours resteraient déserts; et pourtant il est essentiel que tous soient fréquentés et suivis, si l'on veut que toutes les parties du territoire, les plus éloignées comme les plus centrales, profitent également des bienfaits de cette institution.

En ce moment nous n'avons qu'à nous féliciter de l'affluence des voisins qui ont répondu à notre appel : nous n'avons que des éloges et des remercîments à adresser à l'autorité locale, qui, par des dispositions aussi bien conçues que bien exécutées, a tout préparé pour assurer la bonne ordonnance de cette fête champêtre.

Cette fête aurait reçu un nouvel éclat par la présence du jeune et célèbre artiste au ciseau duquel nous devons la belle statue de sainte Geneviève qui décore la basilique de Clamecy. Mais il n'a pu prolonger son séjour parmi nous. Que le nom de M. Etex, ce nom cher aux arts, et dont le souvenir vivra dans ce pays, soit du moins proclamé devant cette nombreuse assemblée. (*Applaudissements.*)

Les commissaires délégués par le Comice n'ont pas montré moins de zèle dans les fonctions qui leur étaient départies. Plusieurs d'entre eux (et j'aime à citer MM. Crochet, Tartrat père, Rebouleau et Bezou) se sont transportés au loin, dans les différentes fermes signalées à leur attention ; leur rapport atteste à la fois la sollicitude, la sagacité, l'esprit de justice qui ont dirigé leurs observations.

Cette année, des prix plus riches et plus nombreux vont être décernés.

Une somme de deux mille francs sera distribuée pour encouragements, — à la moralité et bonne conduite des agents et domestiques ruraux ; — à l'habileté des laboureurs ; — aux meilleurs instruments agricoles ; à l'éducation des animaux qui servent à la culture, ou qui sont engraissés par ses produits. — Les vignes, l'horticulture, les semis et plantations n'ont pas été oubliés.

Une omission importante a été réparée. Lors du premier concours, il n'y avait pas de prix affecté pour les *chevaux de selle et de course*. On avait surtout négligé cette race ancienne de petits chevaux nivernais, si vifs et si robustes, autrefois estimés pour la cavalerie légère, et que l'on commence à rechercher de nouveau. A ma demande, mon honorable ami, M. le ministre de l'agriculture et du commerce a bien voulu nous accorder un supplément de 500 fr. spécialement applicable à ce genre d'encouragement.

Une médaille, dont l'exécution a été confiée à l'un de nos plus habiles artistes, M. Galle, membre de l'institut, permettra de joindre aux récompenses pécuniaires un témoignage honorifique de la satisfaction du Comice, qui sera surtout recherché par les hommes désintéressés.

Enfin, les dames elles-mêmes, à l'exemple de ce qui se pratiquait jadis dans les tournois de chevalerie, ont voulu contribuer à l'ornement de ce tournois agricole, en ajoutant aux prix qui seront décernés aux vainqueurs, des rubans et des nœuds tressés de leurs mains.

Un autre prix, Messieurs, un prix à part, un véritable prix d'honneur sera décerné avant tous les autres à l'homme que tous nos agriculteurs considèrent depuis longtemps comme leur maître ; à celui qui, par son exemple, ses leçons, et une utile propagande de ses méthodes, a répandu le goût des irrigations, introduit dans la Nièvre de meilleures espèces de bestiaux, et contribué le plus efficacement au mouvement de progrès qui s'est manifesté parmi nos cultivateurs. Sa réputation, étendue au delà des limites de ce département, n'a pu échapper à l'attention d'un gouvernement soigneux de récompenser tous les genres de services rendus à l'État ; le roi, sur le rapport du ministre de l'agriculture, a accordé la croix d'honneur à M. Mathieu, de Saint-Pierre-du-Mont. (*Applaudissements.*)

Il y a donc de l'honneur à cultiver la terre ! de l'honneur à perfectionner cet art, le premier de tous ! celui qui occupe le plus grand nombre de bras dans cette classe précieuse de citoyens qui nourrit la société en temps de paix, et qui dans la guerre fournit les hommes les plus exercés aux fatigues qu'elle impose! On en a fait depuis longtemps l'épreuve : ceux qui cultivent le sol et qui l'ont arrosé de leurs sueurs sont aussi ceux qui le défendent le plus courageusement aux jours du danger ! Ces hommes, endurcis au travail de la terre, et qui lui portent une vive affection, s'indignent à l'idée que le grain qu'ils ont semé serait récolté par l'étranger [1] ! Ils comprennent avec énergie qu'il n'y a plus de repos, plus de bonheur domestique, plus de *chez soi*, à la ferme ni aux champs, quand on laisse lâchement envahir son territoire!

Dans la paix, ces mêmes hommes sont les plus tranquilles, les plus sédentaires, les plus amis de l'ordre. Ils ne se vengent d'une mauvaise récolte qu'en retournant la terre qui a trompé leurs espérances, et en sollicitant, à force de travail, un meilleur succès.

On ne les entend ni blasphémer contre le ciel quand ils ont éprouvé ses rigueurs, ni accuser le gouvernement de leur malaise, comme le font trop souvent ces ouvriers sans conduite et sans économie, ou ces industriels sans intelligence et sans achalandage, qui croient que l'État doit faire les affaires de tout le monde et la fortune de chacun, même celle des fainéants et des maladroits.

Toutefois, Messieurs, l'agriculture, en raison même de l'isolement et de la bonhomie de ses agents, a besoin de soutien. Elle mérite les encouragements du pouvoir; elle doit s'assurer elle-même contre certaines rivalités commerciales et industrielles.

Celles-ci sont habiles à faire prévaloir leurs prétentions; elles ont leurs journaux, leurs orateurs, et tout un peuple d'actionnaires glissé dans tous les rangs, pour les prôner et les faire prédominer dans les lois de douane et dans les traités de commerce, dans lesquels, trop souvent, on a vu l'agriculture sacrifiée à des intérêts plus actifs ou plus menaçants.

L'institution des Comices, celle des sociétés centrales d'agriculture, n'offrent pas seulement des moyens d'émulation, mais aussi des moyens de défense. J'aime à le pro-

[1] *Barbarus has segetes...!*

clamer dans cette réunion, pour affermir dans leurs résolutions généreuses les hommes qui se dévouent à la protection des intérêts agricoles; je le dis aussi, je le dis surtout pour combattre le froid égoïsme et le stupide dédain de ces hommes qui passent leur vie à blâmer et à dénigrer ce que les autres font ou entreprennent de bon et de bien, incapables qu'ils sont eux-mêmes de rien conseiller d'utile à leurs concitoyens.

Enfants de la Nièvre, ne méconnaissons pas les avantages de notre position. Nous avons le bonheur d'habiter un département, l'un des plus petits pour son étendue superficielle, mais l'un des mieux partagés pour la richesse et la variété des produits, et la facilité actuelle de leurs débouchés.

Les bois, les fers, les bestiaux, voilà nos principales richesses. Avec nos bois, aidés de nos flotteurs, nous fournissons, nous seuls, les trois cinquièmes de la provision de Paris; nos bestiaux entrent pour un dixième dans l'approvisionnement de cette grande cité; nous possédons les plus belles usines de France, Imphy, Fourchambault, Cosne, Guérigny, d'autres encore. Soignons notre agriculture, Messieurs, soignons-la dans toutes ses parties; améliorons nos races de chevaux, de bœufs et de moutons; étudions les meilleurs assolements; multiplions les engrais artificiels; envoyons de jeunes élèves aux écoles d'Alfort et de Grignon; continuons, car nous sommes en progrès; il y aurait de l'injustice ou de l'aveuglement à le contester; continuons, et notre population si laborieuse, qui s'accroît incessamment, ne manquera ni de travail ni de bonheur. Efforçons-nous de l'éclairer sur ses véritables intérêts; sachons l'aider à s'estimer elle-même tout ce qu'elle vaut; ne négligeons rien pour augmenter son bien-être et sa moralité.

Après ce discours a eu lieu la distribution des prix.

Le soir, un banquet de cent cinquante couverts a réuni, sous des tentes ornées de guirlandes, l'élite des visiteurs, les lauréats et les membres du Comice.

Plusieurs toasts ont été portés à ce banquet.

Voici celui qu'a prononcé M. Dupin, dans les termes suivants :

Messieurs, c'est comme ami de la liberté et du gouvernement représentatif dans toute sa sincérité, que j'ai l'honneur de vous proposer la *santé du roi !*

Je fais des vœux ardents pour la conservation des jours précieux de Sa Majesté, dans la guerre et dans la paix.

En guerre, si l'honneur ou l'intérêt bien entendu de la France, l'exigent, le roi, vieux soldat de la révolution, saura parler à la nation le langage de 1792, celui de l'enthousiasme et de la gloire, et l'on verrait les princes, ses fils marcher à la tête de nos braves soldats. Et si nous conservons la paix, sa longue expérience, sans rien ôter à la liberté constitutionnelle de ses ministres, pourra les éclairer souvent et leur faire éviter des erreurs.

Messieurs, si les desseins des factieux s'accomplissaient, malheur à la France ! Plus de tranquillité à la ville ni aux champs ! Ne comptez plus alors sur la prospérité de l'agriculture ! Plus de commerce, plus de progrès ! Nous sommes à une époque où il importe à tous les bons citoyens, à tous les vrais amis de la patrie de se serrer autour du trône constitutionnel. Vive le roi ! (*Applaudissements unanimes et prolongés.*)

(L'*Écho de la Nièvre* du 10 septembre 1840, donne tous les détails de la fête et de la distribution des primes.)

## COMICE DE CLAMECY, — RÉUNI A CORBIGNY.

### Le 22 août 1841.

### *Discours de M. Dupin, président du Comice.*

Messieurs, ce concours si satisfaisant prouve que toutes les classes de citoyens comprennent les avantages des Comices agricoles, pour l'amélioration des cultures, le perfectionnement des races de bestiaux, et la moralité de ceux qui se livrent à ces utiles travaux.

Ajoutons qu'il n'y a pas de fêtes plus populaires ! Elles n'intéressent pas seulement les propriétaires et les fermiers, mais aussi les simples laboureurs, ceux qui gardent les troupeaux, qui soignent les animaux destinés au labour et qui les conduisent au travail; en un mot, tous ceux qui s'emploient au service de l'agriculture.

Et cependant les Comices ont rencontré des adversaires et des détracteurs !

Les uns, qui le croirait? ceux-là même qui se disent avec

tant d'affectation les organes de la démocratie, ont essayé de discréditer ces assemblées ; ils les trouvent, disent-ils, *trop aristocratiques !* — Mais, nous le demandons, où donc est le privilége ? — Dans la constitution des Comices, tout est le résultat libre de l'élection et d'une souscription volontaire ; tous les prix sont mis au concours, tous sont décernés par un jury dont personne ne peut suspecter l'impartialité : ces prix, d'ailleurs, ne descendent-ils pas jusqu'à ceux qui, dans d'autres temps, étaient l'objet du dédain des privilégiés? Aujourd'hui, vous en êtes témoins, toutes les notabilités se réunissent pour récompenser le labeur et la bonne conduite de *ceux qui cultivent la terre de leurs mains*, et pour honorer les occupations de ces hommes utiles que l'on désignait autrefois avec mépris sous le nom de *paysans*. Je le dis hautement : l'institution de Comices agricoles doit surtout plaire au peuple des campagnes, s'il a le sentiment de sa valeur, et s'il comprend bien ses véritables intérêts.

Mais les Comices ont une autre espèce d'ennemis. Parmi les gens qu'on devrait croire plus éclairés, on trouve de ces *esprits forts* qui affectent en tout l'incrédulité ! Pour se singulariser, ils refusent de se rendre au sentiment général, blâment orgueilleusement tous les essais, toutes les tentatives de perfectionnement, et proclament une institution inutile parce que dès le premier jour elle ne produit pas complétement les avantages qui, en toutes choses, ne peuvent résulter que de la persévérance et du temps !

Entre ces extrêmes se place le bon sens public ; il a saisi avec avidité tout ce qu'il y a d'avenir dans ces réunions et ces fêtes consacrées à l'agriculture, dont l'un des principaux bienfaits est de resserrer les liens d'estime et d'affection mutuelles entre les habitants de chaque contrée.

Les Chambres législatives se sont empressées d'y consacrer des fonds considérables, et le département qui serait assez aveugle pour ne pas propager dans son sein des sociétés aussi profitables, aurait pour première punition d'être privé de sa part dans la répartition du fonds commun.

Si les grands propriétaires négligeaient d'encourager l'agriculture, ils perdraient le juste espoir de voir améliorer leurs propriétés et la satisfaction de les voir mieux cultivées, mieux tenues et plus productives.

Si les fermiers et cultivateurs méconnaissaient l'honneur attaché aux récompenses publiques qui leur sont offertes, ils prouveraient que l'émulation n'est point entrée dans leur cœur ; qu'ils sont apparemment peu dignes des encouragements qu'on s'efforce de leur prodiguer, puisqu'ils ne font rien pour les solliciter ; enfin, ils donneraient à penser que c'est à tort que l'on veut honorer leur profession, s'ils préféraient vivre dans l'isolement et la routine, plutôt que de s'associer au mouvement qui a pour objet de relever leur état et de l'ennoblir en l'éclairant.

Dieu merci ! ces reproches ne sauraient atteindre notre département ; l'émulation se révèle partout, et les moindres citoyens ne sont pas ceux qui montrent le moins d'ardeur à mériter et à obtenir les prix proposés.

Dans le nombre des primes, vous remarquerez celle que mon très-honorable ami M. le ministre de l'agriculture a bien voulu nous accorder spécialement pour encourager la reproduction de la race primitive des chevaux du Morvan, si renommés jadis pour la cavalerie légère : qu'il recoive ici nos remercîments.

Mais notre attention doit se porter principalement sur l'éducation et l'engrais des bestiaux. Vous savez, Messieurs, quelles discussions, je dirais presque quels orages a soulevés, pendant la dernière session, la question si grave de l'introduction des bestiaux étrangers. Ceux qui veulent donner cette rivalité à notre agriculture, s'autorisent surtout du prix trop élevé de la viande de boucherie. A la vérité, ils ne tiennent pas compte de l'extrême rareté des fourrages, qui, l'an dernier, a été l'une des principales causes du renchérissement ; mais il n'en est pas moins évident que le meilleur moyen de réfuter l'objection et d'éviter la concurrence redoutable dont on nous menace, est de multiplier l'élève des bestiaux et d'en produire un assez grand nombre pour ramener les prix à un taux plus accessible à tous les consommateurs.

On doit d'autant mieux entrer dans cette voie, que c'est la plus lucrative, et je crois utile de le proclamer dans un Comice qui se tient aux portes du Morvan, dans cette partie la moins fertile du Nivernais, et celle aussi où la routine semble avoir élu domicile et conserve en général le plus d'empire. Là, on s'obstine, presque partout, à cultiver à grands renforts de bras une grande quantité de terres médiocres qui donnent à peine deux ou trois grains pour un, tandis qu'il faudrait cultiver moins de terre, les engraisser davantage, ce qui suffirait pour récolter tout autant; et, du reste, viser plus qu on ne fait à accroître les pacages, à créer des prairies artificielles, et, par conséquent, à produire un plus grand nombre d'animaux dont l'éducation exige un personnel moins nombreux que la culture des céréales.

C'est là une de ces vérités que les Comices sont appelés à faire pénétrer au sein des populations agricoles; et dans ce canton, l'un des plus fertiles et des mieux cultivés du département, dans ce canton qui offre presque partout l'exemple à côté du précepte, il appartient aux hommes les plus expérimentés d'instruire leurs voisins et de propager les meilleures méthodes. — *Les Comices sont une école d'enseignement mutuel.*

Messieurs, les prix que nous allons distribuer acquièrent un nouveau relief par la présence du respectable évêque que la Nièvre voit avec bonheur, à la tête de son clergé, donner à tous l'exemple de l'attachement au gouvernement du roi et aux lois de l'Etat. Naguère, ce digne prélat consacrait l'inauguration de ces travaux hardis que nous devons à l'art de nos plus habiles ingénieurs; aujourd'hui, il vient assister à la distribution plus modeste des prix que vous allez décerner aux laboureurs et aux bergers. — Tel est le privilége auguste de la religion; elle s'étend à tout ce qui est utile aux hommes. Ses ministres sont accoutumés à appeler les bénédictions du ciel sur les fruits de la terre et sur les travaux champêtres : il est naturel de les voir concourir à la solennité qui vient couronner ces travaux.

On va proclamer les noms des lauréats.

## Comice de Clamecy, — tenu a Varzy

le 4 septembre 1842.

*Discours de M. Dupin, président.*

Messieurs, depuis la fondation de ce Comice, chacune de nos assemblées s'est fait remarquer par l'affluence des populations, l'empressement des villes dans leurs préparatifs; chaque distribution de prix a laissé dans l'esprit des habitants un sentiment profond de l'utilité de cette institution.

Dans une des contrées les plus fertiles du Nivernais, dans une commune où les propriétaires tiennent à honneur de faire valoir eux-mêmes leurs domaines et de présider à l'éducation de leurs troupeaux et au perfectionnement des races, le Comice de Varzy devait ne le céder en rien à ce que les précédents ont offert de plus remarquable.

. . . . Au milieu de ce brillant concours, j'aime à saluer ces champs que j'ai parcourus dans mon enfance, à remercier le ciel de la fécondité qu'il leur a départie, à le prier d'inspirer toujours à ceux qui les cultivent l'amour du travail, de l'économie, de la concorde, et cette émulation à bien faire qui accroît la richesse, le bien-être et la moralité des habitants.

Messieurs, le zèle que notre arrondissement a montré dès l'origine pour l'institution des Comices agricoles, n'a point échappé à l'attention du gouvernement. Ses récompenses sont venues trouver l'un des hommes qui, dans votre voisinage [1], avaient le plus contribué à l'amélioration de plusieurs branches de l'agriculture, et à qui personne ne refusera, surtout après sa mort (car le cœur humain est ainsi fait), le témoignage qu'il avait bien mérité cette distinction. C'est à lui qu'on devait l'introduction dans ce pays de la race charolaise et l'exemple d'un bon système d'irrigations.

Chaque année, jusqu'à présent, notre Comice a été favorisé de quelque allocation particulière. Cette année encore, nous avons obtenu 1000 francs pour contribuer à l'acquisition d'un magnifique taureau de Durham, dont l'alliance avec des génisses charolaises promet les meilleurs résultats. D'autres sommes nous ont encore été allouées et sont venues accroître nos fonds de souscription. Ces subventions nous ont permis d'accorder des prix nombreux et assez élevés.

Chacun est jaloux de les obtenir, plusieurs se montrent mécontents de n'en avoir point remporté : mais il ne s'agit

[1] M. Mathieu de Saint-Pierre-du-Mont près Varzy a obtenu, sur la demande de M. le président du Comice, la croix d'honneur pour les services qu'il a rendus à l'agriculture de la Nièvre, surtout pour les belles irrigations de Saint-Pierre-du-Mont.

pas seulement de briguer des récompenses, il faut surtout les mériter ; et savoir s'en rapporter à la décision de ceux *qu'on a soi même choisis pour juges*, puisqu'ici tout se décide par un *jury librement élu.*

Vous allez entendre le rapport de vos commissaires ; on procédera ensuite à la distribution des prix et des médailles.

## COMICE DE CLAMECY, — TENU A LORMES,

## le 3 septembre 1843.

### *Discours de M. Dupin, président.*

Tant vaut l'homme, tant vaut la terre.

Messieurs, les habitants des pays fertiles parlent ordinairement avec dédain des contrées qui sont moins favorisées de la nature. Il semble que le mérite de la fécondité leur soit personnel, et puisse devenir pour eux le principe d'une sorte d'orgueil.

L'homme que la nature a fait naître sur un sol ingrat est plus modeste : il sait qu'il a beaucoup plus à faire pour le rendre productif ; mais, s'il a du cœur, il ne se décourage point ; il se rappelle le proverbe de nos campagnes : TANT VAUT L'HOMME, TANT VAUT LA TERRE ; et si, à force de travail et d'industrie, il est parvenu à faire d'une terre sauvage une terre féconde, il peut à son tour et à meilleur titre en tirer vanité comme de son ouvrage.

C'est un peu là l'histoire du MORVAN, placé, par contraste, en regard de ce qu'on nomme le BON PAYS. — Un Comice dans le Morvan ! Eh ! quoi ! se disait-on de tous côtés, y pensez-vous ? Un comice dans un pays d'arène, de genêts et de bois !

Ces considérations, Messieurs, ont dû me préoccuper, lorsqu'après avoir présidé les assemblées de Tannay, Clamecy, Corbigny et Varzy, qui sont des meilleurs cantons de la Nièvre, j'ai vu arriver le tour de notre MORVAN.

Ce jour-là, me suis-je dit, l'occasion nous sera donnée de montrer à ceux qui ne nous connaissent pas et qui nous jugent mal, que le progrès aussi a pénétré dans cette contrée, et que les cultivateurs du sol granitique savent lutter avec effort et avec succès pour atteindre les divers degrés d'amélioration dont il est susceptible. D'ailleurs, si nous sommes aussi arriérés qu'on le prétend, raison de plus pour faire pénétrer jusqu'à nous, à l'aide des Comices, les leçons utiles et les bonnes méthodes de culture.

Je dois d'abord, Messieurs, féliciter cette assemblée du nombreux et brillant concours qu'elle offre à nos yeux. Les populations sont accourues en foule, et il est juste de signaler au milieu d'elles la présence des personnes les plus distinguées. Il est bon de faire remarquer l'empressement avec lequel les hommes les plus faits pour donner l'exemple et pour décerner d'honorables encouragements, ont adhéré au Comice et se rendent à ces fêtes où presque tous les prix sont destinés à récompenser les classes laborieuses qui se livrent à la culture des terres, à l'éducation des troupeaux, à la bonne tenue des fermes et des exploitations.

D'illustres visiteurs sont venus augmenter l'éclat de cette fête. C'est une bonne fortune pour nous de posséder en ce moment M. le président de la Chambre des Députés, et avec lui M. Sauzey, président de la Société d'agriculture de Lyon. Ces deux honorables amis ont voulu faire coïncider leur visite à Raffigny avec la tenue du Comice de Lormes : ils sont venus avec le dessein formel d'y assister. Non-seulement les principaux fonctionnaires de l'arrondissement se sont rendus à notre appel, mais nous avons le plaisir de voir parmi nous notre excellent ami le sous-préfet de Château-Chinon, jadis la capitale du Morvan. M. le comte d'Aunay, retenu par un deuil de famille qui est aussi un sujet de regret public (la mort de son gendre, M. Élie de Beaumont, excellent magistrat), s'est excusé en termes qui expriment toutes ses sympathies. Mais, à peu d'exceptions près, nous avons la satisfaction de remarquer dans cette réunion tous les grands propriétaires de la contrée. C'est ainsi que nous aimons à citer les propriétaires de Coulon, Bourras, Fly, Quincize, le Réconfort, le Parc, Chitry, Chastellux, Bazoche et Vauban.

Vauban, Messieurs, nous rappelle un illustre voisinage. Le grand homme à qui cette terre a donné son nom, le maréchal de Vauban, appartenait au Morvan. Il naquit près d'ici, à Saint-Léger-du-Fougeret, qui dépendait de l'ancien Nivernais, dans une maison fort modeste que le maire de la commune a pu me montrer dans la visite que j'y fis en 1831, mais sur laquelle j'aurais voulu voir une inscription qui rappelât au moins la date de sa naissance : 15 mai 1633 [1].

Plus soigneux de saisir et de fixer chez eux les premiers rayons de cette gloire, MM. Le Peletier d'Aunay, alliés du maréchal de Vauban, et propriétaires de la terre et du château d'Épiry, qui a appartenu au maréchal, ont fait placer au-dessus du portail de la tour (dans laquelle se voit encore la grande salle où étudiait le jeune Vauban et l'entre-deux de croisée où il avait installé sa table de travail) une légende ainsi conçue : « Ici fut la demeure de Vauban. — Il y devint époux et père. — Il y médita les travaux qui l'on rendu immortel. — La France reconnaissante a déposé son cœur non loin des restes de Turenne, sous le dôme des Invalides [2]. »

Cet homme si grand parmi les hommes de guerre, sous le grand roi et dans le grand siècle où la France voyait à la tête de ses armées Turenne et Condé; cet ingénieur célèbre qui avait assisté à quarante-huit siéges et dirigé la construction ou la réparation de cent soixante places de guerre, Vauban ne dédaignait pas les soins de l'agriculture ; il savait, comme Sully, qu'elle est la première source des richesses de l'État ; et s'il vivait de nos jours, on peut affirmer qu'il serait membre de ce Comice, et qu'il tiendrait à honneur d'apporter à ses concitoyens le tribut de ses conseils avec l'autorité de son exemble et de son nom.

Il devait ce goût à son père (Albin Le Prestre), qui avait une inclination particulière pour la culture des jardins et des vergers. Les vieux arbres élevés par ses soins dans les lieux qu'il a habités portent encore écrit sur le tronc de la branche principale : C'EST VAUBAN QUI M'A ÉDIFIÉ [1].

[1] L'acte de naissance de Vauban, relevé à cette date sur le registre de la paroisse de Saint-Léger, par M. le docteur Royer, qui a pris soin de le copier de sa main, a été publié en entier dans le Journal de Dijon du 19 août 1819.

[2] Cette inscription avait été placée *par ordre de l'empereur Napoléon en* 1808. En 1817, M. le préfet de la Nièvre, sur l'ordre du ministre de la police, prescrivit de faire effacer au ciseau la *phrase qui rappelle le nom de l'Usurpateur.* M. le baron Le Peletier d'Aunay résista énergiquement, et il aima mieux déposer temporairement l'inscription que de la mutiler. Il l'a fait replacer en 1830. Elle fait également honneur à Vauban et à Napoléon.

[3] Descript. histor. et topograph. d'Avallon.

Un peu abandonné à lui-même dans ses premières années, le jeune Vauban menait absolument la vie de campagne ; il aimait à parcourir les champs en compagnie des bergers de son âge, partageant quelquefois leur repas frugal. Et lorsque plus tard il fut arrivé aux grades les plus éminents, devenu maréchal de France, seigneur de Vauban et de Bazoche (Bazoche, où se voient encore l'armure sous laquelle il défendit la France ; et le bastion qu'il lui fut permis d'élever pour placer les canons pris sur l'ennemi, dont Louis XIV, digne appréciateur de la gloire, lui avait fait présent), lorsqu'il alla visiter le modeste manoir de Saint-Léger, accompagné d'un brillant cortége, il se souvenait avec charme des premiers exercices de son enfance ; il se fit présenter ses anciens compagnons et se plut à leur rappeler et à entendre le récit de leurs jeunes aventures. « Il fit remarquer parmi les assistants une bonne » femme dont il loua beaucoup la générosité en présence » de ceux qui l'accompagnaient et de toute la paroisse » assemblée, et dit qu'elle avait souvent partagé son époi» gne (son petit pain) avec lui. Après lui avoir fait beaucoup » d'amitiés, il lui laissa une bonne gratification [1].

Occupé des travaux les plus importants, les plus capables d'absorber toute l'attention et tout le temps d'un homme qui n'aurait eu qu'un grand talent s'il n'eût été en même temps un homme de génie, Vauban a trouvé encore le moyen de laisser une foule d'écrits sur divers sujets d'utilité publique qu'il a intitulés ses OISIVETÉS, pour montrer que ce n'était pas aux dépens de ce qu'il devait à ses hautes fonctions, mais dans quelques heures de loisir, qu'il s'était livré à leur composition [2].

Dans ces écrits, son attention se porte sur la France entière : et de même que lorsqu'il s'agissait de la défendre et de la fortifier, il en avait exploré toutes les frontières ; quand il s'agit de l'intérieur, sa vue embrasse tout ce qui peut contribuer à l'accroissement de sa richesse et de sa prospérité. Il indique les moyens d'utiliser les eaux des ri-

[1] Descript. histor. et topograph. d'Avallon.

[2] Ces opuscules, restés en manuscrits dans la bibliothèque de famille de M. Le Pelletier de Rosambo, se publient en ce moment par les soins d'un très-habile officier, longtemps professeur dans nos écoles militaires, M. Augoyat, colonel du génie, commandant en second l'école de Metz.

vières et des fleuves, il donne le plan d'un grand nombre de canaux ; et celui dont il a donné le tracé par la vallée de la Cure, serait encore le meilleur à suivre pour le chemin de fer de Paris à Lyon.... Il met à nu les causes de la misère du peuple de son temps, il indique les moyens de remédier aux abus ; et, en les signalant, il ne craint pas de s'attirer même la disgrâce de son maître. — Quoiqu'il y eût alors encore plus de bois qu'à présent, comme on les gaspillait par le pacage, par des délits incessants et par une mauvaise exploitation, il fait sentir l'importance de les conserver, de les ménager, d'en accroître la masse. Il conseille les plantations d'arbres verts [1]. Il indique les moyens de favoriser et de propager le commerce intérieur et celui des colonies ; il donne des conseils sur l'exploitation des mines, l'amélioration des terres, des diverses races de bestiaux et particulièrement des chevaux, dans le double intérêt de l'agriculture et de l'armée. Il ne craint pas de faire descendre son attention sur les animaux les plus vils ; et, pour montrer combien la nourriture des porcs peut être lucrative dans le Morvan, il donne un CALCUL ESTIMATIF POUR CONNAÎTRE JUSQU'OU PEUT ALLER LA PRODUCTION D'UNE TRUIE PENDANT DIX ANNÉES DE TEMPS [2], et il prouve (chose incroyable si les chiffres n'étaient pas là pour le démontrer), qu'en ne comptant que les femelles, le total des générations pendant cet espace de temps donnerait un nombre excédant TROIS MILLIONS d'individus.

Parmi ces écrits, dont plusieurs fragments ont déjà vu le jour, il s'en trouve un qui offre pour nous un intérêt particulier. Il est intitulé : « Description géographique de » l'Élection de Vézelay, contenant ses revenus, sa qualité, » les mœurs de ses habitants, leur pauvreté et richesse, » le degré de fertilité du pays, et ce que l'on pourrait y » faire pour en corriger la stérilité et procurer l'augmenta-

[1] « Il y a beaucoup de montagnes dans le royaume où il n'y a » point de sapins, et où il en viendrait fort bien si on y en plantait. » Ce serait chose à rechercher et à ne pas négliger. Je suis, par » exemple, certain que dans les hautes montagnes *du Morvan* il en » croîtrait partout. » — Tom. IV, p. 151. L'expérience a vérifié ce pronostic : il suffit de voir les plantations faites au mont Beuvray, à Chastellux, à Fréfontaines, à Raffigny, à Vauban, etc.

[2] Tom. IV, pag. 82, chap. intitulé *La Cochonnerie*, etc.

» tion des populations et l'accroissement des bestiaux. » Cet écrit a pour date janvier 1696.

A cette époque qui nous reporte de cent cinquante ans en arrière, Vézelay, resté célèbre par ses souvenirs de religion, d'architecture et de liberté, dépendait du Nivernais. Comme chef-lieu d'élection, il embrassait dans son ressort les territoires assez étendus situés entre le duché de Bourgogne et les élections de Tonnerre, de Nevers, Clamecy et Château-Chinon ; il comprenait par conséquent les villes de Lormes et de Corbigny, et la plupart des communes qui se groupent autour de ces deux villes, aujourd'hui chefs-lieux de canton : ainsi, c'est l'histoire agricole de notre sol, c'est la statistique rurale du pays où nous sommes, que Vauban a pris soin de tracer avec cette exactitude qu'il apportait à tous ses travaux, à tous ses calculs [1].

Rien de plus triste que la peinture que nous y trouvons de la misère des habitants du Morvan : mal logés, mal vêtus, mal nourris, les terres pour la plupart infertiles et presques toutes mal cultivées par de pauvres laboureurs sans instruction, sans avances, et accablés d'ailleurs, comme tout le peuple de cette époque, de charges inégalement réparties [2].

« C'est, dit-il, un terroir aréneux et pierreux, en partie » couvert de bois, genêts, ronces, fougères et autres mé» chantes racines, où on ne laboure les terres que de six à » sept ans l'un, encore ne rapportent-elles que du seigle, » de l'avoine, du blé noir, pour environ la moitié de l'année » de leurs habitants, qui, sans la nourriture du bétail, le » flottage et la coupe des bois, auraient beaucoup de peine » à subsister. » (T. 1er, p. 202.)

Il reproche aux gens des campagnes leur disposition à s'enivrer et à plaider entre eux, « n'y ayant pas, dit-il, de » pays dans le royaume où l'on ait plus d'inclination à

[1] « Voilà, dit-il p. 211, une véritable et sincère description, » faite après une très-exacte recherche, fondée non sur de simples » estimations, presque toujours fautives, mais sur un bon dénom» brement en forme et bien rectifié. »

[2] « Beaucoup d'autres vexations de ces pauvres gens demeurent » au bout de ma plume, *pour n'offenser personne*, » dit Vauban, tom Ier, p. 208. Il voulait parler des dîmes ecclésiastiques, des droits féodaux, etc.

» plaider que dans celui-là. » Et cela, il faut bien l'avouer, est encore un peu vrai....

Vauban proposait plusieurs remèdes ; il voulait qu'il n'y eût plus de priviléges d'exemption en matière d'impôts, et que chacun payât en proportion de ses biens ; — qu'on trouvât le moyen d'abréger les procès ; « qu'on réduisît » toutes les différentes coutumes en une seule qui fût uni- » verselle et la seule dont il fût permis de se servir (c'était » demander le Code civil) ; — il voulait encore qu'on éta- » blît des poids et mesures uniformes pour tout le royaume, » sans égard, dit-il, aux mauvaises objections qu'on pour- » rait faire en faveur du commerce, qui sont toutes fausses » et ne favorisent que les fripons. » Il demandait que le roi chargeât ses intendants d'encourager les améliorations pour la culture des terres, l'augmentation des bestiaux, et l'établissement des arts et manufactures propres au pays. — Il recommandait de multiplier les irrigations, de manière, disait-il, à doubler les fourrages presque de moitié.

Enfin, s'il n'espérait pas que toutes ces choses se fissent pour la France entière, il aurait désiré et il demandait qu'au moins, ne fût-ce que PAR CURIOSITÉ ET POUR VOIR COMMENT CELA RÉUSSIRAIT, Sa Majesté voulût bien le mettre en pratique et en faire l'expérience dans l'élection de Vézelay.

Cette expérience, Messieurs, a été faite par la Révolution ; elle a été faite en grand, pour toute la France, et elle a réussi ; les vœux de Vauban ont été exaucés.

Si ce grand génie pouvait de nouveau visiter ses terres de Bazoche et de Vauban, s'il parcourait les anciennes paroisses de l'élection de Vézelay, il verrait combien de lieux, dans ce Morvan si dédaigné, ont changé de face, et présentent aujourd'hui un aspect différent de la description qu'il en donnait en 1696.

Il verrait avec bonheur les habitants presque tous devenus propriétaires, logés la plupart dans leurs maisons, et cultivant avec un soin particulier leurs petits domaines. Il verrait combien de terres jadis délaissées ont été mises en culture, combien de champs de seigle sont devenus terres à froment ! Chaque année voit un certain nombre de parcelles travaillées avec amour, et mieux POUTURÉES, revêtir la qualité d'OUCHES, c'est-à-dire passer dans la classe de ces terres privilégiées, véritables OASIS du Morvan, offrant le spectacle d'un sol qui ne se repose jamais, et qui produit indifféremment, et tour à tour, du froment, du chanvre, des plantes oléagineuses et toutes sortes de légumes. Combien de ces portions de terre ont ainsi passé presque subitement de l'évaluation la plus vile au prix le plus élevé, au point de se vendre jusqu'à trois et quatre mille francs l'arpent!

Je puis citer pour exemple toute la banlieue de la ville de Lormes [1], jadis en désert et toute parsemée de rochers. L'ancienne montagne dite de JUSTICE valait à peine 2,000 francs il y a vingt ans ; défrichée aujourd'hui, elle en vaut plus de cent mille.

Le champ de la Croix, possédé par M. Baudot, maire de Lormes, contenant deux hectares cinquante centiares, a été acheté, il y a quinze ans, 1,800 francs. — Il a coûté, en extraction de rochers, 2,400 francs. — Aujourd'hui ce champ, divisé en six assolements, a acquis une telle valeur que son propriétaire en a refusé 12,000 francs.

Cette transformation, non plus seulement d'une pièce de terre ou de quelques ouches, se fait remarquer sur des domaines entiers. On peut citer pour exemple le domaine de l'Aubepin, situé à une lieue de Lormes, et conduit avec une rare intelligence et un plein succès par son propriétaire, M. Borne de Grand-Pré, élève de la célèbre et utile école de Grignon. Le rapport de votre commission de visite vous fera connaître avec plus de détail toutes les améliorations opérées dans la culture et dans la valeur des terres, surtout à l'aide de l'engrais de la chaux, par cet agronome distingué [2].

Le même progrès se fait sentir partout quoiqu'à des degrés différents.

Vauban avait remarqué avec raison que si le pays en général est mauvais, « cependant il y a de toutes choses un » peu. L'air, dit-il, y est bon et sain, les eaux partout bon- » nes à boire, mais meilleures et plus abondantes au MOR- » VAN qu'au BON PAYS.... On pourrait, ajoute-t-il, tirer

[1] Il faut en dire autant de celle de Château-Chinon.

[2] Les mêmes éloges sont dus à la mémoire de feu M. Bonneau du Matray, qui dans son domaine de Semelay, canton de Luzy, plein Morvan, a aussi opéré, par le chaulage, des prodiges de culture inconnus à ses devanciers.

» parti de toutes ces eaux et en dériver des arrosements » qui augmenteraient de beaucoup la fertilité des terres » et l'abondance des fourrages, qui est très-médiocre en » ce pays-là. » (T. I^er, p. 206.)

Déjà le plus ancien des historiens du Nivernais [1] avait loué l'industrie avec laquelle les Morvandiaux savent conduire et ménager leurs eaux dans de petits biez taillés dans le flanc et sur les côtes de leurs montagnes....

Mais ce qui se faisait en petit sur des prés isolés, un de nos concitoyens, habitant de Lormes, vient de l'exécuter en grand aux abords même de cette ville. M. le président Heulhard-Montigny, qui honore sa retraite de magistrat par les soins de l'agriculture et par une suite de travaux hardiment conçus et habilement exécutés, vient de transformer toute une propriété auparavant stérile en un vaste corps de prairie. Il a rallié les eaux qui se précipitaient dans la vallée au sortir des rochers de la montagne de Lormes; et, après avoir brisé leur cours par un arrêt qui croise leur passage, il les a rejetées à droite et à gauche, dans deux canaux principaux d'irrigation qu'il a tracés sur les flancs de deux collines, les soutenant dans leur cours par des chaussées, des ponts-aqueducs, des travaux d'art, et les distribuant ensuite par le menu dans une infinité de petites rigoles qui serpentent et font retour sur elles-mêmes avec une merveilleuse entente. A l'aide de ce moyen, l'auteur de cette opération aura changé totalement la nature du sol, fait du pré là où n'aurait pas pu germer la plus chétive moisson; il aura quintuplé la valeur de son revenu, et rendu célèbre, par l'exemple, un domaine qui s'appelait VAURIEN et auquel il faudra désormais chercher un autre nom.

L'exemple de M. Heulhard deviendra ainsi pour le Morvan ce qu'a été celui de M. Mathieu de Saint-Pierre-du-Mont pour le canton de Varzy. Partout l'impulsion est donnée... Mais elle a besoin d'être secondée par la législation. On est affligé quand on pense qu'une seule parcelle de terre de quelques ares, interposée parmi les héritages de M. Heulhard, l'eût empêché d'exécuter son beau projet, par l'impossibilité où il aurait été de vaincre le mauvais vouloir d'un voisin qui aurait refusé de lui vendre l'objet

[1] Guy Coquille, Hist. du Nivernais, édit. in-4°, p. 352.

de la plus mince valeur même au prix le plus élevé, précisément parce que cela lui eût été indispensable pour l'accomplissement de son dessein ! car l'expérience nous apprend dans les campagnes que, par l'effet d'une méchante jalousie, ce qu'on craint le plus, *c'est d'accommoder son voisin*. Pour prévenir l'effet de ces sortes d'obstination, un des députés les plus dévoués au bien public, M. d'Angeville, dans la dernière session, a fait une proposition spécialement relative aux *irrigations*. Cette proposition a été examinée avec soin par une commission d'hommes éclairés, et le rapport en a été fait par un jurisconsulte habile dont le travail contribuera beaucoup à la solution des questions qu'elle soulève et qui ne sont pas exemptes de graves difficultés [1].

Chastellux, qui tient à nous comme Morvan, comme Nivernais, et par l'affection sincère que porte au pays son généreux propriétaire, se recommande sous un autre point de vue. A côté de ce que sa vieille tour féodale et ses créneaux habilement restaurés [2] rappellent de glorieux et d'anciens souvenirs, des ruines plus antiques encore et une mosaïque d'une belle conservation trouvées dans le voisinage, attestent que cette contrée limitrophe des Eduens a été jadis le siége d'une haute civilisation. — Grâce aux soins éclairés du maître actuel de ce château, on voit dans sa terre ce qui manque partout ailleurs dans le Morvan, je veux dire des efforts faits pour introduire quelques germes d'industrie dans une contrée qui en est totalement dépourvue : c'est une féculerie pour les pommes de terre, un moulin à tan pour les écorces, une scierie mécanique pour les gros bois; on y remarque çà et là d'élégantes constructions gracieuses comme celles de la Suisse pour les granges, les bergeries et le logement des fermiers; on a fait aussi à Chastellux de coûteux essais pour l'établissement d'un haras; au-dessus de tout cela plane une bienfaisance dont les actes multipliés se révèlent

[1] Les conseils généraux sont en ce moment appelés à en dire leur avis. Ils sont également consultés sur plusieurs autres points qui intéressent l'agriculture et la police rurale, tels que la *mitoyenneté des fossés*, le *reboisement* de certaines contrées, l'*endiguement* des rivières, le *droit de chasse* et les *gardes champêtres*, etc.

[2] Ces restaurations ont été conduites par notre compatriote, M. Minier, de Clamecy, architecte.

au loin ; partout, en un mot, se remarque un noble emploi de la richesse, uni à l'intelligence des besoins actuels de la société.

Les améliorations que j'ai signalées dans nos cultures se font aussi remarquer dans l'aspect général du pays et la manière d'être des habitants.

Notre illustre maréchal déplorait (tom. 4, p. 148) « le mauvais état des chemins ; ce qui, disait-il, nuit beaucoup au commerce. » Aujourd'hui, quelle différence ! Le Nivernais, qui jadis était une impasse pour les contrées environnantes, est maintenant le pays le mieux percé de toute la France. Sur 26 cantons que renferme la Nièvre, il n'y en a pas un qui ne soit traversé au moins par quatre routes ; et plusieurs villes, telles que Clamecy, Decize, Varzy, en comptent jusqu'à six et sept qui rayonnent autour d'elles dans toutes les directions. Lormes, il y a treize ans, n'avait pas une seule route, ni même un seul chemin vicinal en bon état : actuellement elle marche à la fois sur Clamecy, Avallon, Corbigny, Tannay, Château-Chinon, Saulieu ; il ne lui manque plus que de voir rétablir son ancienne route directe sur Autun, indiquée par la voie romaine, dont les nombreux vestiges se retrouvent sur toute la ligne [1].

En 1696, suivant la statistique de Vauban, la paroisse de Lormes renfermait seulement 174 maisons, logeant 730 habitants ; on n'y comptait que 39 charrues, 27 bêtes chevalines, et 224 bêtes de labour ; — et aujourd'hui, d'après le recensement de 1841, le nombre des maisons est de 738, le chiffre de la population s'élève à 3,214 âmes ; et l'on compte 171 charrues, 45 chevaux et 342 bêtes à cornes.

On y voit en outre, et seulement depuis quelques années, un hospice bien tenu, des écoles distinctes pour les enfants des deux sexes, un champ de foire entouré d'une muraille de granit, en forme d'ellipse, qui en fait un véritable Cirque ; un bel hôtel de ville, une caserne de gendarmerie, une compagnie de pompiers qui fait la sûreté

[1] Cette voie de communication, si fréquentée du temps des Romains, a été rétablie par la force des choses, d'Orléans par Clamecy jusqu'à Lormes, et elle n'existe plus en lacune que de Lormes à Autun. Son achèvement devrait être la principale pensée de ces deux villes.

des habitants, et sert à la police et à l'ornement de leurs fêtes : on y trouve, en un mot, tout ce qu'une administration active, intelligente et ferme peut procurer à une petite ville[1].

Si l'on descend de la ville dans les campagnes, on trouve partout le même mouvement, le même progrès[2]. De toutes parts on bâtit dans de bonnes conditions[3]. On ne trouverait plus dans nos villages de maçons CAPABLES DE BATIR AUSSI MAL QU'AUTREFOIS : ils ne le voudraient pas Nos granits, malgré la rivalité jalouse de la Bretagne et de la Normandie, ont acquis de la célébrité jusque dans la capitale, qui envoie les exploiter pour ses grands travaux avec une hardiesse qui a même eu besoin d'être contenue ; car, si parfois la propriété privée est obligée de condescendre aux exigences des travaux publics, ce ne peut jamais être que dans des cas spéciaux, en observant des formes protectrices et en payant une juste et préalable indemnité. Honneur à ceux qui, en pareil cas, ont défendu le droit de tous en faisant respecter leur droit propre[4].

[1] Suivant la même statistique, en 1696, on comptait à Corbigny 360 maisons, 1,435 habitants, 24 charrues, 116 chevaux, 152 bêtes à cornes. — En 1841, on a trouvé 554 maisons, 2,134 habitants, 120 charrues, 480 bêtes à cornes. Le couvent des Bénédictins, qui contenait autrefois 1 abbé et 7 religieux, est remplacé aujourd'hui par une école ecclésiastique peuplée de 160 élèves. L'habile supérieur de cette maison (M. l'abbé Sergent) est né dans le canton.

[2] Je citerai pour exemple la petite commune de Gacogne dont je suis maire. Suivant le tableau de Vauban, elle ne comptait que 193 habitants, 19 charrues et 80 bêtes de labour. D'après le recensement de 1841, sa population actuelle atteint 1,200 âmes. le nombre des charrues est de 115, celui des bêtes à cornes est de 794 et celui des brebis et agneaux s'élève à 1776. Bazoche, résidence de Vauban, n'avait que 101 maisons, 486 habitants, 18 charrues et 116 bêtes de labour. On y trouve, à présent, 180 maisons, 863 habitants, 77 charrues, et 155 bêtes à cornes. Le même rapprochement, pour chaque commune, offre presque partout un pareil progrès. Vézelay seul est resté à peu près stationnaire.

[3] L'attention de Vauban se portait à tout. On trouve dans ses *Oisivetés* un chapitre intitulé *Plusieurs maximes bonnes à observer par tous ceux qui font bâtir* Il n'est personne, en effet, qui ne trouve à profiter dans les conseils pratiques du célèbre ingénieur.

[4] Procès de M. Lemoyne, propriétaire des Eaux-Bues, jugé contre l'entrepreneur, par arrêt du Conseil d'État et par ordonnance royale du... août 1843. Cette exploitation de granits aurait aussi besoin d'être éclairée sous un autre rapport. Ainsi l'on regrette que

L'intérieur des habitations offre un meilleur ameublement ; le peuple est vêtu avec propreté et même avec un certain luxe : j'en appelle, séance tenante, à l'aspect gracieux et varié que nous offre le costume des villageoises qui se pressent en foule à cette fête. A mesure que les produits augmentent, on sé nourrit mieux : la pomme de terre seule, cultivée à peine depuis quarante ans dans le Morvan, y a fait une révolution plus sensible qu'ailleurs, puisque le pays y est moins fertile en grains. — C'est à juste titre que la ville de Montdidier propose, par souscription, d'élever un monument à Parmentier, qui a introduit cette culture en France. Louis XVI le lui avait prédit : « La France vous remerciera un jour, monsieur, d'avoir trouvé le pain du pauvre. » — Les maladies sont peu fréquentes; les fièvres, qui, il y a peu d'années encore, rongeaient les habitants à la fin de la saison, y sont moins communes; elles sont d'ailleurs sans danger ; et, dans les mêmes lieux où la sollicitude inquiète de Vauban s'affligeait surtout de voir périr un grand nombre de petits enfants à cause du froid, de la négligence des nourrices, et de la mauvaise alimentation, plusieurs milliers d'enfants des hospices de Paris sont confiés de préférence aux nourrices morvandelles à cause des bons soins dont ils sont l'objet, et du peu de mortalité qui se déclare parmi eux : grâces aussi, il faut le dire, à l'habileté des médecins qui leur sont affectés et à l'exactitude avec laquelle ils font leur service. C'est dans le Morvan qu'on est venu chercher une nourrice pour le roi de Rome, fils de l'empereur Napoléon [1].

Les bestiaux du Morvan méritent d'être considérés à part. Les fourrages y sont peu abondants et de médiocre qualité ; ce n'est pas le pays des gras pâturages; on n'y trouve pas de ces prés de moines, dont l'herbe fraîche tentait si fort l'âne du bon La Fontaine; mais, en revanche, nos bœufs sont forts, courageux, adroits, intelligents, dociles à la parole de leurs conducteurs, qui ont des phra-

les entrepreneurs aient détruit la superbe pierre druidique qui se voyait près de Saint-Martin-du-Puy. Les carriers n'ont vu là qu'un immense bloc de pierre à fendre et à débiter : il y avait un monument curieux à conserver.

[1] C'est à Dhun-les-Places, dans le canton de Lormes, qu'on a choisi cette nourrice. — Celle du Duc de Würtemberg, fils de la princesse Marie, était aussi une femme du Morvan.

ses à leur usage et qui s'entendent merveilleusement avec eux, les soutenant quelquefois par des chants dont la longue tenue n'est pas sans quelque mélodie. Nulle autre espèce n'a encore pu remplacer les bœufs morvandiaux pour le travail, et surtout pour le charroi de montagne. Et pourtant ils ne sont pas à beaucoup près ce qu'ils pourraient être si l'on prenait le temps d'élever des taureaux de cette race et de les laisser croître avant d'en exiger un service prématuré...

Déjà cependant nos propriétaires commencent à apporter plus de discernement dans le choix de leurs vaches; et parmi celles qui ont éte amenées au concours, je ne doute pas que plusieurs n'aient mérité d'être distinguées.

Quant aux chevaux, le gouvernement en aura quand il voudra les payer. Qu'il fixe lui-même les conditions qu'ils devront avoir; mais qu'il en donne le prix. Ce prix sera encore moins cher que celui qu'on paye aux maquignons pour des chevaux venus de loin, mal acclimatés, qui n'ont pas encore subi toutes leurs épreuves, et qu'il faut nourrir deux ans avant de s'en servir. Autrefois le Morvan avait une race particulière de chevaux, estimée pour la cavalerie légère. Cette race est presque perdue; c'est un mal : il faudrait la relever. Cela vaudrait mieux que de chercher à avoir de grandes espèces dans une contrée qui ne leur convient pas [1].

Je borne ici ces remarques, Messieurs; elles peuvent être superflues pour ceux d'entre vous qui donnent l'exemple, et qui marchent à la tête des plus récentes améliora-

[1] C'est encore une des bonnes observations de M. de Vauban. « Pour avoir des chevaux dont l'espèce puisse s'améliorer et profiter » dans nos pays, dit-il, il les faut tirer de ceux qui sont plus mau- » vais et plus froids, tels que sont les anglais et les algayes d'Alle- » magne pour la Bourgogne et le Morvan....; ceux des provinces » septentrionales d'Espagne pour le Languedoc, le Roussillon, la » Provence et la Guyenne, et ainsi des autres; car il est constant » que les races de chevaux et autre gros bétail profitent et s'amé- » liorent de même que les plantes, *quand on les tire d'un mauvais* » *pays pour les transporter dans un meilleur;* tandis que quand on » les tire d'un bon pour les élever dans un mauvais, elles dégénè- » rent et s'avilissent. » — Tom. I^er^, p. 91.

C'est ainsi que le bétail du Morvan s'engraisse facilement dans le bon pays, précisément parce qu'il a été élevé sobrement dans un pays peu fertile en pâturages.

tions : ce n'est pas pour eux que j'ai écrit ce discours; ce sont eux au contraire qui m'en ont fourni le sujet. Mais les Comices sont surtout institués pour l'éducation des classes laborieuses, qui ne s'instruisent communément que par ce qu'elles *voient* ou par ce qu'elles *entendent*. C'est la première fois que le peuple de ce pays voit ses chefs naturels, ses véritables amis, réunis en assemblée pour honorer l'agriculture et encourager ceux qui la pratiquent : il faut donc, par tous les moyens qui sont en notre pouvoir, faire en sorte que cette institution leur profite et laisse parmi eux des principes d'émulation et d'utiles souvenirs.

Messieurs, dès l'origine, et à chacune de ses réunions, le Comice de l'arrondissement de Clamecy s'est distingué et s'est fait remarquer par sa bonne tenue, l'affluence des masses et le bon esprit de ses membres. — Désormais son existence est assurée ; elle prévaudra contre le mauvais vouloir de certains esprits étroits et jaloux, qui, dans chaque pays, ne savent que dénigrer sourdement le bien que d'autres font, incapables qu'ils sont de le faire eux-mêmes ! De nouvelles souscriptions, des noms les plus honorables sont venus augmenter les membres du Comice. Plusieurs, en assez grand nombre, parmi les anciens et les nouveaux, ont même souscrit à l'avance pour cinq ans, afin de mieux marquer leur ferme résolution de maintenir une institution utile au peuple, à son instruction, à sa moralité, utile à la propriété et à l'accroissement de ses produits, nécessaire enfin pour soutenir la lutte avec les intérêts industriels qui nous font souvent une guerre de rivalité, tandis qu'on ne devrait voir et entretenir partout qu'une louable émulation.

## TOASTS PORTÉS AU BANQUET DU COMICE DE 1843.

*Extrait du procès-verbal du Comice.*

M. Baudot, maire de Lormes, porte la santé du roi. (Cris de Vive le roi ! Applaudissements.)

M. Dupin : Messieurs, j'ai l'honneur de vous proposer un second toast : c'est celui des visiteurs qui ont contribué par leur présence à l'ornement de cette fête. Je vous propose de porter la santé de mon honorable ami M. Sauzet, président de la chambre des députés, et celle de M. Sauzey, président de la Société d'Agriculture de Lyon; ainsi que celle des autres visiteurs qui nous sont attachés par les liens du voisinage et de l'amitié.

Ce toast fut accueilli par un mouvement spontané, que M. Sauzet suspendit un instant en faisant signe qu'il voulait prendre la parole.

M. Sauzet, après un remercîment courtois au nom de l'agriculture et de l'industrie lyonnaise, fait l'éloge des Comices agricoles en général, et de celui de Clamecy en particulier; il fait ressortir les avantages de l'alliance désormais indissoluble entre l'agriculture et l'industrie : puis, passant en revue les nombreuses améliorations opérées dans les cultures du Morvan, ce réseau de routes royales et départementales qui le sillonnent en tous sens, et le relient aux départements voisins, il dit que cet état prospère est dû sans doute au génie actif et infatigable des habitants, mais que la plus noble part en appartenait à M. Dupin.

« D'autres, s'est-il écrié, célébreront l'homme politique qui a présidé la chambre des députés huit fois de suite, et qui, en même temps qu'il la dirigeait par la fermeté de son caractère, l'éclairait encore par sa haute raison : d'autres honoreront en lui une des forces de cette magistrature qu'à deux époques difficiles son énergique ascendant sut conserver à la France : d'autres le présenteront comme le souvenir chéri du barreau, que son frère seul a pu consoler de sa perte ! Nous, nous aimons à saluer M. Dupin dans sa maison des champs, dévoué tout entier aux intérêts d'un pays qui lui est si cher, consacré sans partage aux nobles travaux de l'agriculture, et au culte des vertus de la famille ; non loin de son vénérable père, dont la Providence a voulu bénir la vieillesse en l'honorant par la piété et l'illustration de ses fils.... »

Après avoir tenu quelque temps encore le Comice sous le charme d'une parole chaudement accentuée, M. Sauzet termine en portant le toast suivant :

« A votre illustre président ! à M. Dupin, bienfaiteur du pays qui l'a vu naître, et dont il est l'ornement, comme il est l'un des plus fermes appuis de la grande patrie française ! leur consacrant ses nobles exemples, et l'autorité de cette parole mâle, ferme, touchante, dont la verve irrésistible a reçu le don de saisir tous les rangs

3.

et toutes les âmes, et de populariser l'éloquence sans lui laisser perdre rien de sa grandeur ! »

De vifs applaudissements suivent cette chaleureuse allocution.

M. Dupin ajoute ce peu de mots :

« Et nous aurons offert à la France le spectacle, bien rare aujourd'hui, de deux hommes publics qui se sont succédé dans un des premiers postes de l'Etat sans jalousie, et sans qu'il en ait rien coûté à leur amitié ! »

Les deux amis s'embrassèrent aux cris unanimes et prolongés de Vive M. Sauzet ! Vive M. Dupin !

### COMICE DE CLAMECY, — TENU A SAINT-RÉVÉRIEN,

### Le 8 septembre 1844.

Le dimanche 8 septembre, le Comice agricole de l'arrondissement de Clamecy a tenu sa sixième assemblée à Saint-Révérien, dans le Canton de Brinon. Le plus beau temps a favorisé cette fête. L'estrade où devait se faire la distribution des prix était dressée dans une vaste pièce de terre disposée en amphithéâtre, d'où l'on dominait sur un espace immense qui s'étendait sur les cantons de Brinon, Tannay, Lormes et Corbigny. Le bétail amené au concours était magnifique ; pour en citer un seul exemple, M. Hervieux a amené une vacherie comprenant environ quarante bêtes, en tête desquelles était un superbe taureau Durham. Quatre beaux bœufs de trois ans et demi, destinés au concours de Poissy, se faisaient remarquer par leur grande taille et leur embonpoint. Il y avait aussi de superbes étalons, et plusieurs groupes de moutons croisés.

Indépendamment des membres du Comice et de toutes les autorités de l'arrondissement de Clamecy, on remarquait un grand nombre de visiteurs venus de Nevers, Saint-Saulge, Decize et Prémery ; et parmi eux M. Mallac, préfet de la Nièvre ; le général Lafontaine, commandant le département ; M. Boucaumont, ingénieur en chef des routes du département ; M. Charrié, ingénieur en chef du canal du Nivernais ; M. Manuel, député de la Nièvre ; M. le baron Charles Dupin, pair de France ; M. Philippe Dupin, député de l'Yonne ; M. Desveaux, maire de Nevers, ainsi que les maires de Decize et de Prémery ; M. l'abbé Bercier, principal du collége de Varzy, et d'autres ecclésiastiques ; M. le docteur Hervez de Chégoin, chirurgien-consultant du roi ; un grand nombre de dames, et la communauté des Jault, dont les membres étaient venus pour recevoir le prix annoncé de la part de S. A R. madame la princesse Adélaïde.

A dix heures, le Comice, escorté par un détachement de la garde nationale avec le drapeau du bataillon, s'est rendu à l'église de Saint-Révérien pour assister à la messe paroissiale. M. l'abbé Hureau, desservant de cette paroisse, a fait entendre un sermon dont la diction et la parfaite convenance avec le sujet ont obtenu l'approbation universelle.

On s'est ensuite rendu sur le champ du Comice. Vingt et une charrues attelées de beaux bœufs et de chevaux vigoureux sont alors entrées en lice. En attendant le rapport des commissions, M. Montcharmont a fait fonctionner une machine à faner et à rateler le foin qui, par son agilité et son exactitude, a fait sensation parmi tous les assistants.

A deux heures, tous les rapports étant terminés, les membres du bureau ont pris place sur l'estrade.

M. Dupin, président, a ensuite pris la parole et a prononcé le discours suivant :

Messieurs, le Comice agricole de Clamecy a rempli l'engagement qu'il s'était imposé, de tenir successivement ses assemblées dans chacun des cantons de l'arrondissement : nous aurons à recommencer, l'an prochain, le cercle que nous fermons aujourd'hui.

Les précédentes réunions ont été célébrées au chef-lieu des divers cantons. C'est un fait, mais ce n'est point une règle, ni surtout une règle invariable. Les Comices-modèles de Seine-et-Oise et de Seine-et-Marne n'ont jamais tenu ni à Versailles ni à Melun, mais dans quelques fermes des environs, regardées comme des lieux plus propices. L'assemblée préparatoire, convoquée à Corbigny le 2 avril, a pensé qu'en tenant cette année le Comice dans le canton de Brinon, il était à propos de préférer la résidence de Saint-Révérien.

Plusieurs considérations ont motivé cette résolution.

A la différence des autres chefs-lieux, Brinon n'a presque point de population agglomérée, et sous ce rapport

Saint-Révérien présente des ressources que le chef-lieu ne pouvait nous offrir.

Saint-Révérien d'ailleurs est le centre d'un grand nombre de belles exploitations; il est plus rapproché des villes de Corbigny, Saint-Saulge et Prémery. Ces deux dernières villes, il est vrai, ne sont pas de notre arrondissement : mais ce n'était point une raison de ne pas aller au-devant d'elles. S'il a paru plus commode de diviser les Comices d'un même département par arrondissements, ce fractionnement n'a point eu lieu dans une vue d'égoïsme ni d'exclusion, mais seulement pour éviter de trop grands déplacements. Chaque Comice, en effet, n'a pas uniquement pour but d'encourager l'agriculture dans l'étroite enceinte de sa circonscription; les bons exemples sont offerts à tout le monde, la cause du progrès est la cause de tous, dans toute la Nièvre et dans toute la France. Nous adressons donc de sincères remercîments à tous ceux qui, profitant du voisinage, sont venus par leur concours augmenter l'éclat et l'utilité de cette fête, dont l'autorité municipale a fait les apprêts avec une intelligence et un zèle vraiment dignes d'éloges.

Nous savions d'ailleurs qu'en venant à Saint-Révérien, les curieux seraient attirés par plusieurs motifs. La beauté de son site qui domine un vaste bassin de terres riches et fécondes, fermé à l'horizon par le cercle lointain et gracieux des montagnes du Morvan. Son église, fière d'une origine qui remonte au commencement du neuvième siècle, et dont l'architecture a mérité, par son originalité et sa perfection, d'être placée au rang de ces monuments historiques qu'une pensée féconde, née en 1830, a entrepris de conserver avec leur style et leur caractère primitifs. Une source d'eau minérale jadis sacrée, toujours salutaire, et qui pourrait être exploitée dans l'intérêt public, comme elle le fut autrefois dans l'intérêt de la superstition et de la crédulité.

Enfin, c'est aux portes de Saint-Révérien qu'on trouve les ruines de cette ville gallo-romaine, revendiquée par nos archéologues [1] comme l'ancienne capitale de la valeureuse colonie des Boïens, que César cantonna aux extrémités du pays des Edues (dont les Nivernes faisaient alors

[1] Voyez les brochures publiées par MM. Boniard et Vincent.

partie), afin de contenir ceux du Berri dans leurs limites. Retournez en effet quelques pas en arrière de Saint-Révérien, sur le sommet de la colline; une voie romaine, plus solide encore après dix-huit siècles que nos routes modernes, mène jusqu'à l'entrée d'une forêt où elle vous introduit. Arrivés dans ce lieu de silence et de mystérieux ombrage, la route disparaît sous vos pas et vous laisse au milieu des vestiges de l antique cité surmontés çà et là par de vieux chênes qu'à leur aspect vénérable on croirait contemporains des derniers druides. Là fut un temple, on a retrouvé son autel et ses dieux. Ici était un cirque, dont l'enceinte est encore exactement marquée. Plus loin, sur un monticule isolé, sont les débris d'un édifice qu'on suppose avoir été une habitation éminente, un lieu de commandement; en face est un vaste étang, formé par des sources qui arrosaient les jardins de la ville et fournissaient de l'eau à ses habitants. Au delà la vue s'arrête sur le sommet imposant de Montenoison et sur le vieux donjon de Champallement. Partout, en vous promenant dans cette sombre enceinte, vous rencontrez des lignes de murailles si nombreuses et si bien marquées, qu'on a pu lever un plan régulier de la ville à l'exception de la partie envahie par les eaux; vos pieds foulent incessamment des briques romaines, des pavés croisés, des carrelages artistement et solidement enchâssés; on trouve des fragments de marbre et de poterie; des fers oxydés, des traces d'incendie. Des fouilles sérieuses, entreprises avec courage et dirigées avec intelligence [1], encouragées par le noble propriétaire du sol sur lequel les ruines sont assises, par les votes récents du conseil général du département, et par une allocation du gouvernement, ont produit des résultats précieux. Un grand nombre de médailles dont quelques-unes manquaient aux plus riches collections, des statuettes d'une rare perfection, qui rappellent le luxe des Romains, à côté d'autres objets qui attestent la barbarie des peuplades indigènes : tout cet amas d'antiquités est assez considérable pour former dès à présent une sorte de musée réuni par les soins éclairés de M. Mélines, dont le cabinet, à Saint-Révérien même, est ouvert à tous les curieux.

[1] Voyez le *Mémoire sur les fouilles de Saint-Révérien*, publié par G. Charleuf, février 1844, in-8°.

C'est au pied de la montagne de Saint-Révérien, dans la ferme en quelque sorte modèle de M. Hervieux, membre de notre Comice, qu'ont été nourris ces animaux gigantesques qui, dans le dernier concours de Poissy, ont valu à cet industrieux agronome le premier et le second prix accordés aux éleveurs des plus beaux bestiaux[1]. L'honneur en est demeuré à la Nièvre !

Messieurs, ce succès, dont nous devons être fiers, n'est pas un simple accident. De tout temps l'agriculture a été en honneur dans ce pays, que votre illustre voisin, le propriétaire de Champallement, appelle avec amour *notre bon Nivernais* [2].

Le savant commentateur de la vieille coutume de notre province en a fait la remarque : nulle autre coutume de France, dit-il, n'a, à la moitié près, tant de chapitres et articles pour régler le *manége des champs*, comme la nôtre.

Il y a plus de deux siècles et demi que cet homme d'Etat, administrateur intelligent des affaires du duché et pays de Nivernais, exhortait les propriétaires à demeurer sur leurs terres pour en surveiller et en suivre l'amélioration. « L'œil du maître, disait-il, amende l'héritage. Aussi un domaine aux champs est-il trop défiguré, quand il n'y a point de demourance pour le maître. »

Ce conseil est aujourd'hui mieux compris que jamais. De toutes parts autour de nous, depuis quelques années, nous voyons réparer ou construire, non plus de ces forteresses entourées de fossés bourbeux qui, pendant si longtemps, furent pour le pays un objet d'inquiétude et d'intimidation; mais de gracieuses maisons de campagne, de belles fermes, des habitations confortables, où les uns résident toute l'année, se plaçant eux-mêmes à la tête de leurs exploitations; où d'autres se plaisent à venir passer au moins quelques mois pour se distraire du séjour des

[1] Première prime du concours de Poissy, 1,200 fr., obtenue par M. Hervieux, pour un bœuf Durham-Nivernais de quarante-cinq mois, pesant sept cent quarante kilogrammes. Seconde prime de 900 fr., au même, pour un bœuf Durham-Charolais pesant six cent soixante-cinq kilogrammes.

[2] M. le duc de Mortemart, dans une lettre où il exprime en termes affectueux le regret que sa santé, encore mal rétablie, ne lui ait pas permis de venir prendre part à cette réunion agricole.

villes, et seconder par d'utiles dépenses et de sages conseils les timides essais de leurs fermiers.

C'est sur sa terre en effet que le propriétaire comprend mieux toute sa force; c'est là que l'homme, affranchi de la gêne d'un voisinage trop étroit, est véritablement le roi de la nature; c'est là qu'il règne et gouverne, à ses dépens, il est vrai, mais avec toute l'indépendance et toute la dignité de l'homme libre.

Oui, Messieurs, il est bon de le redire aux habitants des campagnes si longtemps malheureux, si durement asservis sous le triple joug des corvées, de la dîme et de la féodalité : la possession franche de la terre a été de tout temps le principe et la marque de la liberté. Ceux qui, dans des temps de barbarie et d'oppression, avaient commencé à sillonner la terre comme esclaves, ont fini par la cultiver pour leur compte, par l'acquérir et par s'élever sur elle au même rang que leurs anciens maîtres. Ce dont la conquête à main armée s'était emparée par la violence, les laboureurs l'ont reconquis à la longue, à force de persévérance, de travail et de vertu [1].

Notre coutume, empreinte comme toutes les autres des stigmates du moyen âge, admettait le servage des hommes attachés à la glèbe. Beaucoup d'héritages étaient tenus en bordelage et en mainmorte. Mais à côté des fiefs et des censives, elle admettait aussi des *alleux*; c'est-à-dire des terres libres, possédées par des hommes qui ne relevaient d'aucun seigneur[2].

Si, en regard de généalogies si souvent mensongères, et de titres si souvent usurpés, il se trouvait une famille de

[1] Voyez dans l'*Introduction* d'Augustin Thierry *à l'histoire du Tiers État*, ce qu'il dit du labeur des classes ouvrières pour ressaisir leurs droits et reconquérir l'égalité : c'est-à-dire pour « faire disparaître successivement de notre sol toutes les inégalités violentes ou illégitimes, le maître et l'esclave, le vainqueur et le vaincu, le seigneur et le serf, le noble et le roturier ; et pour montrer enfin à leur place, un même peuple, une loi égale pour tous, une nation libre et souveraine. »

[2] « Tous héritages sont censés et présumés *francs et allodiaux*, qui ne montrent du contraire. » Tel est le texte de la coutume. Ainsi ailleurs, là où dominait la maxime servile, *Nulle terre sans seigneur*, chacun devait *prouver sa liberté* : en Nivernais, la liberté était de droit; et l'on disait à qui se prétendait seigneur, *Prouvez que vous l'êtes en effet.*

cultivateurs, de ceux que l'on nommait jadis *paysans*, qui, de toute ancienneté, aurait toujours habité la même maison, cultivé le même sol, possédé en propre le même domaine; dont les titres de famille, aussi anciens que l'emploi de l'écriture pour les actes notariés, remonteraient au quinzième siècle, et renfermeraient la mention authentique que, dès cette époque, leur établissement en communauté datait de temps immémorial, n'est-il pas vrai que de tellesgens, toujours libres, toujours propriétaires, sans autre seigneur que *la loi et le roi,* pourraient être fiers de leur race, à plus juste titre que tant d'autres que nous voyons chaque jour, dès qu'ils se sont enrichis, quitter le nom de leurs pères pour prendre orgueilleusement le nom d'une terre le lendemain du jour où ils l'ont achetée, et s'attribuer de leur autorité privée des titres nobiliaires dont l'indifférence et le dédain de la législation leur permet de s'affubler avec impunité, mais non sans ridicule!

La communauté des Jault, établie chez nos voisins, dans le canton de Saint-Saulge, offre le dernier exemple de ces familles patriarcales, jadis nombreuses en Nivernais, qui, de temps immémorial, ont vécu ainsi en communauté, sous l'empire traditionnel des règles qu'elles tenaient de leurs aïeux. La juste réputation d'honneur et de probité dont jouit cette communauté a pénétré jusque dans le palais des rois. Une auguste princesse, qui, dans ses vastes domaines, se plaît à encourager tout ce qui peut exciter au travail et à la vertu, S. A. R. madame la princesse Adélaïde, sœur du roi, a daigné me charger, comme président du Comice, de remettre en assemblée publique, au chef de cette respectable communauté, une prime applicable à leurs travaux agricoles. Dans l'intention de S. A. R., cette prime, accompagnée d'une médaille à l'effigie du roi, doit surtout être considérée comme une marque de son estime et un encouragement à persévérer dans un genre de vie qui a pour base la concorde, l'esprit d'association et l'esprit de famille, source première de toutes les vertus.

Mon honorable collègue, M. Cunin-Gridaine, auquel les progrès de l'agriculture sont aussi chers que ceux du commerce, et qui s'intéresse aux expositions des Comices agricoles comme à celles de l'industrie manufacturière, m'a donné une preuve d'amitié dont je le remercie, en accordant à notre comice une médaille d'or, quoiqu'il soit d'usage de n'en accorder qu'aux comices de département.

Il est un incident dont je dois vous rendre compte. Vous vous rappelez, Messieurs, que l'année dernière Adélaïde Chenevin, enfant des hospices, nourrie dans le Morvan, a obtenu de vous un *prix de moralité*. Le comice avait saisi cette occasion de stimuler vers le bien une classe malheureuse dont le nombre s'accroît chaque jour dans la Nièvre; pauvres enfants, qui, délaissés par leurs véritables parents, trouvent chez les femmes chargées de les allaiter de courageuses mères d'adoption. J'ai porté ce fait à la connaissance du conseil général des hospices; et ce conseil, toujours soigneux de multiplier les actes de bienfaisance et de charité, s'est empressé d'accorder une gratification extraordinaire à Adélaïde Chenevin, ainsi qu'à la nourrice dont les bonnes leçons et les soins longtemps prolongés étaient devenus pour sa pupille le principe de la bonne conduite que vous aviez voulu récompenser. J'ai revu dernièrement cette pauvre fille dans la commune de d'Ilun, dans le champ où va s'élever la belle église de Sainte-Amélie, et elle m'a chargé avec attendrissement de ses remercîments pour le comice et pour le conseil des hospices.

Cette année, Messieurs, la législation est venue au secours de l'agriculture par deux bonnes lois. L'une, dès longtemps désirée, a pour objet de défendre les propriétés et les récoltes contre les atteintes du braconnage, et les incursions à main armée d'un foule de fainéants qui, surtout dans les environs des grandes villes, allaient la nuit par bandes et devenaient redoutables aux propriétaires et aux fermiers. L'autre loi, en réglant ce qui concerne les patentes, affranchit les cultivateurs, pour le bétail qu'ils nourrissent et qu'ils élèvent, de l'impôt qu'une interprétation trop fiscale avait prétendu leur imposer.

Ainsi, Messieurs, non-seulement rien n'entrave les progrès de l'agriculture, mais tout les favorise et tend à les encourager. Il est donc vrai qu'il n'y a pas de terre plus libre que la terre de France, qu'il n'y a pas de pays où chacun puisse mieux à son gré jouir en paix et avec sécurité des fruits de son travail et de son industrie. La terre n'est point ingrate des soins qu'on lui prête; mais elle ne se donne point aux paresseux; il faut savoir solliciter ses faveurs et mériter ses largesses. En agriculture, comme dans tous les états où l'homme se propose de s'enrichir par le travail et par l'avance de ses capitaux, il faut l'intelligence qui dirige, l'activité qui féconde, l'ordre qui règle tout et l'économie qui conserve.

Telles sont les qualités que les comices ont pour but de développer, et votre bureau se félicite de plus en plus de voir un si grand nombre d'hommes honorables entrer dans l'esprit de cette institution et faire de communs efforts pour en assurer le succès.

Nous remercions M. le Préfet d'être venu au milieu de nous accréditer les espérances qui s'attachent aux débuts de son administration; imprimer à nos affaires l'activité de son âge et la maturité de ses connaissances, et nous consoler, par un peu de constance à résider dans la Nièvre, de la mobilité d'une administration qui, dans un espace de quarante ans, a fait passer sous nos yeux *dix-neuf préfets!*

La religion, à laquelle il appartient d'inaugurer toutes les fêtes et de bénir le travail des hommes est venue prêter son concours à cette solennité. Le digne pasteur de Saint-Révérien a fait entendre de sages et touchantes paroles. Rien ne convient mieux à l'agriculture que l'expression pure des sentiments d'une vraie piété. On a vu des ouvriers s'enorgueillir de leur art au point d'adorer des statues, ouvrages de leurs faibles mains; le laboureur, plus modeste, sait bien qu'il ne peut rien sans le secours du ciel, que son épi déjà mur est encore à la merci de la tempête, et qu'il a toujours besoin de l'aide de Dieu.

C'est sous ces auspices que nous allons distribuer nos récompenses et nos encouragements.

M. le Préfet prend la parole et s'exprime ainsi :

« MESSIEURS, Je me retrouve avec bonheur au milieu d'une de vos fêtes agricoles. Ici, comme à Châtillon, comme à Decize, une foule de propriétaires, de cultivateurs, sont venus disputer les récompenses que vous destinez à l'intelligence et au travail. L'empressement qu'ils mettent à les rechercher est un indice certain des bons résultats qu'elles doivent produire; il prouve qu'un succès complet ne peut manquer de couronner vos efforts. L'œuvre de progrès que vous poursuivez avec tant de zèle s'accomplira donc tout entière. Bientôt, grâce a vos encouragements, les fertiles campagnes de la Nièvre offriront le magnifique spectacle des richesses que peut donner la science, appliquée à des terrains de la plus heureuse fécondité.

» Cette certitude pourrait satisfaire une ambition moins élevée que la vôtre ; mais vous avez compris que la prospérité matérielle du pays ne devait pas être le seul objet de votre sollicitude. Vous avez voulu aussi décerner des récompenses aux cultivateurs salariés qui, par leur aptitude, leur activité, leur fidélité, ont été investis de la confiance de leurs maîtres, maintenus longtemps dans la même propriété. Vos encouragements excitent dans cette classe laborieuse une louable émulation ; en travaillant à la moraliser, vous donnez à votre mission la plus haute portée qu'elle puisse avoir.

» Permettez-moi, Messieurs, de profiter de cette réunion solennelle pour vous parler de deux institutions nouvelles que je recommanderai à tout votre intérêt, parce qu'elles peuvent exercer la plus heureuse influence sur l'agriculture de vos contrées.

» Le conseil général, pendant sa dernière session, a voté des fonds pour établir dans la ferme-modèle de Poussery une école d'agriculture, que M. le Ministre du commerce et de l'agriculture a promis de protéger efficacement. Afin de rendre facile l'accès de cette école aux classes peu aisées des cultivateurs, le conseil général a fondé vingt demi-bourses qui seront réparties entre les quatre arrondissements du département. Je suis convaincu que les bienfaits que devra produire cette utile création seront compris et appréciés par l'esprit éclairé des propriétaires de ce pays. J'espère qu'ils contribueront de tout leur pouvoir à assurer le succès de cette institution si utile, fondée sous le double patronage du département et du gouvernement. Ce succès ne saurait être douteux, car les vieilles méthodes consacrées par la routine sont de jour en jour plus déconsidérées. Tout le monde, aujourd'hui, sait que l'agriculture est une science et, comme toutes les sciences, elle a une théorie qui a besoin d'être longtemps étudiée et approfondie pour produire d'heureux fruits. Aussi, je n'en doute pas, l'école de Poussery sera suivie par de nombreux disciples. Le grand propriétaire y enverra ses garçons de ferme, le cultivateur aisé ses fils; et tous iront ensuite populariser, dans les plus petites communes de ce département, les leçons de leurs professeurs, en doublant la fécondité du sol qui sera confié à leurs soins éclairés.

» Mais là, Messieurs, ne s'est pas bornée la sollicitude du conseil général pour les intérêts agricoles du département. Sur la proposition de son respectable président, M. le comte Hector d'Aunay, que nous regrettons tous vivement de ne pas voir aujourd'hui parmi nous, le conseil, unissant une pensée philanthropique à une idée féconde pour l'instruction agricole des classes pauvres, a décidé qu'un asile serait créé pour les enfants trouvés sur le territoire de la ferme-modèle.

» Vous savez, Messieurs, que les enfants trouvés et abandonnés quittent l'hospice vers l'âge de douze ans et sont presque tous placés, dans la campagne, chez des laboureurs ou des ouvriers, pour y attendre l'époque de leur majorité. Généralement, il faut le dire, leurs patrons s'inquiètent fort peu de l'éducation, de l'instruction, de l'avenir de ces malheureux enfants. On en est réduit à se féliciter, quand ce temps de servage est fini, si le jeune homme jeté sans guide, sans soutien dans la société, n'y apporte pas, outre son ignorance absolue, une précoce dépravation. C'est en général une bien triste destinée qui attend ces jeunes gens ainsi dépourvus de famille, de ressources et d'instruction.

» L'humanité, une bonne et prévoyante politique commandaient de mettre un terme à ce déplorable état de choses. Aussi, comme je viens de vous le dire, le conseil général n'a t-il pas hésité à voter des fonds pour la création d'un asile agricole dans lequel, moyennant une pension payée par le département, les enfants trouvés pourront être admis à leur sortie de l'hospice. Là, par des arrangements déjà convenus, ils recevront du curé l'instruction religieuse, de l'instituteur communal l'instruction primaire, du directeur et des professeurs de la ferme-modèle l'enseignement théorique et pratique de l'agriculture. Peu d'années suffiront pour que l'asile devienne une pépinière d'excellents valets de ferme, élevés dans l'amour de la religion, le respect des lois, l'habitude de l'ordre, de l'économie et du travail. Ainsi préparés à une existence utile et laborieuse, ces jeunes gens seront recherchés par les propriétaires et placés sans nulle difficulté à leur sortie de l'établissement. Professeurs pratiques, ils répandront, ils populariseront la science de l'agriculture. Les services qu'ils rendront feront oublier le malheur de leur naissance. Comme tous les hommes utiles, ils prendront rang dans la société, ils y seront favorablement accueillis. Au lieu de jeunes gens ignorants et misérables, la noble pensée adoptée par le conseil général donnera au département, parmi les enfants trouvés, des hommes estimables, de bons citoyens, qui viendront un jour, comme ceux que vous allez couronner aujourd'hui, recevoir la récompense due à de longues années de travail, d'habitudes régulières, de constante probité.

» Depuis mon arrivée dans la Nièvre, j'ai été frappé de l'heureuse émulation qui règne partout pour seconder les progrès de l'agriculture. Chaque arrondissement a son comice, et tous les comices rivalisent de zèle. Les hommes les plus éminents par leur position sociale, leur instruction, leur influence personnelle, leurs fonctions publiques, accourent de tous les points du département à ces réunions solennelles, témoignant ainsi du vif intérêt qu'ils attachent aux développements du premier et du plus utile de tous les arts. Est-il besoin, Messieurs, de rappeler d'où est partie cette généreuse impulsion? Vous le savez comme moi, c'est l'éloquent jurisconsulte, le grand orateur, le ministre des premiers jours de notre glorieuse révolution, le président huit fois élu de la chambre des députés, le savant procureur général près la cour de cassation, qui n'a pas dédaigné d'accepter la présidence d'un comice, rehaussant de tout l'éclat de sa réputation et de son immense talent vos fêtes agricoles, auxquelles, après lui, tant d'hommes honorables et distingués sont venus prendre part. Vous ne l'aviez certainement pas oublié ; mais il aurait manqué pous moi quelque chose à cette journée, si je n'avais trouvé l'occasion de remercier l'illustre député de la Nièvre de tout ce qu'il a fait pour mettre l'agriculture en honneur parmi ses concitoyens. C'est un service à ajouter à tant de services qu'il a déjà rendus à son pays, c'est un droit de plus qu'il s'est acquis à votre affection et à votre gratitude. »

Ces deux discours terminés, M. le Président a fait appeler le maître de la communauté des Jault, qui s'est avancé au bas de l'estrade avec plusieurs de ses *parsonniers*, et toutes les femmes de cette intéressante tribu. Après les avoir exhortés à vivre en union et en concorde, selon la recommandation et les traditions de leurs aïeux, et avoir fait des vœux pour la prospérité et la perpétuité de leur association, M. le Président a remis au maître une bourse de 500 fr. en or de la part de S. A. R. madame la princesse Adélaïde. Le bureau du comice, pour s'associer aux intentions de S. A. R., leur a décerné une médaille; M. Dupin, de son côté, leur a donné une médaille du roi, grand module, ayant au revers pour exergue le génie de la révolution de juillet, et autour pour devise : *Le roi combat pour la paix*. Madame Dupin y a joint des nœuds de ruban pour les femmes de la communauté. Tous ont remercié affectueusement, et se sont ensuite retirés.

La médaille d'or accordée par M. le Ministre du commerce a été obtenue par M. Martin, propriétaire à Chanteloup, qui a en outre mérité plusieurs primes dans la distribution générale. (Nous ferons connaître les noms des lauréats dès qu'ils nous seront parvenus.)

Après la distribution des prix, on est rentré à Saint-Révérien. Une longue table de cent trente-six couverts, dressée sous la travée principale de la halle, attendait les convives. Le buste du roi et le drapeau tricolore ornaient le milieu de l'enceinte. Une foule nombreuse se pressait à l'entour.

Les toasts suivants ont été portés :

M. Mansoy, maire de Saint-Révérien, a porté la santé du roi, aux applaudissements de tous les convives.

M. Manuel, député, a ensuite demandé la parole et s'est exprimé en ces termes :

« MESSIEURS, J'ai l'honneur de vous proposer un toast à notre illustre compatriote, M. Dupin, illustre par la science, illustre par les services qu'il a rendus à son pays, illustre aussi, qu'il me soit permis de le dire, par son amour pour l'étude et le travail, qui lui a valu l'honneur d'arriver aux plus hautes dignités de l'Etat et de la magistrature, et qui le fait toujours revenir avec plaisir au milieu de nos populations laborieuses, objet de son affection toute particulière, et pour lesquelles il s'est constamment montré si dévoué. Ses services, Messieurs, ont bien pu quelquefois, dans l'ardeur de nos luttes politiques, être méconnus par l'ingratitude des partis, mais la France a su les apprécier, elle lui en tient compte. Elle sait que personne n'a fait plus que lui pour la liberté, que personne n'a défendu l'ordre public avec plus de courage et d'énergie; elle sait aussi que dans une grave question qui agite les esprits et qui touche de près aux institutions du pays, sa puissante et courageuse éloquence ne lui faillira pas. Et si j'osais, Messieurs, plonger mes regards dans l'avenir, je ne serais pas un grand prophète en disant que la postérité, lorsqu'elle jettera les yeux sur ces grandes pages de notre histoire, où son nom sera si souvent et si glorieusement inscrit, se montrera reconnaissante, et respectera et honorera sa mémoire à l'égal de celle de nos plus illustres magistrats et de nos plus grands citoyens »

Ces paroles ont été accueillies avec un enthousiasme difficile à décrire.

M. Dupin répondant à M. Manuel, a dit :

« Messieurs, l'amitié seule a pu inspirer à mon honorable collègue les paroles que vous venez d'entendre, et la bienveillance seule a pu vous porter à les ratifier, en quelque sorte, par vos applaudissements.

» Je suis loin de mériter tous les éloges qui viennent de m'être adressés ; je me rendrai seulement ce témoignage : que je ne me dissimule point les devoirs qu'impose la qualité de député, et que je ferai toujours tous mes efforts pour les remplir à votre satisfaction. Servir la couronne avec dévouement, mais sans faiblesse et sans flatterie; chercher dans toutes les questions quel est le véritable intérêt du pays, s'en saisir et le défendre sans se laisser influencer par les tiraillements ou les injustices des partis : défendre les intérêts de son département quand ils n'ont rien de contraire au bien général, et assurer aux localités la part légitime qui leur appartient dans les secours et les grâces du gouvernement ; appuyer les demandes des citoyens quand elles sont justes ; mais ne pas craindre de repousser des sollicitations déraisonnables, et de déconcerter des ambitions exagérées ; encourager les jeunes gens du pays qui suivent les diverses écoles, et leur faciliter l'entrée des carrières où ils peuvent faire honneur à leur patrie, à leur famille et à eux-mêmes; voilà le devoir des députés Si une juste réserve ne me permet pas d'accepter sans restrictions les éloges de mon honorable collègue, la vérité m'oblige à lui en renvoyer la meilleure partie. Messieurs, je ne connais pas d'homme plus loyal que M. Manuel, de cœur plus élevé, de caractère plus généreux. Aucune âme ne s'émeut plus vivement que la sienne à tout ce qui touche aux intérêts de la patrie, nulle ne sympathise davantage avec le sentiment national. Témoin de son zèle à remplir ses devoirs, combien de fois je l'ai vu, courbé sous le poids du mal qui l'accable, se faire, pour ainsi dire, porter à la chambre pour déposer son vote dans les questions importantes! Je suis heureux d'avoir toujours trouvé en lui un bon collègue et un fidèle ami. Je vous propose de joindre sa santé à celle qu'il vient de porter pour moi. »

Ces paroles ont été accueillies de manière à prouver à M. Manuel toute la sympathie qu'il trouve parmi ses concitoyens.

*Toast au préfet de la Nièvre par M. Philippe Dupin.*

« Messieurs, Je vous propose de porter un toast au premier administrateur de ce département, à M. Mallac, qui, riche de jeunesse et d'avenir, vient prendre les rênes d'une administration à laquelle sont réservés, il faut l'espérer, de longs et d'heureux jours; qui unit la force et l'activité de la jeunesse à l'expérience déjà acquise des hommes et des choses; chez qui le talent des affaires se trouve orné par cette bienveillance de langage et cette affabilité de manières qui est un secours dans l'administration, un charme dans les rapports de la vie, une récompense et un encouragement à la fois pour ceux qui lui prêteront leur concours. En peu de temps il a pu saisir en homme exercé l'ensemble des intérêts de notre département, et les débattre au sein d'une réunion récente. Bientôt il en pénètrera les détails Il verra que ce département est digne de fixer les méditations et les soins d'un administrateur éclairé. Riche par son sol, riche par son industrie, riche aussi par le bon esprit de ses habitants, par son amour pour l'ordre, la paix, le travail, les sentiments d'un vrai et sincère patriotisme, la Nièvre a de nombreux éléments de prospérité qui, secondés et développés par une main habile, achèveront de porter partout le bien-être et l'abondance.

» A M. Mallac, préfet de la Nièvre! »

M. le préfet s'est levé et a répondu :

« Je vous remercie, Messieurs, de l'adhésion que vous avez donnée, par vos applaudissements, aux paroles trop flatteuses que vous venez d'entendre. Je suis loin d'avoir le mérite que l'honorable M. Philippe Dupin, dans son excessive indulgence, a bien voulu m'attribuer. Mais il a eu raison de vous parler de mon dévouement, de mon zèle, et de vous dire que je mettrai toute l'activité, toute l'ardeur de mon âge à servir les grands intérêts qui m'ont été confiés.

» Permettez-moi, Messieurs, de saisir cette occasion de répondre à quelques paroles du discours prononcé aujourd'hui par votre illustre président à la réunion du comice. Il s'est plaint avec juste raison de l'instabilité de la direction administrative de ce département, et il a bien voulu exprimer le vœu que je restasse longtemps parmi vous. Ce vœu, qui me flatte infiniment et dont je le remercie, est celui que je forme moi-même. Je suis fier d'avoir été appelé à l'honneur d'administrer ce beau département, je n'en connais pas un autre plus digne de fixer une noble ambition; et tant que la confiance du roi m'y maintiendra, j'y resterai, soyez en bien sûrs. Je me sens déjà lié à ce pays par les marques de vive sympathie qui m'ont été prodiguées, dès mes premiers pas, dans ma nouvelle carrière. L'empressement bienveillant que j'ai trouvé partout dans la Nièvre, dans le chef-lieu, dans les arrondissements, dans tous les cantons que j'ai visités; le concours si empressé que viennent de m'accorder les élus du pays, réunis dans le grand conseil du département, tous ces témoignages d'estime et d'intérêt m'ont inspiré une profonde reconnaissance, et toute mon ambition désormais sera de chercher, à force de travail et de dévouement, à réaliser une partie des espérances qu'on a bien voulu fonder sur les débuts de mon administration.

» Messieurs, je vous renouvelle mes remercîments, et je vous prie de porter avec moi un toast à la prospérité du département de la Nièvre. » (Applaudissements prolongés. Vive M. le Préfet!)

Un quatrième toast a été porté par M. le Sous-Préfet de Clamecy *aux visiteurs!*

Vers la fin du banquet, M. Dupin, président du comice, s'est levé et s'est exprimé en ces termes :

« Messieurs, avant de nous séparer, je veux vous proposer un dernier toast, qui, j'en suis sûr, sera accueilli par vous avec enthousiasme. L'agriculture aime la paix, elle ne prospère et n'est heureuse que par la paix; mais elle sait aussi que la paix est placée sous la protection des armes : A nos braves armées de terres et de mer! (Bravo! bravo!); — aux vainqueurs d'Isly, de Tanger et de Mogador! (Oui ! oui ! ) ; — au maréchal Bugeaud et à notre jeune amiral, prince de Joinville, l'une des plus chères espérances de la patrie! »

Des applaudissements et des vivat unanimes couvrirent ces paroles prononcées avec une énergie marquée. Le peuple, pressé autour du banquet, s'y associa avec transport, et le mouvement continuait encore longtemps après que les convives avaient quitté leurs places, tant est vif, parmi les Français, dans les campagnes comme dans les villes, le sentiment de la gloire et de l'honneur national!

*Extrait des délibérations du Conseil général de la Nièvre dans sa session de 1844.*

Sur la proposition de M. le Préfet, et conformément aux conclusions de sa commission de l'agriculture, instruction primaire et objets divers, le Conseil vote, pour l'année 1845, les allocations suivantes :

Pour la Société centrale d'Agriculture et le comice de Nevers. . . . . . . . . . . . . . 1,000 »

Pour les trois autres comices d'arrondissement. . . . . . . . . . . . . . . 1,500 »

Pour le troisième terme de la somme votée en faveur de la ferme-modèle. . . . . . 2,000 »

Pour abonnement à la *Revue agricole*. . . 100 »

COMICE DE CLAMECY, — TENU A TANNAY.

Le 14 septembre 1845.

*Discours de M. Dupin, président.*

Messieurs, le Comice de l'arrondissement de Clamecy

a parcouru le cercle qu'il s'était tracé. Après avoir tenu ses assemblées dans chaque canton, au bout de six ans il revient à Tannay comme à son berceau.

C'est ici, en effet, dans cette même plaine, au sein du riche et magnifique panorama qui nous entoure, que nous avons inauguré notre première fête agricole. La ville de Tannay, sa municipalité, sa population tout entière, ont été les premiers à donner l'exemple amical d'un accueil fraternel, d'une franche hospitalité, d'une véritable allégresse, dans cette réunion si utile, si morale, si pleine des plus pures jouissances. Je le dis avec reconnaissance, en l'honneur de nos hôtes actuels : pour bien faire les autres cantons n'ont eu qu'à les imiter.

Aujourd'hui, par un louable redoublement d'efforts, l'éclat de cette réunion semble surpasser encore celles qui l'ont précédée. Les dispositions les mieux entendues ont été faites pour assurer l'égalité des labours, le stationnement sûr et commode des diverses espèces de bétail, et l'ordonnance générale de la fête.

Notre Comice a mis au rang de ses usages de placer ses travaux sous l'invocation des cérémonies religieuses : l'âme qui s'élève jusqu'à Dieu redescend avec plus de confiance aux choses de la terre. Nous devons surtout nous applaudir de cette coutume aujourd'hui que nous venons d'entendre un de ces discours chrétiens, pleins de conviction et de chaleur, qui révèlent et font estimer dans l'orateur sacré le prêtre sincère, l'homme de cœur et le bon citoyen [1].

Le spectacle qui se déroule à nos yeux a de quoi nous satisfaire.

A l'affluence naturelle des populations voisines, se joint celle des contrées plus éloignées. Le concours des membres du Comice est accru par celui d'honorables amis et visiteurs étrangers dont nous aimons à saluer la bienvenue, et parmi lesquels je demande à citer par honneur mon excellent collègue, M. Darblay, député, président du Comice de Seine-et-Oise.

L'amélioration éclate et se manifeste de toutes parts. Les charrues ont fonctionné au nombre de 28 : jamais exhibition de bétail ne fut plus belle et plus nombreuse. Quel progrès depuis six ans !

[1] M. l'abbé Cliquet, curé de Tannay, né à Clamecy.

Dans ce succès toujours croissant des Comices, il n'y a rien qui doive nous étonner. Partout l'élan donné à l'agriculture se continue et s'accroît par les efforts combinés de toutes les classes de citoyens. Tous ont compris que là était pour le pays l'intérêt le plus solide, le plus durable, le plus pur et le plus vrai.

Ces Comices, à leur origine si faibles, si peu nombreux, si malicieusement critiqués, n'ont pas tardé à se multiplier, à prendre de la consistance. On s'est ému de toutes parts en faveur de l'agriculture; on a réclamé, recherché pour elle de nouvelles garanties : son nom seul est devenu une puissance !...

Si les Comices sont en réalité la base fondamentale de ce mouvement, il faut reconnaître aussi l'utilité des institutions qui sont venues leur donner de l'ensemble, leur servir de lien, recueillir leurs observations pratiques, et les éclairer en retour des lumières de la théorie.

Je placerai en tête ces établissements permanents d'agriculture connus sous le nom de *fermes-modèles* [1], où la pratique se trouve ennoblie par l'étude, et d'où partent chaque année des élèves devenus maîtres à leur tour et qui propagent au loin les méthodes dont une expérience réitérée a constaté les bons résultats.

La Nièvre n'a pas voulu rester en arrière : elle a fondé aussi une *ferme-modèle* à Poussery, sur les confins du fertile Bazois et du plus aride Morvan. Elle peut ainsi donner la main aux deux cultures, et offrir à chacune d'elles d'utiles exemples et de sages leçons. J'ai visité cette ferme il y a peu de jours avec plusieurs de mes collègues (MM. Métairie, Crochet, Tartrat, et M. Gautherin, sous-préfet de Château-Chinon). Elle ne fait que de naître, mais, grâce à l'activité et à l'intelligence supérieure de son très habile directeur (M. Salomon), déjà l'école est en plein exercice; la salle d'étude est peuplée de vingt-deux pensionnaires dont le temps se partage entre les travaux manuels des champs et les cours des professeurs; leurs cahiers, que nous avons parcourus, attestent déjà le progrès des élèves; l'atelier de charronnerie, l'amphithéâtre où se donnent

[1] Roville et Grignon. Il faut mentionner aussi les écoles vétérinaires d'Alfort, de Lyon et de Toulouse, et l'École forestière, établie malheureusement dans une contrée peu favorable à ce genre d'étude.

les leçons, le réfectoire sont convenablement établis, le dortoir, disposé avec décence et avec goût, mériterait par sa simplicité, son gracieux aspect et son excellente appropriation, de servir de modèle dans les meilleurs pensionnats.

Les cultures sont à peine ébauchées ; mais déjà un magnifique troupeau fourni par le gouvernement, et composé de trois taureaux de Durham et de dix-huit belles vaches dont le seul défaut est d'être un peu trop grasses, se trouve installé avec le titre de *vacherie royale*, sous la direction particulière d'agents spéciaux préposés par l'administration. La ferme leur fournit le fourrage, ils lui rendront en échange de vaillants engrais qui réagiront à leur tour sur les produits de la terre; tout le voisinage dans un rayon assez étendu, y trouvera le moyen d'améliorer la race locale par un croisement intelligent. Nous avons aussi remarqué, ce qui à notre avis est une condition essentielle de l'économie rurale, la propreté dans la tenue des étables, la disposition régulière des fumiers et autres engrais, le rangement des charrues, chariots et ustensiles aratoires ; genre de soin malheureusement trop rare dans les campagnes, et qui cependant contribuerait le plus à donner à nos villages un air gracieux en même temps qu'il influe puissamment sur la salubrité des habitations et par conséquent sur la santé des hommes et des animaux.

Une succursale se construit en ce moment dans un emplacement séparé, sous le titre d'*asile*. De pauvres orphelins, à l'exemple du bel établissement Portalis de Petit-Bourg, si digne de servir de modèle, y seront admis comme boursiers moyennant une pension modique payée par le département ou par des hommes bienfaisants. — L'éducation agricole que ces enfants recevront leur assurera une existence honnête, et promet à l'agriculture de notre département une pépinière d'utiles agents.

Voilà, Messieurs, d'heureux commencements; tout est en travail, *fervet opus*, et la ferme promet de réaliser avant peu tous les avantages que ses fondateurs s'en sont promis.

L'année 1845 a vu inaugurer le *grand concours de Poissy*, institué par un ministre ami de l'agriculture et du commerce confiés à ses soins. Ce concours est ouvert à tous les éleveurs de France pour servir d'encouragement aux propriétaires des animaux reconnus les plus parfaits de conformation et de graisse.

Dans ce concours, la Nièvre a pris une noble part. Notre compatriote M. Hervieux, membre de ce comice et ancien élève de Grignon, a obtenu une première prime de mille francs pour un bœuf élevé et engraissé par lui, de race anglo-charolaise, âgé de trois ans et dix mois, pesant 1,160 kilog.; et une deuxième prime de 900 francs pour un bœuf également élevé et engraissé par lui, de race charolaise, âgé de six ans et neuf mois, pesant 1,157 kilog. Ces deux bœufs ont été achetés par le boucher de la maison du roi, au prix énorme de 6,250 francs. M. Hervieux mérite de recevoir ici toutes nos félicitations.

Cependant, Messieurs, en applaudissant à ces efforts nouvellement tentés pour produire en peu d'années des animaux propres seulement à la consommation, il ne faut pas perdre de vue les sages réflexions que M. Thouret, ancien député et membre du jury de concours, a fait entendre au sein de cette réunion.

« Que cherchons-nous, a-t-il dit, dans la distribution des primes après un examen rigoureux? Nous faisons l'étude de nos races d'animaux destinés à la boucherie, sous le rapport des formes et de l'engraissement; nous cherchons leur amélioration par elles-mêmes et par des croisements. Eh bien! vous avez dû remarquer, disait toujours M. Thouret, que presque toutes nos belles races de France ont été produites et primées; vous avez vu des résultats magnifiques de croisements, vous avez tous remarqué les superbes produits anglo-charolais de M. Hervieux. A mon sens, il faut être très-circonspect cependant dans cet ordre d'idées. La race anglaise est excellente pour les pays qui emploient des chevaux pour la culture des terres; mais, avant de changer, de modifier même nos belles races d'Auvergne et du Limousin, pensons-y et soyons prudents. *De la viande, oui; mais du pain d'abord.* »

Messieurs, ces réflexions sont surtout applicables à la race morvandelle, à la fois courageuse, intelligente et sobre. Elle a fait ses preuves de vigueur dans les plus brillants concours. Au comice de Seine-et-Oise, par exemple, M. Hervieux, l'agent le plus actif de notre illustration lointaine, a remporté le prix de labourage avec une paire de bœufs du Morvan. Vous le savez tous, d'ailleurs, rien n'égale l'adresse du bœuf morvandiau dans les labours sur les plans les plus inclinés, dans les charrois de montagne, pour le transport des bois à travers les rochers abrupts et les ravins les plus dangereux. Un mot de leur conducteur les rassure et les encourage : *Va toujours, n'aie pas peur!* leur dit il d'un ton ferme, auquel le bœuf répond toujours par un généreux effort[1].

Et cependant je ne puis trop le redire, cette race précieuse n'est pas tout ce qu'elle pourrait être. Personne, au Morvan, ne fait le sacrifice d'élever et de tenir à l'étable, au milieu de sa vacherie, un taureau-sultan qui ait acquis tout son développement. La reproduction demeure confiée à des animaux qui ont à peine atteint leur seconde année, et dont on fait des bœufs avant qu'ils soient arrivés à la troisième.

Notre comice fait ce qu'il peut, en donnant comme encouragement des prix distincts aux taureaux *de race morvandelle*. J'y joins le désir de voir un étalon de cette espèce annexé à la ferme de Poussery pour que cette race de travailleurs puisse atteindre toute la perfection dont elle est susceptible.

Au sommet de ces institutions récentes est venu se superposer le *congrès agricole*, composé principalement des délégués des comices, et constituant, pour ainsi dire, les États généraux de l'agriculture. Là se réunissent les représentants de la terre, les hauts barons de l'industrie agricole; là viennent s'agiter les plus hautes questions économiques, utiles par les recherches qu'elles provoquent et par les discussions qu'elles font naître[2], à cette condi-

[1] Quelques puritains se sont récriés contre certaines expressions, selon eux trop vulgaires, employées par M. Dupin, dans ses allocutions aux Comices : *Nostri sic rure loquuntur*, disaient-ils. — Eh ! précisément, Messieurs, leur répondait M. Dupin, « j'aime mieux » encourir la critique des gens délicats que de n'être pas compris du » peuple. » C'est aussi ce que répondait saint Augustin aux critiques qui lui reprochaient la familiarité de quelques-uns de ses Sermons aux paysans d'Afrique : *Melius est ut nos reprehendant grammatici, quàm ut non intelligant populi.* S. AUGUSTIN, *Enarratio in Psalmum* 138.

[2] La presse est devenue l'auxiliaire infatigable de ces discussions. Elle a ouvert ses colonnes à toutes les opinions émises par les orateurs. Elle a publié un grand nombre d'articles remplis d'utiles enseignements. Voyez notamment, dans le journal la *Presse* du 25

tion toutefois, posée comme limite par tous les bons esprits, et sans laquelle le congrès loin d'être utile ne serait plus qu'un danger, que ces discussions, renfermées dans de justes bornes, ne prendront jamais un caractère capable d'inquiéter les pouvoirs légaux qui représentent la société politique.

Au nombre de ces questions qui intéressent éminemment l'agriculture, est celle du *crédit foncier*, à laquelle on rattache l'idée de *banques agricoles* [1]. La difficulté du problème est de concilier la facilité des emprunts avec la sûreté de la créance et la certitude du remboursement..... On voit par là que cette question se lie à la simplification et au perfectionnement du régime hypothécaire. Le gouvernement s'en occupe sérieusement, et une commission nombreuse [2] est chargée, sous la direction du garde des sceaux, de préparer un projet de loi. Au fond, s'il est à désirer que les agriculteurs trouvent facilement et à de bonnes conditions les capitaux dont ils ont besoin, il est encore plus à souhaiter qu'ils puissent s'en pas-

août, les articles signés par M. d'Havrincourt, *Sur les congrès agricoles et l'organisation de l'agriculture en France*; dans l'*Écho de la Nièvre* du 18 janvier dernier, celui dans lequel M. le marquis d'Espeuilles rend compte des travaux du congrès agricole; celui du 3 juin, dans lequel se trouve le travail de M. Hector d'Aunay sur la question forestière, et l'article de M. de Sainte-Marie sur le même sujet dans le numéro du 3 juillet. Dans celui du 27 mars, M. Eugène Barbier publie d'intéressants détails sur le congrès de Poissy. Le même journal a fait connaître les excellents discours prononcés par M. de Moncorps, au Comice de Saint-Saulge, et par M. Grangier de la Marinière à celui de Cosne. Le collége de Varzy a compris l'utilité de jeter dans l'esprit de ses élèves une pensée d'estime pour les travaux des champs, en proposant cette année pour sujet de composition du prix d'honneur en discours français : l'*Éloge de l'agriculture*. Le prix a été remporté par le jeune Edmond Brunier, élève de quatrième.

[1] Voyez plus bas le discours de M. Dupin devant le *congrès central*, le 17 mai 1845, et devant le comité de législation, le 6 octobre 1848.

[2] Cette commission, composée de trente membres, s'est subdivisée en sept sous-commissions chargées d'examiner les différentes faces de la question. La troisième, chargée de la partie législative, est composée de MM. le duc de Broglie, Dupin, Rossi, Teste et Troplong. — Une autre commission, réunie par M. Hébert, a dressé un *projet de loi* qui devait être soumis aux chambres en 1848.

ser[1], et surtout qu'ils ne cèdent pas imprudemment, comme ils le font trop souvent, au désir d'acheter à crédit le coin de terre qui les avoisine sous prétexte de convenance. Tendance malheureuse! car une terre ne convient réellement que lorsqu'on est certain de pouvoir la payer et que les intérêts ne dépasseront pas les fruits.

La question des *irrigations* est devenue l'objet d'un projet de loi ; déjà même la spéculation s'en empare, à des conditions dont il appartient aux propriétaires et aux cultivateurs d'apprécier les chances et la juste valeur... En soi, cette question est vitale pour l'agriculture française. Celle des Anglais n'a pris le dessus sur la nôtre que parce qu'ils ont porté *à moitié* la proportion de leurs pâturages comparativement aux terres cultivées en céréales, tandis que chez nous cette proportion n'est généralement que du quart[2]. Il en résulte qu'en labourant plus et en nourrissant moins, nous avons plus de main-d'œuvre que nos voisins et moins de produits. Il faut donc *faire du pré*, et pour cela tirer un meilleur parti de toutes les eaux. Des exemples intéressants nous sont offerts non loin de nous, à Saint-Pierre-du-Mont, par les travaux de feu M. Mathieu, et près de Lormes, par ceux de M. le président Heulhard-Montigny[3]. Il n'y a plus qu'à imiter.

On a traité la question des *forêts*, cette riche parure du sol, ornement des campagnes dans la paix, ressource précieuse pour la guerre, et surtout pour notre marine qu'un désastre récent avertit de ne pas se laisser prendre au dépourvu. Déjà la Société centrale d'Agriculture de la Nièvre, qui compte dans son sein tant de membres distingués, avait mis ce sujet au concours sous ce titre : *Des causes de l'état de souffrance de la propriété forestière et des moyens d'y remédier*. Cette question a été habilement traitée dans plusieurs écrits, parmi lesquels nous aimons à citer celui

[1] Horace parlant du bonheur de celui qui cultive avec ses bœufs le champ de ses ancêtres, y fait entrer pour condition d'être affranchi de dettes et d'usures : *solutus omni fœnore*.

[2] Voyez un excellent petit écrit de M. Dezémeris, intitulé *Vues pratiques sur les améliorations agricoles les plus importantes, les plus faciles et les moins coûteuses à introduire dans notre agriculture*.

[3] On peut voir aussi près d'Autun les belles prairies où M. le comte d'Esterno récolte jusqu'à 1,500 milliers de foin, rangés en meules d'une architecture remarquable.

qui a pour auteur M. le comte Hector d'Aunay, ancien député de la Nièvre et naguère l'un des vices-présidents de notre Comice.

Une des plaies qui affectent le plus ce genre de propriété est l'*octroi de Paris*, dont le taux pour le bois de chauffage a été porté à un degré d'élévation intolérable : c'est au point qu'après tous les frais d'exploitation, de flottage, de conduite et de navigation payés, un décastère de bois ne peut pas pénétrer dans l'enceinte de Paris fortifié sans payer encore un droit qui surpasse ce que le fonds qui le produit a payé pendant vingt ans en frais de garde et d impôt foncier!

Depuis longtemps les vignobles font entendre les mêmes plaintes, et c'est bien le cas de dire : *In vino veritas*.

Est-il donc permis à une seule ville de mulcter ainsi des provinces entières au point d'affecter la substance même de la propriété et la valeur du fonds? Est-il juste et politique de rançonner les produits du sol français au moment de leur entrée dans la capitale, comme ils pourraient l'être s'ils se présentaient dans le cercle d'un zolverein étranger? C'est ainsi que l'abus, quand il est excessif, amène nécessairement l'examen des limites du droit.

L'amélioration des races de chevaux a vivement occupé le congrès. Le gouvernement, à force d'être pressé de toutes parts, commence enfin à comprendre la nécessité de ne plus rester sur ce point à la merci de l'étranger. On travaille à multiplier et à perfectionner la race des chevaux de selle. Aux efforts tentés au nom de l'État se joignent ceux des simples particuliers. Les princes se mettent à la tête et tâchent d'exciter l'émulation : c'est déjà ce qu'avait fait dans son haras de Meudon le duc d'Orléans, dont l'œuvre se continue au nom du comte de Paris, par les soins de son auguste mère; le duc d'Aumale consacre les belles pelouses de Chantilly à des courses qui rivalisent avec celles d'Angleterre; des associations particulières propagent ces exercices dans le Limousin, la Normandie. — Une société de ce genre s'est récemment formée entre les départements de Saône-et-Loire, de la Nièvre, de l'Yonne, de la Côte-d'Or et de quelques autre pays circonvoisins. Elle a inauguré ses exercices par une série de fêtes au milieu du concours le plus brillant. Autun a remplacé les jeux féroces de son cirque romain tombé en ruines, et les cavalcades ridicules de ses chanoines au moyen âge, par des courses équestres qui ont rappelé dans la vieille cité des Éduens quelque chose de l'enthousiasme et de la solennité des jeux olympiques. Là le sort de la lutte n'était pas seulement remis à des mercenaires : on a vu les propriétaires eux-mêmes conduire leurs coursiers avec autant d'audace que d'habileté. Mais là, comme à la guerre, l'intrépidité unie à l'intelligence ne suffit pas toujours pour maîtriser la fortune. A côté de la gloire se trouvent les périls, et les palmes de la victoire peuvent tout à coup se revêtir d'un crêpe funèbre. Dans cette lutte, la Nièvre a gagné deux couronnes [1] ; mais, à la dernière course, un des plus hardis et des plus braves champions [2], celui que de nobles vœux accompagnaient au départ, a dû suivre son cheval dans une chute qui lui est devenue fatale, et qui a laissé un deuil profond dans l'âme consternée de tous les spectateurs !...

Nos Comices, moins brillants et moins ambitieux, n'en produisent pas moins d'excellents résultats qu'il importe de constater : — le goût de l'agriculture devenu plus général ; la protection qui lui est due, garantie par le concours efficace et bienveillant de tous les grands propriétaires et des fermiers les plus intelligents ; l'émulation répandue dans tous les rangs, le progrès s'étendant de proche en proche, l'instruction et à la suite la moralité et le bien-être augmentant sensiblement dans nos campagnes [3], sans qu'on ait

[1] Les chevaux de M. Charles Bonneau ont eu deux prix.

[2] M. le marquis de Mac-Mahon.

[3] Lorsque je parle d'*instruction* dans l'intérêt de nos campagnes, je n'entends point parler d'une instruction orgueilleuse, excessive, qui trop souvent ne porte les enfants qu'à mépriser le toit paternel, sans leur offrir le moyen de se caser utilement ailleurs. S'il se rencontre par hasard un sujet qui mérite d'être distingué, il trouve vite des personnes empressées de lui venir en aide et de le pousser. Mais j'entends parler ici de l'instruction primaire et simplement élémentaire, celle qui doit suffire au plus grand nombre : c'est-à-dire lire, écrire, calculer, et connaître le système des poids et mesures. Cette instruction, on ne saurait trop le répéter aux familles de la classe ouvrière, est plus que jamais indispensable à l'homme des champs et à l'ouvrier, s'il ne veut pas rester dans un état d'infériorité et de dépendance déplorable, incapable qu'il serait sans cela de remplir avec quelque bonheur les offices auxquels il est

jamais vu nulle part les agents de la culture causer d'embarras à la société et ralentir ses travaux par des *grèves* ou des *coalitions*....

Dans cette grande impulsion donnée à la société française, au sein de la paix si heureusement maintenue, sous un règne qui aura le plus efficacement contribué au bonheur public à l'aide d'institutions les plus propres à favoriser la liberté, le travail et le développement de l'esprit humain, félicitons-nous, Messieurs, d'habiter et de cultiver un département longtemps considéré comme l'un des plus faibles, mais en réalité l'un des plus riches et des mieux partagés.

Placé au centre de la France, bordé par la Loire, traversé par l'Yonne et ses nombreux affluents, et par un beau canal de navigation, à la veille d'être flanqué par deux chemins de fer avec lesquels il sera facile de nous mettre en communication à l'aide de nos routes départementales si belles et si bien entretenues, qui rayonnent en tout sens et qui offrent un transit facile dans toutes les directions, le département de la Nièvre jouit encore d'autres avantages. — Nous possédons les plus belles usines mé-

destiné. Ainsi, dès à présent, autant qu'on le peut, on ne prend plus un domestique sans lui demander s'il sait lire et écrire. Le conscrit ne peut devenir sous-officier s'il n'a pas ces premières notions; de retour dans ses foyers avec d'honorables blessures qui ne lui permettent plus de rudes travaux, il ne pourra pas même remplir le poste de garde champêtre ou forestier, de facteur rural, ou quelqu'un de ces modiques emplois que la générosité de notre législation réserve pour retraite aux militaires qui ont fait leur temps. Enfin, même en restant chez soi, n'est-il pas déplorable de ne savoir pas tenir la moindre note pour se rendre compte de ses petites affaires, et d'être obligé de confier ses plus secrètes pensées au premier venu pour écrire une lettre, ou de ne pouvoir se passer d'un notaire pour des actes qu'il suffirait souvent de rédiger sous seings privés, et par conséquent sans frais?

Le gouvernement à cet égard est sans reproche. Depuis 1830, l'État a constamment travaillé à l'amélioration et au bien-être des classes laborieuses; il a modéré le travail des enfants employés dans les manufactures, ouvert des salles d'asile pour les enfants des pauvres artisans, multiplié les écoles primaires, civiles et militaires, établi des caisses d'épargne, fondé des conseils de prud'hommes, supprimé le casuel des juges de paix, et facilité ainsi pour ces classes si dignes d'intérêt l'instruction, la propriété, la justice: qu'elles sachent donc profiter de ces bienfaits.

tallurgiques de France : Imphy, Fourchambault, Guérigny, Cosne, la fonderie de Nevers, un grand nombre de hauts fourneaux. — Nos forêts fournissent un immense chantier de travail à nos ouvriers ; elles entrent pour plus de moitié dans l'approvisionnement de Paris en combustible, sans compter les charpentes et les merrains. — Au lieu de 1,500 bêtes à cornes que le Nivernais de 1790 envoyait à la boucherie de Paris, notre contingent actuel dépasse 10,000 ; — la plus grande partie du département récolte assez de grains et d'autres denrées pour la subsistance des habitants ; — je ne parlerais pas de ses vins, si nous n'étions dans un vignoble dont les récoltes jouissent d'une réputation méritée et sont l'objet d'une exportation considérable. — L'aspect général du pays est gracieux ; il suffirait pour légitimer le patriotisme de ses habitants. Nevers voit se prolonger ses belles prairies le long des rives de la Loire ; le Bazois et les Amognes possèdent des futaies séculaires et des terres d'une étonnante fertilité ; le Morvan a ses montagnes boisées, ses vues pittoresques, ses vives eaux, ses prés verdoyants ; enfin nous sommes dans la plus riante partie de cette vallée d'Yonne, célébrée comme un des sites les plus ravissants par un poëte que Tannay est fier d'avoir vu naître !

Voilà, Messieurs, notre statistique ! voilà nos progrès ! Que ne devons-nous pas espérer d'une telle terre confiée à l'exploitation active et à l'industrie de ses laborieux habitants !

Le *Siècle*, octobre 1845, article de M. Wolowski, professeur au Conservatoire des Arts et Métiers, à l'occasion du discours précédent fait les réflexions suivantes :

M. Dupin aime l'agriculture, il est sincèrement dévoué à ses intérêts; aussi, ne laisse-t-il échapper aucune occasion de prêter l'appui d'une parole éloquente à la première, à la plus vitale de nos industries. Peu d'hommes peuvent se flatter d'avoir plus contribué que l'ancien président de la chambre des députés au progrès obtenu depuis quelques années dans la production agricole ; et comme le problème de l'amélioration de nos cultures est en grande partie un problème législatif, peu d'hommes pourront à l'avenir lui apporter un concours aussi fructueux. Le régime hypothécaire, le crédit territorial, les desséchements, les irrigations, le reboisement des montagnes sont autant d'éléments de prospérité pour nos campagnes, dont de bonnes lois sur ces graves matières peuvent facilement doubler la richesse. M. Dupin unit les lumières d'un jurisconsulte éminent à la pratique de l'homme des champs; il se consacre avec une prédilection marquée à l'étude de tout ce qui peut changer la face de notre agriculture : c'est lui notamment qui a éveillé l'attention de la chambre et du pays sur les vices nombreux de notre régime hypothécaire, sur le danger de cette fausse protection de la loi, qui enlève au propriétaire les ressources indispensables du crédit, sous prétexte de mieux garantir la propriété. Au congrès agricole, au concours des bestiaux de Poissy, au concours de Grignon, partout où l'intérêt de la production territoriale réclamait sa présence, M. Dupin est venu prêter l'autorité de son nom et l'activité de son zèle à ces institutions naissantes. Il a vivement encouragé l'introduction des bonnes méthodes de culture, l'élève perfectionnée du bétail, l'emploi de nouveaux instruments agricoles, la propagation de l'enseignement pratique dans les campagnes.

Si nous avons cru utile de rappeler les nombreux services rendus par M. Dupin à l'agriculture française, c'est qu'ils témoignent de la direction nouvelle à laquelle obéissent aujourd'hui les meilleurs esprits. Trop longtemps méconnue et dédaignée, la source première de la richesse publique est maintenant l'objet d'une sollicitude générale et éclairée; on comprend qu'il faut accroître le bien-être des habitants en augmentant la production territoriale par des améliorations positives. On comprend, comme l'a dit Sully, que *labourage et pâturage sont les deux mamelles de l'Etat.*

Dans un discours que M. Dupin aîné a récemment prononcé comme président du Comice agricole de l'arrondissement de Clamecy, l'on rencontre comme le résumé des conseils utiles qu'il n'a jamais cessé de donner aux habitants des campagnes.

Il a montré que, partout, l'élan donné à l'agriculture se continue et s'accroît par les efforts combinés de tous les citoyens. Les *fermes-modèles*, où la pratique se trouve guidée et ennoblie par l'étude, et qui fournissent d'excellents directeurs de travaux agricoles, lui ont paru mériter d'être d'abord mentionnées. La Nièvre n'a pas voulu rester en arrière : elle a fondé aussi une ferme-modèle à Poussery, sur les confins du Bazois et du Morvan. Par une heureuse innovation, cette ferme va bientôt recevoir une succursale, sous le titre d'*asile*. « De pauvres orphelins, a dit M. Dupin, à l'exemple du bel établissement Portalis de Petit-Bourg, si digne de servir de modèle, y seront admis moyennant une pension modique payée par le département ou par des hommes bienfaisants. « L'éducation agricole qu'ils recevront dotera le pays de travailleurs habiles au lieu de l'exposer à la menace des crimes et des délits, suite naturelle de l'ignorance et de l'oisiveté.

En traitant la question du crédit foncier, M. Dupin l'a fort heureusement posée en ces termes : « Il faut concilier la facilité des emprunts avec la sûreté de la créance et la certitude du remboursement. » Le problème ne sera pas longtemps insoluble; la simplification et le perfectionnement du régime hypothécaire permettront de recourir à des combinaisons qui, par la solidité du placement combiné avec la facile réalisation des créances, livreront à l'agriculture des capitaux abondants à un intérêt réduit.

Sans doute il est fort à désirer que nos petits propriétaires ne cèdent pas imprudemment, comme ils le font trop souvent, au désir d'acheter à crédit le coin de terre qui les avoisine. Les emprunts ainsi contractés amènent la ruine des cultivateurs et l'épuisement du sol. Mais, pour guérir cette plaie, il faut procéder à l'amélioration intellectuelle des habitants. L'éducation seule fera mieux saisir aux propriétaires leur véritable intérêt, elle leur fournira aussi les leçons nécessaires pour qu'ils puissent abandonner une routine ruineuse et entrer d'un pas ferme dans la voie du progrès; elle leur apprendra à multiplier les pâturages, source première de toute amélioration : car *qui a du foin a du blé;* car, avec l'extension des pâturages, l'élève du bétail s'accroît et fournit les engrais indispensables au développement de la fertilité naturelle du sol. La supériorité de l'Angleterre et de quelques contrées de l'Allemagne n'a pas une autre origine; en cultivant moins de terre en blé, elles en obtiennent un rendement beaucoup plus considérable.

« Il faut donc faire du pré, et pour cela tirer un meilleur parti de toutes les eaux, » dit M. Dupin; et il recommande à l'attention sérieuse du pays la grande question des irrigations Là se trouve en effet l'avenir le plus riche pour l'élève des bestiaux.

L'honorable procureur général à la cour de cassation n'a pas non plus oublié de traiter la question des forêts, si importante pour le département de la Nièvre; il a attaqué à ce sujet avec une grande vigueur les exigences excessives de l'octroi de la capitale.

En somme, M. Dupin a constaté que nous sommes en voie constante de progrès; l'instruction, la moralité et le bien-être augmentent sensiblement dans les campagnes. Le sort des cultivateurs est loin d'être au niveau du sort des ouvriers de nos villes, cependant on ne voit parmi eux ni *grèves* ni *coalitions*. Ils comprennent bien que leur salaire, beaucoup trop modique aujourd'hui, ne peut s'accroître qu'avec une amélioration de la production, résultat direct de méthodes meilleures et de perfectionnements de tout genre. Nous ne saurions trop le répéter : si l'on ne s'occupe pas d'augmenter, par un emploi plus intelligent des forces productives, la masse de la richesse générale, toutes les tentatives et toutes les promesses d'amélioration du sort des classes laborieuses demeureront sans résultat. Il ne s'agit pas aujourd'hui de se disputer les lambeaux de la richesse acquise, mais bien de créer des ressources nouvelles qui appelleront le plus grand nombre aux bienfaits du bien-être et de la civilisation.

M. Dupin a cité un chiffre qui montre quel progrès a fait le Nivernais depuis un demi-siècle : en 1790, il envoyait 1,500 bêtes à cornes à la boucherie de Paris; son contingent dépasse aujourd'hui le chiffre de 10,000 Nous n'avons pas besoin de rappeler combien est significatif cet accroissement du bétail, base de toute production perfectionnée.

Quand nous examinons les ressources naturelles de la France, nous ne pouvons que répéter avec le président du comice de Clamecy : « Que ne devons-nous pas espérer d'une telle terre confiée a l'exploitation active et à l'industrie intelligente de ses laborieux habitants! »

### COMICE DE CLAMECY, — TENU A CLAMECY, le 13 septembre 1846.

### *Discours de M. Dupin, président.*

Messieurs, après avoir tenu successivement nos assemblées dans chaque canton, et l'an dernier à Tannay, nous revenons au chef-lieu de l'arrondissement. Cet ordre de rotation, fondé sur le principe de l'égalité qui doit régner entre nous, a été maintenu avec justice, puisque *c'est une des conditions de notre association*, et le seul moyen d'ailleurs de nous mettre à la portée des petits cultivateurs qui ne peuvent pas se permettre de longs et coûteux déplacements.

L'utilité des Comices ne saurait plus être contestée : le progrès est évident, il est rapide ; les étrangers qui nous ont fait l'honneur de nous visiter se sont plu à le reconnaître et à le proclamer au loin [1] : nous n'avons plus qu'à continuer dans cette voie.

Dans le congrès central des délégués des Sociétés d'agriculture et Comices agricoles tenu à Poissy, le 8 avril de cette année, la Nièvre a soutenu sa réputation. M. Hervieux, l'un des membres les plus distingués de notre Comice, a obtenu le prix spécial de 500 fr., fondé par la ville de Poissy, pour un bœuf de 3 ans, de race Durham-Charolaise, élevé et engraissé par lui, et pesant 804 kilogrammes. Il a en outre obtenu un deuxième prix de 900 fr., et une médaille d'or, pour un autre bœuf de même race, âgé de 5 ans, et pesant 990 kilog. — Il a été décerné à M. Rousseau de Lys, près Tannay, une médaille d'or, comme éleveur d'un bœuf présenté au concours par M. Louis Chenu, cultivateur d'Argentières, près de la Charité, qui a eu seulement le mérite de l'engraisser. — Enfin M. La-

[1] M. Darblay, dans son discours du Comice de Seine-et-Oise, tenu à Osny près Pontoise, le 31 mai dernier, sous la présidence d'honneur de M. le duc de Nemours, a constaté notre supériosité en ces termes : « Je n'ai certes pas la prétention de voir notre champ de » Comice couvert de *ces beaux animaux de la race bovine et chevaline, que j'ai admirés au Comice de Clamecy*, où m'avait convié » l'amitié, » etc. — Je dirai à mon tour : Nous n'avons pas d'aussi belles cultures, ni des récoltes aussi abondantes qu'en Seine-et-Marne....

drey, propriétaire à Saint-Éloy, arrondissement de Nevers, a obtenu le second prix (le premier n'a pas été donné), pour un lot de moutons de race croisée Dishley-Berrichonne, âgés de 30 mois, et pesant l'un dans l'autre 50 kilog. sans laine.

Nos chevaux de trait et de labour continuent à prospérer et à donner de solides produits. On avait généralement désiré que les éleveurs dirigeassent leurs soins vers la production de chevaux plus légers. Dans cette vue le gouvernement avait envoyé deux étalons; mais l'un d'eux s'est trouvé d'une conformation si disgracieuse, qu'il a été généralement répudié. J'ai réclamé au nom du Comice, et M. le ministre du commerce m'a répondu le 2 juillet que la monte était trop avancée pour qu'une mutation fût utile à cette époque de l'année, mais que l'on pouvait être assuré que l'an prochain on serait mieux servi.

Une maladie épizootique s'est déclarée dans la partie du département de la Nièvre qui avoisine l'ancien Bourbonnais. Elle a été promptement et énergiquement combattue par de sages mesures administratives; et, bientôt, elle a entièrement cessé. Mais de tels malheurs doivent enseigner la prévoyance : l'hygiène des animaux consacrés à la culture a, comme celle de l'homme, ses conditions de régime et de salubrité qui influent puissamment sur la santé. Dans presque tous les villages vous voyez des écuries infectes, privées d'air et encombrées d'immondices. Si vous dites : Pourquoi n'y a-t-il pas de fenêtres au fond de ces écuries? on vous répond : Cela donnerait du froid l'hiver; comme si alors on ne pouvait pas les calfeutrer avec de la paille; et, en attendant, cela donne la peste l'été. — Pourquoi ces planchers sont-ils si bas que les toiles d'araignée flottent sur la tête et le dos des animaux? Ah! vous dit-on niaisement, *c'est que le bestiau paraît bien mieux!* — Ainsi ils croient bonnement que leurs bœufs paraîtront d'une taille plus haute, et que les acheteurs les payeront plus cher, uniquement parce que le plancher est plus bas! Ce sont ces préjugés, et beaucoup d'autres encore, qu'il faut combattre jusqu'à ce qu'on les ait détruits.

C'est surtout la malpropreté qui révolte le plus dans les campagnes. L'œil et l'odorat en sont également blessés. Les voies publiques sont semées de cloaques remplis de pailles, de fougères et de boues, où l'on fabrique des engrais au préjudice des passants. Il y a des bergeries que l'on ne cure que deux fois l'an. C'est un système que l'on défend avec entêtement, surtout au Morvan. Ce sera, disent-ils, en avril, pour fumer nos chanvres; et, en octobre, pour faire nos froments : et, en attendant, les moutons, déjà échauffés par leur toison, restent pendant tout un semestre sur le même fumier. On laisse les bêtes à cornes pourrir sur la fiente qui s'attache à leurs flancs d'une manière aussi dégoûtante que préjudiciable! et ce sont là des animaux domestiques confiés aux soins de l'homme! tandis que tous les animaux sauvages sont d'une remarquable propreté! — On s'excuse sur le défaut de temps! Et pourtant, deux heures par semaine, ne fût-ce que le dimanche matin avant l'office, suffiraient pour curer et laver les écuries, retrousser les fumiers, mettre les harnais en place convenable et donner à tout un air d'arrangement. Rien de plus gracieux qu'une ferme propre et bien ordonnée, rien de plus rebutant que l'aspect du gâchis et de l'infection engendrés par l'incurie et la saleté.

Ce qui importe dans chaque localité, ce serait de rechercher les eaux, de les appeler à la surface du sol, de travailler par tous les moyens à en accroître la masse; là où il n'y en a pas suffisamment pour arroser les propriétés, il faut en demander aux entrailles de la terre et tâcher, au moins, d'en avoir assez pour abreuver convenablement le bétail.

Quand l'eau est naturellement abondante, il convient encore de la ménager, de la conduire avec intelligence, et de ne s'en séparer qu'après en avoir tiré tout le parti possible. C'est ce qu'enseigne l'art des niveaux, dont M. Mathieu, à Saint-Pierre-du-Mont, et M. Heulhard-Montigny, à Lormes, ont offert de si beaux modèles dont on ne saurait trop leur faire honneur! — Sans doute le charlatanisme peut se glisser partout, il faut savoir se défier de ses amorces et ne pas lui permettre de se parer des plumes du paon! mais ce n'est pas une raison pour se roidir systématiquement contre les essais, les méthodes nouvelles, les conseils éclairés, et surtout les bons exemples justifiés et appuyés par de grands et utiles résultats.

Au surplus, cette importante question des irrigations, qui se lie non-seulement *à l'usage* mais *à la propriété* des eaux courantes, éveille de plus en plus l'attention publique. L'intervention de la loi sera très-utile ; celle de l'administration n'est pas moins nécessaire dans un grand nombre de circonstances. Seulement (et j'en avertis d'avance les propriétaires), il ne faut pas que le droit d'arbitrage et de règlement devienne une sorte de main mise absolue sur les cours d'eau au préjudice du droit individuel et immémorial des riverains [1].

Malgré ce qui reste encore à faire, il faut reconnaître que la tenue des propriétés a beaucoup gagné dans notre arrondissement, et en général dans toute la Nièvre. Un grand nombre d'habitations nouvelles atteste l'aisance des propriétaires et leur amour pour la vie de campagne. Tout ce qu'on rebâtit à neuf est fait avec plus de goût et sur un meilleur plan que par le passé. La terre est plus fortement travaillée ; on a des charrues perfectionnées, modifiées selon la nature du sol ; les jachères ont presque entièrement disparu dans tout ce qu'on appelle le *bon pays ;* les prairies artificielles y sont nombreuses, abondantes ; on varie davantage les cultures, l'art de les alterner fait des progrès ; les troupeaux se multiplient ; les races se sont considérablement améliorées ; et, si la population augmente, on peut affirmer que, depuis quelques années, les produits de toute nature ont augmenté en proportion.

Cependant l'agriculture ne triomphe pas toujours de l'inclémence des saisons. Le règne végétal a ses infirmités et ses maladies comme le regne animal. Cette année aura marqué dans les fastes de l'agriculture par deux phénomènes extraordinaires : un hiver sans glace, et un été sans pluie. Il en est résulté que les fourrages ont été moins abondants, et la récolte des céréales moins complète.

Mais il ne faut pas pour cela s'inquiéter outre mesure. Si la pomme de terre, dont on se demandait l'an dernier des nouvelles comme d'un parent ou d'un ami malade, n'est pas entièrement guérie de sa cruelle indisposition, là où les symptômes ont reparu on a essayé du moins le remède en se hâtant de couper les fanes par où le mal

[1] Il y a sur cette matière deux ouvrages dont je ne puis trop recommander l'étude : celui de M. DAVIEL, de Rouen, *sur les cours d'eau,* 2 vol. in-8° ; et celui de M. CHAMPIONNIÈRE, avocat du barreau de Paris, *sur la propriété des eaux courantes*, en un vol. in-8° rempli de la plus curieuse érudition.

prend naissance et descend au cœur de la plante. Les sarrasins, ressource précieuse pour le pauvre, sont superbes dans tout le Morvan, et dans beaucoup d'endroits les plantes légumineuses offrent des espérances qui, en se réalisant prochainement, deviendront des consolations. Les vignes donneront de bon vin et avec assez d'abondance. Les vivres ne manqueront donc pas; mais c'est déjà trop qu'ils se tiennent à un prix élevé. Des importations sagement encouragées par la prévoyance du gouvernement, et la liberté du commerce, iront au-devant du mal, en venant au secours des contrées les plus dépourvues, et en établissant un équilibre sans lequel, au sein même de l'abondance, on pourrait éprouver tous les effets de la disette.

Ici, Messieurs, je parle devant une assemblée composée de toutes les classes de la société; devant des hommes éclairés, capables de donner ou de répéter de sages conseils; et devant des hommes à qui il est urgent de les adresser. Je viens de parler de la liberté du commerce; permettez-moi d'insister sur ce point. C'est dans ces circonstances, en effet, qu'il faut plus que jamais proclamer et maintenir le principe tutélaire de la *libre circulation des grains*. Autrement et si, dans chaque localité, on voulait immobiliser les récoltes en empêchant le transport des denrées, il en résulterait qu'à côté d'un pays qui en aurait surabondamment il s'en trouverait d'autres qui en seraient entièrement privés. A une époque où tant d'efforts se préparent pour donner cours à la doctrine absolue du *libre échange* entre les nations, même au détriment de la production et du travail indigènes, comment pourrait-on vouloir dans le même État, élever des barrières de province à province, et presque de canton à canton? Cela ne serait ni humain, ni chrétien, ni raisonnable. Rien, en effet, n'est plus opposé aux saines maximes de l'économie politique Le principe de la propriété est que chacun puisse disposer librement de sa chose; le principe du commerce est de prendre la marchandise là où elle est, pour la porter où elle n'est pas. Pour cela il faut la liberté et la sûreté des transports. *Un marché pillé équivaut à la suppression des marchés à venir*. Voilà ce qu'on ne peut trop répéter aux classes nombreuses que leur ignorance et de mauvais conseils portent quelquefois à troubler les marchés et à s'opposer au libre transport des grains.

Un autre genre de malheur est venu affliger le pays. Je veux parler des nombreux incendies qui ont désolé principalement la Côte-d'Or, l'Aube et l'Yonne, qui ont pénétré dans quelques contrées de la Nièvre, et jeté parmi les habitants de trop justes alarmes. Ceux qui ont imputé ces sinistres à la colère céleste [1], ont calomnié la Providence. Non, *Dieu n'est pas colère,* il est bon et miséricordieux, et n'a pas les méchantes passions des hommes dépravés. Même en faisant la part de la sécheresse et des accidents causés par une négligence, hélas ! trop habituelle, on ne saurait nier que la malveillance et le crime ont été pour beaucoup dans ces désastres. Il n'est pas de bon citoyen qui n'appelle sur les exécrables auteurs de ces attentats la juste sévérité des lois. Mais ç'a été une grave erreur de croire qu'il y avait des bandes incendiaires organisées et répandues dans le pays. Ces bandes, on ne les a vues nulle part ; et certes elles n'auraient échappé ni à la vigilance de cette gendarmerie si intelligente, si active et si zélée [2], ni à la surveillance établie sur tous les points du territoire par la population qui se gardait elle-même avec une sévérité quelquefois inquiétante pour les voyageurs les plus inoffensifs. Rien surtout n'autorisait les soupçons injustement dirigés contre des personnes que leur état et leur caractère moral recommandaient au respect de leurs concitoyens, et contre des propriétaires qui, par leur position sociale, auraient le plus à perdre dans les incendies et qui étaient le plus intéressés à écarter ce fléau. Et cependant on a vu en butte aux accusations les plus absurdes les hommes les

[1] En 1846, un prélat a publié un mandement sur les inondations dans lequel il est dit que c'est pour punir les pécheurs que Dieu a lancé ce fléau ! A cette occasion, le *Journal du département* *** a fait remarquer que le château de La Chapelle, appartenant au prélat, a eu 50 mètres de mur renversés par l'inondation de la Loire. (*Constitutionnel* du 6 novembre 1846.)

[2] Il serait bien à désirer qu'il y eût une brigade dans chaque canton ; et j'espère que la session ne se passera pas sans que ce résultat soit obtenu. Les pompiers ont aussi mérité la reconnaissance publique par leur dévouement et leur courage partout où on les a appelés.

plus bienfaisants; des hommes que le peuple n'implore jamais en vain dans ses infortunes, des hommes dont la présence féconde toute une contrée en y déployant des ressources qui manqueraient bien vite aux habitants si ces *riches*, contre lesquels on déclame parfois avec autant d'injustice que d'ingratitude, quittaient les campagnes où on les menace pour aller consommer leurs revenus dans les villes qui leur offriraient plus d'agrément et de sécurité.

Malheureusement l'incendie est de tous les crimes celui qui échappe le plus aisément à la vindicte publique, parce qu'il est fort difficile d'en recueillir les preuves. L'incendiaire agit dans les ténèbres, et la torche dont il se sert est consumée dans les flammes qu'elle allume. Honneur, en pareil cas, au magistrat qui, à force de soins, par la sagacité de ses investigations et par la confiance qu'il inspire, recueille des indices, obtient des révélations, parvient à découvrir les coupables, et les livre aux mains des tribunaux. C'est ce qui est arrivé pour l'incendie de la ferme de Magny, dépendante de la terre Villemolin, dans le canton de Corbigny. Là aussi on cherchait à détourner les recherches de la justice, on accusait les étrangers, les nobles et les prêtres ! Mais le juge de paix du canton, auxiliaire précieux de la justice répressive, et qui dans d'autres circonstances graves avait déjà plusieurs fois donné des preuves de son aptitude aux instructions criminelles, a découvert que le feu avait été mis par des individus qui n'étaient point étrangers à la ferme. Ces hommes sont aujourd'hui sous la main de la justice, et rien n'a plus contribué à dissiper les fausses rumeurs et à rasseoir les imaginations. Des tournées faites à propos par le sous-préfet et le procureur du roi, ont achevé de rassurer les campagnes.

Tout ceci, Messieurs, appelle de sérieuses réflexions.

On s'étonne toujours que les bruits les plus absurdes soient précisément ceux qui trouvent le plus de facilité à s'étendre et à s'accréditer parmi les populations ! C'est un effet de l'ignorance, dit-on ! — Eh! sans doute, la crédulité est compagne de l'ignorance; mais alors le remède, c'est d'instruire le peuple; et sans faire des savants des gens de la campagne (ce qui serait un autre mal pour eux) il faut du moins leur apprendre ce qu'ils doivent savoir pour qu'ils soient religieux sans superstition; pour que, sans cesser d'être simples de cœur, ils ne soient pas si simples d'esprit, et qu'ils aient assez de notions pour n'être pas dupes du charlatanisme des instigateurs, et ne pas s'abandonner stupidement au dire du premier venu.

Voilà pourquoi l'instruction primaire élémentaire doit être un des principaux objets de la sollicitude du législateur. Quand un gouvernement a pour base de son existence l'absolutisme et la superstition, ou d'injustes priviléges de caste, il croit ne pouvoir trouver de sûreté que dans l'ignorance des masses. Son plus grand souci est de les retenir dans une sorte d'abrutissement, et de ne leur laisser rien apprendre de ce qui pourrait amener leur affranchissement. En cela, les théocraties ressemblent à tous les autres despotismes.

Mais lorsqu'au contraire un gouvernement a pour principe, comme le nôtre, la liberté, l'égalité de droits entre tous les citoyens et le progrès social, il a le plus grand intérêt à ce que le peuple s'éclaire et à trouver partout, prêts à le seconder et à le servir, des hommes fiers, raisonnables et intelligents.

Aussi depuis 1830 de grands efforts ont été faits par l'Etat et par les communes pour répandre l'instruction parmi le peuple. Il reste néanmoins beaucoup à faire encore. Ce n'est pas tout de bâtir des écoles, il faut des instituteurs. Pour les avoir bons, il faut exiger d'eux qu'ils sachent bien ce qu'ils doivent enseigner. C'est le but des écoles normales. Mais il faut offrir à ces hommes des avantages qui les récompensent de leurs peines et les mettent à même de vivre honorablement de leur état. On leur a assigné un traitement fixe de 200 francs; mais beaucoup d'entre eux n'ont que cette modique somme avec un casuel presque insignifiant. Il est donc urgent d'améliorer leur sort. On voulait, dès l'année dernière, leur garantir un minimum de 600 francs. On y reviendra cette année, et je ne doute pas que la loi ne passe dans la prochaine session. Je l'appelle de tous mes vœux et je l'appuierai de tout mon pouvoir.

Il faut aussi que les maires suivent et surveillent les écoles, que les comités locaux s'en occupent. Leurs fonctions ne sont pas des sinécures; elles sont à charge d'âmes. Il y a une foule de gens qui ambitionnent et sollicitent ces places par vanité, et qui ensuite ne savent ou ne veulent pas les remplir. Leur devoir est de veiller à ce que les écoles soient tenues aux heures et de la manière prescrite par les règlements; que les pauvres y soient enseignés avec autant de soin que ceux qui payent. — Une excellente mesure prise par l'administration des hospices de Paris a été de payer pour que ses nourrissons soient admis aux écoles ; mais cette résolution est malheureusement paralysée par l'avarice des nourriciers, qui, pour tirer un parti plus avantageux du travail de ces pauvres orphelins, ne leur laissent pas le temps d'aller en classe. Il faut tâcher de vaincre ce mauvais vouloir par de charitables exhortations.

N'est-il pas douloureux aussi de voir que le conseil général du département ayant ouvert, dans la ferme-modèle de Poussery, confiée à de si habiles mains, un *asile* pour les enfants pauvres que l'on voudrait préparer aux travaux de l'agriculture, notre conseil d'arrondissement, dans sa dernière session, se soit vu réduit à exprimer « ses regrets du peu d'empressement que montre à ce sujet la partie de la population la plus intéressée à profiter de cette utile fondation! »

Il n'en est pas de même pour l'*asile* que la ville de Clamecy vient d'élever à côté de sa vaste école d'*enseignement mutuel*. Visitez, Messieurs, ce bel établissement. Il honore l'administration municipale et mérite la reconnaissance des habitants.

Nous faisons ce que nous pouvons dans nos comices en récompensant les *agents de la culture*, en cherchant à encourager chez eux les principes de moralité et de bonne conduite.

— L'exemple qu'a donné l'agriculture a été suivi par l'industrie. Cette année, les manufacturiers ont constitué entre eux une association qui a pour titre : *Jury de récompense pour les ouvriers*, ces hommes utiles que le plus jeune et peut-être le plus spirituel de nos princes a si bien nommés les *soldats de la paix*.

La ville de Clamecy avait depuis longtemps pris l'initiative, en élevant par souscription, en 1828, un monument à *Jean Rouvet*, *inventeur des flottages*, avec cette devise destinée à l'instruction du peuple : *Honneur au travail et à l'industrie!* — Ordinairement l'envie ne s'attache qu'aux vivants ; elle ne s'acharne pas sur les morts. Ce n'est donc pas sans surprise qu'on l'a vue, dans ces derniers temps, contester à Jean Rouvet la gloire qui s'attache à son œuvre depuis près de trois siècles, pour la transporter à un nommé *Le Conte*, banqueroutier contemporain, qui avait entrepris, mais sans succès, ce qu'a exécuté Jean Rouvet. Mais les droits de cet homme intelligent et laborieux sont attestés, et par les lettres patentes de Henri IV, et par l'opinion traditionnelle du commerce qui depuis un temps immémorial a adopté pour cachet, et en quelque sorte pour armoiries, l'effigie de *Jean Rouvet*, avec l'exergue *inventeur des flottages, en 1549*. Aussi tous les flotteurs ont salué de leurs acclamations le buste de leur patron, exécuté par un grand artiste, et ils ne le laisseront pas détrôner ni calomnier par un failli, qu'on s'efforce en vain de réhabiliter.

Ainsi de toutes parts la société actuelle, inspirée par la révolution populaire de 1830, cherche à augmenter le bien-être des classes laborieuses.

C'est dans cette pensée qu'on a supprimé le décime rural et le casuel des juges de paix, dont les vacations pesaient principalement sur les habitants de la campagne.

On ne tardera pas, j'espère, à remplacer aussi par une augmentation de leur traitement fixe le casuel des curés, qui les met incessamment aux prises avec leurs paroissiens pour le tarif des choses saintes. Il faut, dit-on, que le prêtre vive de l'autel! C'est-à-dire, à mon avis, qu'il faut que l'Etat le paye : mais il est temps de distinguer le spirituel, qui doit être accordé gratuitement à tous, des choses de luxe et d'ostentation, qui seules peuvent être marchandées et mises à prix.

Une mesure urgente, et dont le bienfait sera immense par sa généralité, c'est la diminution de l'impôt sur le sel, cet élément essentiel à l'alimentation du peuple. Pourquoi l'impôt vend-il si cher ce que la nature fournit si libéralement ? On a réduit le prix de cette denrée à dix centimes le demi-kilogramme dans l'intérêt de l'agriculture, mais à condition de la dénaturer de manière qu'elle ne puisse pas être employée aux usages de la vie. Pourquoi ne pas rendre la mesure complète en faisant pour l'homme ce qu'on a fait pour les engrais? *Le sel à deux sous la livre pour tout le monde*, c'est ce qu'a voulu et voté la chambre de 1846 ; c'est ce que voudra et votera probablement la chambre de 1847. — Les financiers objectent que ce sera une diminution de 22 millions sur le revenu de l'Etat! Oui, 22 millions, en supposant que l'accroissement de consommation ne comble pas en grande partie cette lacune; mais, sur un budget de 1,500 millions de francs, ne peut-on point, par exemple, au lieu de tout entreprendre à la fois, distraire de l'énorme masse des travaux publics certains ouvrages sans urgence pour lesquels on se presse un peu trop ? Ou, ce qui vaudrait encore mieux, ne peut-on pas rétablir ce droit de circulation dont la supression malencontreuse, en 1831, n'a profité à personne et dont personne n'éprouverait de malaise s'il était rétabli; tandis que la réduction à moitié de l'impôt du sel sera un bienfait immédiat pour toutes les classes pauvres? On trouve avec une incroyable facilité une surcharge de 100 millions par an *pour l'Algérie!* est il donc impossible de trouver 22 millions *pour le peuple de France?* Henri IV voulait que le dimanche chaque paysan pût mettre la poule au pot; en réduisant l'impôt du sel, Louis-Philippe *mettra chaque ménage à même de mieux saler sa soupe et son pot.* Aucune mesure ne saurait être plus populaire ni venir plus à propos que dans ce qu'on appelle une *chère année* [1].

Je vous demande pardon, Messieurs, de m'être étendu sur tant d'objets divers; mais il m'a semblé que dans nos comices agricoles, excepté la politique, on devait se préoccuper de tout ce qui peut améliorer le sort du laboureur et de l'artisan.

Dans nos réunions, les agriculteurs de toutes les classes doivent profiter du moment où ils sont en présence pour voir, étudier, observer tout ce qui s'offre à leurs regards; pour s'interroger mutuellement sur leurs procédés, leurs méthodes, leurs essais, leurs résultats, et aussi leurs mécomptes. C'est par-dessus tout un enseignement mutuel. On doit réfléchir d'une année à l'autre sur tout ce qu'il y a eu de bien ou de mal dans le passé. C'est le temps des récompenses; c'est aussi le temps des utiles leçons; le

[1] *Et plebs tua lætatibur in te.* — Voyez ci-après le Discours prononcé par M. Dupin à la séance de la chambre des députés du 16 juin 1847, pour la *réduction* de *l'impôt du sel.*

bon moment pour faire pénétrer dans toutes les profondeurs de la société les vérités pratiques, propres à maintenir l'amour du travail et de la vertu, l'union entre les citoyens ; à entretenir les dispositions réciproques à la bienveillance, et à faire germer dans les esprits comme dans la terre tout ce qui peut contribuer au bien-être de ces populations qu'il est de notre devoir de moraliser, d'instruire, d'encourager dans leurs travaux et de soulager dans leurs souffrances.

Le procès-verbal du Comice et le *Journal de la Nièvre* rendent compte des toasts portés à ce Comice de la manière suivante :

1° *Au roi*, par M. le maire de Clamecy.

2° *A M. Dupin*, président du Comice, par M. Métairie, procureur du roi.

« Messieurs, il faut que l'objet de cette réunion touche profondément aux intérêts du pays pour que l'un des grands dignitaires de la magistrature, l'orateur illustre ait quitté les hautes régions qu'il occupe, et soit venu présider à notre fête agricole. C'est à son amour pour notre institution et à la puissance de son nom que sont dus en grande partie l'éclat et la prospérité de nos concours. Témoignons-lui notre reconnaissance en restant fermement unis autour de l'œuvre qu'il a créée et qui grandit chaque année sous son puissant patronage, et en le suivant dans la voie du progrès et des améliorations qu'il traçait à grands traits, il y a quelques instants, dans le remarquable discours qui retentit encore à vos oreilles. » (*Ce toast a été accueilli par de vifs applaudissements.*)

3° Après le toast porté par M. Métairie, M. Dupin se lève et s'exprime en ces termes :

« Messieurs, je suis heureux de me trouver au milieu de mes concitoyens et de compter parmi eux mes plus anciens camarades et mes meilleurs amis. Vous connaissez tous l'attachement que je porte à mon pays : quand je suis loin d'ici je vis encore avec vous par la pensée. C'est une grande satisfaction pour moi quand je puis rendre quelque service à vos communes pour leurs affaires, ou à ceux des habitants qui demandent des choses justes et raisonnables, et qu'on veut bien me les accorder. Mais, je vous l'ai dit, il y a longtemps, et je tiens à le répéter en toute occasion, jamais je n'hésiterai à sacrifier mon crédit particulier à l'obligation où je suis, et que je place au premier rang, de remplir mes devoirs publics avec indépendance et dans toute leur étendue. (*Mouvement d'approbation.*)

» Messieurs, les assemblées agricoles ont cela de précieux qu'elles réunissent les cœurs et les esprits; elles rapprochent sur le même terrain ceux mêmes que la politique divise par leurs opinions. Rien ne nous rappelle mieux que l'agriculture que tous les hommes sont frères, et que la terre qui nous nourrit tous est notre mère commune. L'agriculture est la fille aînée du travail; mais, si elle est le premier des arts, il ne faut pas oublier qu'elle a besoin de tous les autres, et notre sollicitude pour le laboureur doit aussi s'étendre aux artisans qui lui prêtent leur utile concours, et qui développent et perfectionnent ses produits.

» Messieurs, nos premiers devoirs sont envers la France, notre glorieuse patrie, si redoutable par son courage dans la guerre, si admirable par son intelligence dans les travaux de la paix !

» Il nous est ensuite permis de faire des vœux particuliers pour notre département, qui fournit un si beau contingent dans la production et la richesse nationale.

» Messieurs, en vous remerciant du toast qu'on a bien voulu m'adresser, et des paroles honorables qui l'ont accompagné et que vous avez accueillies avec tant de bienveillance, unissez-vous à moi pour boire à *la prospérité du département de la Nièvre.* » (*Des applaudissements unanimes ont suivi cette allocution.*)

## COMICE DE CLAMECY, — TENU A CORBIGNY.

5 septembre 1847.

Parmi les nombreuses et utiles institutions qui, depuis la révolution de 1830, ont été créées ou développées dans le but de soutenir, d'encourager et d'éclairer la production agricole nationale; parmi les moyens généraux de perfectionnement et d'action qui ont été si libéralement offerts au cultivateur pour lui venir en aide, il n'en est pas aujourd'hui de plus recommandables que les Comices agricoles. Accueillie d'abord avec indifférence, et repoussée même en naissant par de nombreux détracteurs, l'institu-

7

tion des Comices a pris en marchant et en s'améliorant constamment un développement véritablement prodigieux. Essentiellement destinés à mettre en contact les différentes classes de la population rurale, à vaincre par le spectacle de faits réels la défiance et l'esprit de routine des paysans, à stimuler leur émulation par la lutte, à encourager leurs tentatives d'amélioration, à récompenser, en les moralisant, leur bonne conduite; ces concours ouverts dans les champs, ces fêtes annuelles de l'agriculture ont répandu la vie et le mouvement dans les populations rurales. C'est aussi par les Comices que les sociétés d'agriculture, dont les stériles théories s'épanchaient à peine au delà des murailles des villes où se tenaient ces sociétés, ont été ramenées sérieusement et utilement vers la pratique de l'art. Dans les Comices, on fait de la théorie au milieu des champs et de l'agriculture la charrue à la main. Non pas que nous prétendions dire que l'on apprenne à labourer la terre dans un concours de charrues qui dure une heure, ou que le spectacle d'une exhibition d'animaux de choix suffise pour enseigner la science de l'éleveur. Mais on y puise de bons et utiles exemples, mais on y voit l'agriculture encouragée, récompensée, honorée sans distinction ni de rang, ni de classe, ni de condition. Et enfin ce qui, mieux que tout ce que l'on pourrait en dire, parle en faveur de ces institutions, c'est que le nombre des Comices, dont il n'existait qu'une dizaine à peine sous la Restauration, s'élève aujourd'hui à plus de sept cents.

Dans le département de la Nièvre, où l'on compte quatre Comices, il faut incontestablement mettre en première ligne celui de Clamecy, présidé par l'honorable et illustre député de cet arrondissement. Aucun autre Comice n'a jusqu'à présent obtenu un succès aussi constant, aussi complet, n'a été accueilli avec autant de faveur, et n'a présenté d'aussi beaux résultats. Le Comice de la société centrale de Nevers lui-même cède la palme à celui de Clamecy, sans être humilié d'une infériorité qui s'explique facilement.

Le Comice agricole de l'arrondissement de Clamecy a tenu, dimanche dernier 5 septembre, son neuvième concours à Corbigny. C'était cette année le tour de ce canton, par le roulement que M. Dupin a établi pour les six cantons de l'arrondissement. L'assemblée était très-nombreuse malgré la pluie froide qui la veille était tombée toute la journée, et avait dû retenir chez eux beaucoup de cultivateurs éloignés du lieu de la réunion; le soleil, qui le matin de la fête s'est levé radieux, a heureusement dissipé les craintes qu'avait fait concevoir pour la fête le mauvais temps de la veille. Indépendamment des membres du Comice, dont le nombre s'élève à plus de trois cents, et des principales autorités de l'arrondissement de Clamecy, on remarquait de nombreux visiteurs venus de Nevers, de Saint-Saulge, de Châtillon et de Château-Chinon, et parmi eux M. Leroy, préfet de la Nièvre; M. de Malartic, sous-préfet de Château-Chinon; M. Boucaumont, ingénieur en chef du département; M. le baron Charles Dupin, pair de France; M. le comte d'Aunay, président, et M. Alexis Frebault, secrétaire du conseil général; M. Eugène Dupin, dont les traits nous rappellent son père, de si regrettable mémoire; MM. Brunier, Givry, et Pelletier-Grandpré, membres du conseil général; M. Tenaille, substitut du procureur du roi; M. le chevalier Feuillet, qui bientôt inaugurera la belle église construite à ses frais à Dhun, sous l'invocation de Sainte-Amélie, patronne de la reine; M. Duclos, l'un des secrétaires de la Société centrale de Nevers, et maire de Fourchambault, où doit avoir lieu, le 19 de ce mois, le comice qui clora les travaux du congrès; presque tous les maires, juges de paix et citoyens notables des environs et un grand nombre de dames dont la présence complétait la fête.

La cérémonie, suivant un usage des plus respectables, a commencé par un acte solennel. A neuf heures, tous les membres du Comice réunis par M. le maire à l'hôtel de ville, et ayant M. Dupin à leur tête, se sont rendus à l'église pour y entendre la messe paroissiale. C'est M. l'abbé Sergent qui officiait sur l'invitation toute particulière qui lui en avait été adressée par l'honorable président du Comice. L'assemblée y a recueilli un remarquable sermon inspiré à l'orateur chrétien par la circonstance, l'éloge de l'agriculture placée sous le saint patronage de la religion. C'est avec une grande élévation de pensée et de langage que M. l'abbé Sergent a traité de haut ce noble sujet, en nous montrant dans le livre de Dieu l'agriculture élevée au premier rang parmi les travaux de l'homme, en couronnant d'une pieuse auréole cette laborieuse industrie sanctifiée par le Christ lui-même. Les considérations consolantes que l'orateur a rattachées, avec le talent qui le distingue, à cette pensée de philosophie chrétienne ont été vivement senties de toute l'assemblée et ont obtenu l'approbation générale.

La cérémonie religieuse terminée, l'assemblée s'est dirigée vers le champ du Comice sous l'escorte des sapeurs-pompiers de la ville en très-bonne tenue. L'emplacement du concours avait été admirablement choisi sur le flanc d'un vaste terrain disposé en amphithéâtre, au bas duquel s'étendait la ville dominée par son antique basilique, tandis que de l'estrade, où devait se faire la distribution des prix, l'œil se perdait au loin dans l'horizon vaporeux des montagnes du Morvan, en distinguant la ville de Lormes qui, de ce point de vue, semble couchée dans un pli de terrain. Un beau soleil, à peine voilé de temps en temps par quelques nuages, éclairait ce magnifique paysage, qui s'animait encore de la vie et du mouvement du Comice. Quinze charrues attelées de bons bœufs ou de chevaux robustes avaient déjà déchiré le terrain de la lice, et attestaient par la rectitude du sillon et la profondeur du guéret le progrès du laboureur. Pendant ce temps, les diverses commissions se livraient à leurs opérations, jugeant les nombreux et beaux bestiaux disposés par groupes dans le champ du concours, et classant suivant leur ordre de mérite les certificats de bons domestiques. On remarquait particulièrement la belle vacherie de M. Monot de La Trouillère et celle de M. Hervieux, à la tête de laquelle s'avançait fièrement un superbe taureau de la race Durham destiné à figurer au prochain concours de Poissy.

A deux heures, les commissions ayant terminé leur travail, les membres du bureau ont prix leur place sur l'estrade pour procéder à la distribution des prix.

M. Dupin, président du Comice, a pris alors la parole et a prononcé le discours suivant :

« Messieurs, au milieu de l'abondance dont nous sommes environnés, notre premier mouvement, hommes de l'agriculture, a dû être de rendre grâces à la Providence d'avoir fait succéder tant de consolations à des épreuves si rigoureuses.

» Mais il ne suffit pas de rendre hommage à ce Dieu, dispensateur des saisons, qui produit à son gré la disette ou la plénitude des biens de la terre; le malheur lui-même renferme des enseignements dont il faut savoir profiter, en faisant retour, par d'utiles réflexions, sur un passé qui rappelle de si cruelles souffrances.

» Un double fléau a pesé sur nous : les inondations et la cherté des subsistances. Mais, il faut le reconnaître et le proclamer, à aucune époque la charité publique et privée ne s'est signalée par autant d'efforts et de bienfaits.

» Le roi et la famille royale d'abord, les chambres ensuite ont donné l'exemple. Les grandes cités, les moindres villes, beaucoup de communes rurales, ont fait les plus louables sacrifices. La seule ville de Paris, capitale du royaume par la tête et par le cœur, a dépensé plus de huit millions en bons de pain pour les indigents ! Là où les efforts individuels n'auraient pas suffi, le génie de l'association s'est empressé d'offrir son concours. Les capitalistes et les principaux propriétaires ont avancé gratuitement leurs fonds pour acheter au loin des céréales venues de l'étranger [1]. Le clergé n'a pas cessé d'exciter le zèle des fidèles, et s'est rendu le distributeur intègre et assidu des secours mis à sa disposition.

» Ainsi tous sont venus au secours de chacun, et le malheur public a été soulagé. De cette expérience, Messieurs, il doit résulter, ce me semble, plus d'union, plus d'affection entre tous les citoyens, plus de dispositions à se rendre mutuellement justice, quelque reconnaissance du pauvre pour le riche, et un notable discrédit pour ces prédicateurs du communisme, qui, au lieu de donner du leur, excitent à prendre aux autres, et se montrent prodigues seulement du bien d'autrui. La véritable bienfaisance entre les hommes a un autre langage; elle s'exerce à d'autres conditions. On a souvent besoin d'un plus petit que soi, rien n'est plus vrai; mais souvent aussi on a besoin d'un plus fort, d'un plus riche, d'un plus savant que soi, ou plutôt, nous avons tous besoin les uns des autres, et comme l'a dit le bon La Fontaine :

> En ce monde il se faut l'un l'autre secourir ;
> Il se faut entr'aider, c'est la loi de nature.

[1] M. Benoist, député de la Nièvre, a, le premier, conseillé cette opération, et s'y est dévoué tout entier. Elle a eu un plein succès pour Nevers. D'autres villes ont suivi cet exemple.

» Après ce coup d'œil abaissé sur les misères de la vie, si nous reportons plus haut nos regards, on conviendra, Messieurs, que l'administration, à laquelle on fait bien de ne pas ménager les reproches quand elle les a mérités par son imprévoyance ou par ses fautes, a droit réciproquement à des éloges pour ce qu'elle fait de bon et de vraiment utile au peuple.

» Elle a procuré des secours à ceux qui ne pouvaient pas travailler; ceux-là, il faut bien qu'on leur donne; mais l'administration a fait mieux en donnant du travail à ceux qui avaient besoin de gagner. En cela, son impulsion a été suivie sur tous les points du royaume, et partout d'utiles travaux sont venus s'offrir aux bras inoccupés; partout les administrateurs locaux ont rivalisé de zèle pour multiplier les ressources et en assurer le bon emploi. M. Mallac, préfet de la Nièvre à cette époque, a droit à la reconnaissance du pays pour son empressement à faire arriver d'abondants secours aux inondés de la Loire, et à encourager les ateliers de charité dans toutes nos communes.

» Le gouvernement a mis en pratique avec intelligence et fermeté les vrais principes de l'économie politique sur la liberté du commerce et de la circulation intérieure des grains, et sur la police des marchés. Déjà l'an dernier, par pressentiment du renchérissement des subsistances, j'avais eu soin de vous prémunir contre ces tendances à s'opposer au transport des grains, et à vociférer contre ceux qui en font commerce. « Un marché pillé, vous disais-je, équivaut à la suppression des marchés à venir. » Ajoutons que ces petites séditions locales, sources d'actions criminelles, n'aboutissent qu'à des répressions qui mettent dans une situation encore plus malheureuse les familles de ceux qui sont emprisonnés et condamnés. A l'époque, de sinistre mémoire, où l'on établit violemment le maximum, on vit des pillages, des meurtres et une affreuse disette. Avec la liberté du commerce, il peut y avoir encore cherté excessive, et c'est assurément un grand malheur, mais il n'y a famine nulle part, et c'est l'essentiel. C'est en pleine abondance, et quand on est de sang-froid, qu'il faut faire ces réflexions, en les inculquant d'avance dans les esprits comme un droit commun et une règle de bon sens et d'expérience dont on ne doit jamais dévier dans la pratique[1].

[1] D'ailleurs, tout n'est pas bénéfice dans le commerce; et plus

» Cette liberté du commerce et de la circulation des grains veut être protégée ; et elle l'a été partout efficacement, avec prudence et fermeté, par les magistrats et les fonctionnaires de toutes les hiérarchies. Mais il faut aussi rendre justice aux populations. La résignation s'est montrée à l'égal des souffrances. Dans la Nièvre, on n'a pas eu de désordres à déplorer; et ailleurs, à l'exception d'un petit nombre de faits regrettables, bientôt réprimés et justement punis, les angoisses de la situation ont été courageusement et honnêtement supportées.

» Par événement, il avait donc été superflu d'accroître l'effectif des troupes de ligne. Mais il en est autrement de la gendarmerie. Indépendamment même des circonstances, on a bien fait d'augmenter cette arme spéciale, enviée ou empruntée au génie administratif de la France par tous les autres gouvernements. Il faut arriver à ce point que *chaque canton ait sa brigade.* Les gendarmes sont des magistrats armés; ils réunissent à la fois le courage militaire et l'esprit de paix et de conciliation. Leur présence rassure les campagnes. Ennemis des voleurs, des braconniers, des vagabonds et des délinquants de toute espèce, ils sont l'effroi des méchants et la sauvegarde des bons citoyens. Dans les journées de troubles, le cri : A bas les gendarmes! n'a jamais été proféré que par les forçats, les séditieux, et par ceux qui, n'ayant rien à perdre dans l'incendie, croyaient avoir tout à gagner dans les décombres.

» Dans cette session législative, si longue et si fastidieuse, et je le dis avec chagrin, si peu féconde en résultats satisfaisants, l'attention des chambres a été appelée sur plusieurs questions qui intéressent l'agriculture : la loi sur l'importation des grains étrangers; celle sur les irrigations, sur les défrichements des bois, et la proposition sur la réduction de l'impôt du sel.

» Par la première de ces lois, le législateur n'a point balancé à abaisser au dernier degré de l'échelle mobile les droits à l'importation des grains étrangers. Le salut du peuple, qui est la suprême loi, nous en faisait un devoir.

d'un spéculateur y a été pris, et, comme on dit, *pincé*, notamment dans nos ports de mer. La population doit aussi distinguer et citer avec reconnaissance les hommes généreux qui, au lieu de se laisser dominer par l'appât du gain, et de thésauriser leur blé, l'ont vendu au-dessous du cours.

Mais les chambres ont en même temps déclaré, par l'organe de leurs rapporteurs[1], que cette mesure n'avait qu'un caractère provisoire, et qu'elle ne devait, en aucune façon, emporter l'idée d'une dérogation au principe régulateur et permanent de la loi des céréales, jugée nécessaire en temps ordinaire pour assurer à l'agriculture la protection dont elle a besoin. Ainsi les efforts des libres-échangistes, qui auraient voulu profiter de l'*urgence des circonstances* pour faire l'essai de leur théorie, en proposant, par exemple, de supprimer les droits établis sur l'introduction des bestiaux étrangers; ces efforts, disons-nous, malgré le talent incontestable dont les sectateurs de cette doctrine ont fait preuve, ont échoué sur tous les points; et cette opinion, suggérée par l'Anglais Cobden, est restée en imperceptible minorité soit dans les chambres législatives, soit dans le congrès central de l'agriculture.

» Toutefois, Messieurs, cette protection qui reste assurée à la production française comme base essentielle de notre alimentation, cette protection si favorable d'ailleurs au travail national, loin d'autoriser nos cultivateurs à se relâcher, est au contraire un motif pour les engager à redoubler d'efforts et à multiplier tous les genres d'amélioration.

» C'est en vue de développer ce progrès si désirable de notre agriculture qu'a été portée la loi sur les irrigations. Cette loi, en ajoutant de nouvelles facilités à celle déjà rendue sur la même matière, laisserait sans excuse les riverains qui ne tireraient pas tout le parti convenable des eaux qui bordent leurs propriétés. La loi propose, mais c'est l'homme qui dispose; et si l'on dit avec raison Tant vaut l'homme, tant vaut la terre; cela est encore plus vrai des eaux quant à la manière de les conduire ou de les employer.

» On s'est vu dans la nécessité de proroger encore la loi sur le défrichement des bois; parce que cette loi ayant été présentée à la dernière extrémité, l'on n'aurait pas eu le temps de la discuter convenablement. En cette matière, cependant, les idées ont acquis de la maturité, et l'on est assez généralement d'accord que, s'il importe à la France

[1] M. Darblay, à la chambre des députés, et M. le baron Charles Dupin, à la chambre des pairs.

de conserver de grandes richesses forestières, le prix des bois est tel qu'on peut s'en rapporter à l'intérêt privé du soin de ne pas les détruire inconsidérément. D'ailleurs les bois de l'État et des communes, et en général tous les bois assujettis au régime du Code forestier, sagement aménagés et convenablement administrés, offriront toujours d'immenses ressources en bois de haute futaie, sur un ensemble qui, pour cette espèce de forêts, forme un total de plus de trois millions d'hectares, c'est-à-dire la moitié du sol forestier du royaume. On peut donc, sans inconvénient, permettre aux particuliers de rendre à l'agriculture certains fonds de bois situés en plaine, et propres à produire des céréales et des plantes fourragères, en même temps qu'il est à désirer qu'on encourage par tous les moyens possibles le reboisement des montagnes et des lieux arides.

» Pour la troisième fois la question de l'impôt du sel est revenue devant la chambre des députés, et pour la troisième fois la chambre a voté pour la réduction de cet accablant impôt. Ce vote a eu lieu à la majorité de 246 voix contre 14, c'est-à-dire à la presque unanimité. Ainsi pressé sur ce point, le gouvernement sentira la nécessité d'accorder enfin ce soulagement aux classes pauvres et laborieuses, pour lesquelles nous ne cesserons pas de le réclamer.

» Tels sont, Messieurs, les travaux de l'année; et certes ce n'est pas à cela que se bornent les besoins et les désirs de l'agriculture. Pour en être convaincu, il suffit de jeter les yeux sur la longue série de *vœux* émis par le congrès central, dans sa dernière session, et sur le *programme* de l'assemblée qui doit se réunir à Nevers le 15 de ce mois.

» Ce concours de volontés est utile; il est nécessaire pour se faire entendre et comprendre dans une société aussi distraite et aussi affairée, dont l'attention est tiraillée en tous sens, et souvent détournée des objets les plus essentiels pour courir à ce qu'on regarde comme le plus pressé, et parfois à ce qu'il y a de plus aventureux.

» Écoutons tous les conseils, encourageons tous les efforts; mais ne nous livrons pas aveuglément à d'imprudentes théories. Ainsi, je ne mettrai pas au rang des choses les plus favorables à l'agriculture l'excitation à user des moyens de crédit. Sans nier, dans certains cas, l'utilité pour un laboureur, un fermier, un petit propriétaire, de se procurer quelques fonds à un intérêt modéré, pour se donner du répit dans la vente de ses denrées, ou avoir le moyen de se monter en bestiaux; je crois qu'en général les dettes sont ce qu'il y a de plus ruineux pour les agriculteurs et la petite propriété. C'est un chancre qui la ronge. La grande propriété même n'y résiste pas toujours; elle donne trop souvent le spectacle de ces *riches malaisés*, chargés d'hypothèques, qui n'exploitent plus que pour leurs créanciers une terre dont les fruits luttent difficilement de vitesse avec l'usure.

» Laissons à d'autres le soin de préconiser l'excellence des emprunts, de proclamer avec une sorte d'emphase qu'une grande dette est nécessaire à un grand Etat! qu'on ne dépense *jamais assez!*... sophismes dont l'exagération prépare souvent pour l'avenir de graves embarras! Si cela est bon, comme on le prétend, pour les Etats, cela ne vaut rien, en tout cas, pour les particuliers. Je préfère pour eux cette maxime économique de nos pères : *Qui paye ses dettes s'enrichit.* C'est le moyen de conserver la propriété de son fonds, la libre jouissance de ses revenus, de parer aux accidents et de profiter en affaires de toutes les bonnes occasions. Si j'avais à rêver le bonheur d'un agriculteur, je répèterais pour lui le vœu qu'un des poëtes les plus gracieux de l'antiquité, épris des paisibles jouissances de la vie rurale, faisait pour son homme des champs : — L'estimant heureux de cultiver avec ses propres bœufs un petit domaine bien arrondi, venu de ses aïeux, couronné par un peu de bois sur la hauteur, avec un léger cours d'eau échappé de sa source pour les besoins de sa maison et de sa prairie; le tout, sans procès et sans créanciers! — *Procul litibus, solutus omni fœnore.*

» En honorant toutes les institutions libres, toutes les sociétés savantes qui s'occupent théoriquement des intérêts de l'agriculture, sachons réserver une grande part de notre estime pour les institutions *pratiques*, telles que les *fermes-modèles* et les *Comices*, qui provoquent et obtiennent les résultats les plus immédiats et les plus certains.

» Notre *ferme-modèle* de Poussery continue de prospérer. L'instruction des élèves se développe rapidement. Les produits de sa belle vacherie royale se font de plus en plus remarquer. Cette année, les génisses qu'elle a envoyées au concours de Poissy étaient certainement les plus belles de toutes. Si elles n'ont pas été primées, parce qu'elles appartenaient au gouvernement, qui ne peut se décerner des récompenses et se témoigner à lui-même sa propre satisfaction, elles n'en ont pas moins obtenu les suffrages de tous les connaisseurs, et mérité une place honorable dans leurs souvenirs. La méthode Guénon, qui consiste à pronostiquer les qualités laitières des vaches par la seule inspection du pis et de ses affluents, et par la direction remontante des poils dont les lignes se dessinent sur cet écusson, a trouvé sa pleine et entière confirmation dans l'application qu'on en a faite à cette belle nature d'animaux.

» Le Comice de l'arrondissement de Clamecy a pris parmi les autres Comices un rang honorable. Il est maintenant connu de la France entière. Continuons, Messieurs, à soutenir et, autant qu'il peut dépendre de nous, à accroître sa réputation de progrès.

» Toujours bienveillant pour nous, M. le ministre de l'agriculture nous a encore favorisés cette année de la médaille d'or. Grâces lui soient rendues !

» J'y ai ajouté personnellement trois médailles en bronze, grand module, à l'effigie de Mathieu de Dombasle, pour ceux d'entre vous, agriculteurs, fermiers ou propriétaires, que le jury aurait jugés les plus dignes de les recevoir pour les progrès qu'ils ont fait faire à l'agriculture en se rapprochant le plus des méthodes propagées par l'agronome illustre dont ils recevront l'empreinte.

» Près de quatre mille francs ont été affectés aux primes. — A celles que nous accordons habituellement pour l'espèce chevaline, nous avons ajouté de nouvelles dispositions pour encourager les éleveurs à propager et à améliorer les chevaux de selle. Ils auront d'ailleurs un nouveau motif de s'adonner à ce genre de produit à présent qu'un *dépôt de remonte* vient d'être établi à Nevers, l'un des climats, en effet, les plus propres à nourrir et à élever de bons chevaux.

» Nos encouragements et nos primes ne s'adressent pas seulement aux intérêts matériels; ils s'adressent aussi à l'honneur! Et, vous le savez, Messieurs, l'honneur en France est cher à toutes les classes de citoyens.

» C'est pour cela que nous avons étendu le cercle des prix de moralité. Jusqu'ici ces prix avaient été accordés seulement aux *agents de la culture*. Mais il nous a semblé qu'il importait également de récompenser les services rendus à l'*intérieur du foyer domestique*. La moralité a plus que jamais besoin d'être mise à l'ordre du jour! Partout où elle se montre dans un degré éminent, elle doit être honorée et récompensée. Quand un domestique a servi vingt ans le même maître avec probité, intelligence et dévouement, la société est intéressée à lui donner un témoignage de satisfaction et d'estime, qui devienne pour les autres un utile encouragement.

» C'est ainsi qu'un gouvernement sage et bien avisé doit faire lui-même pour ses serviteurs : les bien choisir, et les honorer; faire en sorte qu'ils soient plus dignes du respect de tous. Plus que jamais, s'il veut conserver la confiance et l'estime publique, il doit prendre pour règle de ses choix ce mot de Henri IV au président Jeannin :—« Monsieur le président, j'ai toujours couru après les » *honnêtes gens*, et je m'en suis toujours bien trouvé. »

» Au nombre de ces choix si désirables, je mettrai sans hésiter celui que le roi vient de faire dans la personne du nouveau préfet de notre département. M. Ferdinand Leroy, ancien condisciple de feu notre cher et tant regretté duc d'Orléans, en venant dans la Nièvre, y trouve encore palpitant le souvenir d'un de ses prédécesseurs qui lui tenait par les liens d'une étroite alliance, en même temps qu'il y apporte la renommée de ses propres actes dans les fonctions qu'il a déjà remplies, et la garantie des traditions et des principes qu'il a puisés à l'école des deux plus habiles préfets de France : celui de la Seine et celui de la Gironde. — Que son administration, ferme, loyale et bienveillante, apporte de la promptitude dans l'expédition des affaires, et il pourra compter sur la confiance et le concours d'une population amie de la droiture et de la probité, pacifique, laborieuse, intelligente et sérieusement attachée aux principes conservateurs de l'ordre social et de la monarchie constitutionnelle. »

M. le préfet de la Nièvre s'est ensuite exprimé en ces termes :

« Messieurs, après les paroles éloquentes que vous venez d'entendre, il y aurait de la témérité de ma part à vouloir fixer votre attention; cependant je ne saurais me soustraire au besoin d'exprimer à l'illustre président du

Comice ma profonde gratitude pour les témoignages de bienveillance et d'affection qu'il vient de me donner ; j'en suis vivement touché, et rien ne me coûtera pour m'en rendre digne. Je dois aussi vous dire combien je m'estime heureux d'assister à cette réunion de famille. Quoique nouveau venu, je ne suis pas un inconnu pour vous ; vous savez à quelle source j'ai puisé dès longtemps l'amour de ce pays et le dévouement à vos intérêts. Je veux être fidèle à cette honorable tradition de famille que M. le président vous rappelait tout à l'heure. Je ne pouvais, Messieurs, mieux préluder à l'étude de ce département qu'en me mettant en rapport d'abord avec ses représentants légaux, puis, aussitôt après, avec les hommes qui tiennent le plus près au sol nivernais et les plus capables, par leur expérience, de m'initier aux leçons du passé et aux espérances de l'avenir. C'était pour moi une véritable bonne fortune, et je l'ai saisie avec empressement. Je n'aurai rien plus à cœur, Messieurs, que d'unir mes efforts aux vôtres : vos affaires deviendront les miennes, et je m'identifierai si bien avec vos intérêts, qu'il se formera bientôt entre nous une communauté de sacrifices et de travaux qui, je l'espère, ne sera point stérile pour le bien général du pays.

» Je comprends, Messieurs, à quel point l'agriculture mérite nos sympathies : c'est la première des sciences, c'est la première et la plus respectable des industries ; c'est la source la plus sûre de nos richesses ; elle pourvoit à nos premiers besoins ; elle forme des hommes laborieux et patients, dont les efforts profitent à tous ; elle forme des bras vigoureux pour la défense de la patrie, elle élève nos esprits en les dirigeant vers des spéculations pures et honnêtes, elle ennoblit nos cœurs en excitant le sentiment religieux ; enfin, comme l'a dit un fils du roi dans une réunion solennelle, *sa pratique est presque une vertu* [1].

» Ainsi, rien de plus utile et de plus national, Messieurs, que le but que le Comice se propose d'atteindre ; et qu'il atteindra certainement avec l'ordre et la paix, avec nos institutions libérales et monarchiques, avec notre dynastie nationale, à laquelle notre dévouement ne fera jamais défaut.

[1] Le duc de Nemours, au concours de Poissy.

» Je ne négligerai rien en ce qui me concerne, Messieurs, pour encourager l'agriculture dans le département de la Nièvre, où elle a déjà fait de si grands progrès. Mais en pareille matière la tâche de l'administration est difficile et complexe ; elle consiste surtout à améliorer, à perfectionner les voies de communication intérieure pour le transport des denrées, à faire un sage emploi des secours de l'État et du département, à donner au gouvernement des notions exactes sur les ressources du pays, sur les moyens d'encourager les cultures nouvelles, à assurer partout la tranquillité publique, la liberté du commerce et des transactions, enfin à rétablir, là où elle est troublée, la paix administrative par la conciliation et la sincérité, afin que chacun, dégagé des stériles querelles de localités, puisse utilement s'occuper de ses affaires. Comme vous le voyez, Messieurs, cette mission est difficile à remplir ; mais je ne m'en effraie pas, persuadé qu'il n'est rien qu'on ne puisse faire avec votre concours et votre appui. J'y compte très-sincèrement. Je vous appartenais depuis longtemps, et, par l'accueil cordial et empressé que vous daignez me faire, vous venez de me donner mes lettres de naturalisation.

» Félicitons-nous, Messieurs, des améliorations que vous avez apportées dans les divers modes de culture, dans les instruments aratoires, et des progrès remarqués dans les diverses espèces de bétail ; applaudissons aux récompenses et aux encouragements que votre impartiale justice va décerner à ceux qui se livrent à la pénible tâche de fertiliser le sol.

» Mais notre joie et la leur ne seront malheureusement pas exemptes de tristesses ; nous cherchons vainement dans cette assemblée l'un des hommes qui ont le plus honoré ce pays par le talent et par le cœur, celui dont la perte prématurée a laissé inconsolables les nombreux appréciateurs de ses hautes qualités et plus inconsolable encore l'honorable famille au sein de laquelle s'est sitôt opéré un vide si regrettable à la fois pour elle-même et pour la France ! Honneur à sa mémoire si chère à tous !

» Honneur aussi, Messieurs, aux hommes intelligents qui descendent des sommités de la science, interrompent leurs doctes leçons et s'arrachent à leurs studieux loisirs pour venir en aide aux cultivateurs ! Honneur surtout au magistrat éminent, au célèbre jurisconsulte, au puissant orateur qui préside ce Comice, le féconde par ses lumières et son généreux concours ! Honneur au citoyen, élu du pays, qui brille au parlement par l'éloquence de la parole, par l'indépendance du caractère, et qui vient simplement au milieu de vous assister aux travaux des champs et diriger le soc modeste de la charrue ! Honneur à celui qui, par le judicieux exercice d'un crédit noblement acquis, obtient chaque jour de nouveaux titres à votre reconnaissance !

» Permettez moi d'ajouter, Monsieur le Président, que je ne suis, en cette circonstance, que le faible interprète de l'opinion publique, dont les fréquents hommages ont devancé mes paroles; loin de moi la prétention de me faire ici le dispensateur des éloges qui vous sont dus : les hommes de votre caractère n'en attendent et n'en reçoivent que d'eux-mêmes ! »

Après ces dernières paroles, accueillies avec les plus éclatants témoignages d'assentiment général, a commencé la distribution des récompenses décernées, et dont nous publierons la liste dès qu'elle nous aura été communiquée.

La distribution des prix terminée, on est rentré à Corbigny pour le banquet. Une longue table de plus de cent couverts, dressée dans la vaste salle du réfectoire du petit séminaire, attendait les convives. On a porté, aux applaudissements de l'assemblée, les toasts suivants :

*Au roi et à la famille royale*, par M. Coppin, maire de Corbigny ;

*A M. Dupin*, par M. Rabier, juge de paix du canton ;

*A M. Leroy*, préfet de la Nièvre, et *à M. Boucaumont*, ingénieur en chef du département, par M. Dupin, qui, dans les termes les plus honorables, a déclaré n'accepter qu'à la condition de les y associer l'un et l'autre le toast qui lui était personnel.

Et enfin, par M. le préfet, *à la prospérité du département*.

(*Extrait de l'*Echo de la Nièvre *du* 9 *septembre* 1847.)

CONGRÈS CENTRAL DE NEVERS.

*Comice agricole de Fourchambault.*

Le 21 septembre 1847.

*Toast porté par M. Dupin.*

Messieurs et chers compatriotes, je viens rarement à Nevers; mais ce n'est point par indifférence. Malgré le malheureux fractionnement des arrondissements électoraux, qui tend à rapetisser les idées comme les territoires, mes collègues et moi nous n'en sommes pas moins les enfants et les députés de la Nièvre, dévoués à ses intérêts, comme nous sommes, au sein de la chambre, députés de la France entière, appelés à y défendre et, autant qu'il dépend de nous, à y faire prévaloir les intérêts généraux de l'Etat, et, parmi ces intérêts, ceux de l'agriculture et de l'industrie placées sous la sauvegarde des libertés publiques et des institutions constitutionnelles destinées à leur servir de garantie.

Nevers a excité toutes nos sympathies quand nous avons connu les désastres causés par les inondations de la Loire, et la députation tout entière s'est employée au soulagement de ses maux. Aujourd'hui nous venons participer à ses fêtes avec un sentiment de joie qui est encore celui de l'amour et du dévouement.

Messieurs, Nevers n'est pas seulement la capitale de nos souvenirs historiques, objet de la prédilection et du patriotisme de nos pères; c'est aujourd'hui le centre animé de ces établissements industriels qui sont pour nous un sujet d'orgueil dans le présent et de vastes espérances pour l'avenir.

Dans ce palais de fer, dans ce magnifique salon de Vulcain, dont les marteaux se taisent pour ne pas troubler l'harmonie de nos airs nationaux, l'agriculture ne sera point jalouse si nos hommages se portent un instant vers l'industrie qui a aussi ses charmes, et dont elle peut seulement se dire la sœur aînée. D'ailleurs, notre dette envers l'agriculture a été largement acquittée par le toast que vient de lui porter mon honorable collègue et ami, M. Manuel, et par le discours de cet homme éminemment bon et bienveillant qui préside avec tant de distinction la société d'agriculture du département, qui vient de mériter la reconnaissance du congrès du centre par la manière dont il a dirigé ses travaux, et à qui je dois moi-même des remercîments pour la part obligeante qu'il a bien voulu me faire dans son allocution au Comice.

Mais ce devoir rempli, nous serions des ingrats si, à l'aspect de ces lieux, nos souvenirs d'amitié, d'estime et de reconnaissance ne se portaient pas sur l'homme de bien qui fut le fondateur de Fourchambault.

Louis Boigues, homme du travail, homme du peuple, mais aussi homme d'une intelligence supérieure, a su attacher à cet établissement un caractère de grandeur qui a pu s'accroître depuis, mais qui l'a distingué dès son origine. C'est à lui, c'est à son génie industriel, c'est aux hommes de cœur et de talent qui l'ont secondé, et dont les noms doivent se redire ici, MM. Dufaud et Emile Martin, que nous sommes redevables de posséder un des plus beaux et des plus vastes établissements métallurgiques de France, qui nous permet de lutter contre la concurrence étrangère, en même temps qu'il assure du travail et de bons salaires à une intéressante et nombreuse population.

M. Boigues est devenu député de la Nièvre dans les élections patriotiques qui ont précédé la révolution de 1830. Je venais d'être élu moi-même dans les quatre arrondissements de la Nièvre : j'optai pour mon pays natal, je n'avais pas d'autre raison de préférence. Je rouvris ainsi à M. Boigues la candidature ; et mes amis, en reportant sur lui leurs suffrages, assurèrent sa majorité. Je parcourus ensuite avec lui l'arrondissement de Château-Chinon, à qui je devais, comme lui, des remercîments. Partout on nous accueillit avec transport, les citoyens nous encourageaient, nous entouraient de leurs conseils. A l'entrée de toutes les villes, nous trouvions des détachements de cette garde nationale qui assura le succès de notre première révolution de 1789, qui donna tant de force à celle de 1830, et qui, partout où elle s'organise, est le signe le plus assuré de la liberté chez les nations qui reprennent le sentiment de leur force et de leur dignité.

M. Boigues a montré qu'il était digne de représenter son pays. Dans la chambre ainsi que dans le grand conseil de l'agriculture et du commerce, il était considéré comme un des hommes dont l'avis était le plus sûr et méritait le mieux d'être écouté. Il apprit aux intérêts menacés par de folles théories l'art de se grouper, de se défendre en commun, de ne pas se laisser entamer ni battre en détail, et de voir l'intérêt de tous dans l'intérêt de chacun. Du reste, loin d'apporter dans les discussions cet étroit sentiment d'égoïsme qu'on a trop souvent sujet de déplorer, Boigues fut un des premiers à se prononcer contre le système prohibitif, et à proclamer que le système protecteur ne devait pas être une prime accordée à l'ignorance et à l'inertie, mais une sorte de fortification à l'abri de laquelle on devait préparer les moyens de se défendre avec avantage contre les invasions subites de l'industrie étrangère. Il déclara lui-même que les tarifs devraient être abaissés à mesure que le perfectionnement de la fabrication le permettrait; et personne ne peut nier qu'à l'ombre de ce système de grands et utiles résultats ont été obtenus.

Mais M. Boigues n'était pas seulement un député patriote, un industriel d'un esprit à la fois modeste et très-éclairé : c'était, avant tout, un homme dont le cœur était excellent. Son usine n'était pas seulement un moyen honorable d'accroître sa fortune; mais ses ouvriers étaient pour lui une famille dont il avait à cœur la santé, la moralité, le bien-être. L'instruction religieuse pour tous, l'instruction primaire pour les enfants et les adultes, des logements sains et commodes pour les ménages, et à côté d'une immense culture, capable de servir de ferme-modèle, ces petits jardins, objet d'une culture restreinte, mais délicieuse pour l'ouvrier dont ils accroissent l'aisance, et pour lequel ils sont une sorte de délassement; enfin des secours des gens de l'art en cas d'accident ou de maladie : tout cela remplissait l'âme de Boigues d'une sollicitude qui révélait la bonté de son cœur, comme le mouvement de son usine attestait l'activité de son esprit.

Messieurs, le cœur plein des souvenirs que j'ai retracés, et l'âme profondément émue du spectacle que nous avons sous les yeux, voici le toast que je vous propose :

« A la mémoire vénérée de Louis Boigues, député de la Nièvre, fondateur de Fourchambault, ami de l'agriculture, père des ouvriers! »

Nous n'entreprendrons pas de dépeindre l'impression produite par cette éloquente improvisation. L'émotion de l'orateur, entraîné par ses souvenirs d'amitié pour l'homme sur la tombe duquel il déposait un si magnifique hommage, rendait sa parole plus saisissante encore. Tous les yeux étaient, comme les siens, mouillés de larmes, et l'enthousiasme qui a éclaté dans toute cette foule aux dernières paroles de l'orateur, à ce toast sublime de sentiment, est peut-être un des plus doux triomphes que M. Dupin ait jamais rencontrés dans sa longue et glorieuse carrière. (Extrait de l'*Echo de la Nièvre* du 21 septembre 1847.)

## Comice de Clamecy, — tenu a Varzy,

## le 10 septembre 1848.

### *Discours de M. Métairie, vice-président.*

Mes chers concitoyens, il y a neuf ans que notre Comice répand ses encouragements et ses bienfaits sur l'arrondissement de Clamecy. Mais c'est la première fois que la puissante voix du citoyen illustre qui l'a fondé, et qui préside â ses destinées, manque à ses fêtes annuelles. Croyez bien qu'il éprouve un vif regret d'être en ce moment éloigné des ouvriers de l'agriculture, sur le sort desquels il s'est tant de fois ému; de Varzy, son pays natal; de la Nièvre, sa petite patrie. Mais les intérêts de la grande patrie commandaient à votre représentant de rester à son poste, pour répandre dans l'Assemblée nationale, sur la grande œuvre de la Constitution, objet de nos vœux et de nos espérances, son amour de l'ordre et de la liberté, son patriotisme éclairé, les immenses ressources de son esprit et les trésors de son expérience acquise avec éclat dans la triple carrière du barreau, de la magistrature et du parlement.

Entre le jour de notre dernière fête et ce jour, où je viens humblement supporter le fardeau de la vice-présidence, que d'événements politiques se sont accomplis dans le monde! Une révolution profonde a changé la face de la France : les formes républicaines ont remplacé les institutions monarchiques!

L'ère nouvelle ne peut être qu'une ère de salut et de

prospérité pour l'agriculture. Notre jeune République voudra se montrer fidèle aux traditions de son aînée, qui a déployé l'activité et l'énergie de ses plans de campagne à organiser l'agriculture, introduire les nouveaux assolements, les prairies artificielles, l'éducation des bestiaux, ordonner le desséchement général des marais, et décréter l'institution des jardins botaniques, dans tous les chefs-lieux de départements, pour naturaliser les plantes exotiques, former des pépinières d'arbres de toute espèce, et ouvrir des cours d'agriculture à l'usage et à la portée des cultivateurs.

Il semble, Messieurs, qu'il soit de la nature du gouvernement républicain de favoriser l'agriculture, de seconder ses progrès et d'honorer ses travaux, familiers, dans les temps anciens, aux mains qui gagnaient des batailles et tenaient les rênes du gouvernement.

La République, qui sera sans doute la dernière page de la révolution française, est appelée à donner une assistance absolue à l'agriculture, qui est, selon l'orateur romain, ce qu'il y a de plus digne d'occuper un homme libre. La véritable force du pays est dans le développement de cette puissance créatrice, qui fournit à tout l'existence et la vie; de cet art, le premier et le plus fécond de tous, qu'un philosophe de l'antiquité proclamait le père et le nourricier du genre humain.

C'est par l'agriculture aussi, suivant les paroles du ministre des finances à la séance du 13 août dernier, que se sont formées et développées ces populations fortes et énergiques dont le courage a fait de tout temps l'admiration du monde.

A la suite de nos nouvelles institutions, le malaise et la souffrance se sont manifestés dans nos campagnes ; la baisse du prix des céréales, la vente difficile et à bas prix des bestiaux, la rareté du numéraire, l'extinction subite du crédit ont produit une extrême pesanteur dans les affaires et les opérations de l'agriculture. Les difficultés du moment se sont accrues de l'établissement d'un nouvel impôt, que notre département, je le dis à sa gloire, et pour donner la mesure de son dévouement à la chose publique, a déjà en grande partie acquitté.

Mais l'agriculture aura bientôt oublié ses maux, ses plaies seront bientôt fermées, si le gouvernement veut écouter ses vœux et lui accorder, non pas cet appui stérile enseveli dans des actes nombreux de l'autorité publique, mais cette protection ferme, réelle, généreuse et persistante que le bien de l'État réclame et que les sociétés agricoles appellent depuis longtemps de tous leurs efforts.

Que la République entre résolument dans cette voie, qu'elle abandonne le système, si fréquemment suivi, des promesses trompeuses, qu'elle accorde à l'agriculture de franches et loyales sympathies et organise ses moyens d'action, elle se fraiera l'accès de tous les cœurs. Son règne sera béni !

Qu'elle applique aux ouvriers des villes le principe de la fraternité, qu'elle soulage leur misère : mais que ces ouvriers ne soient pas les enfants privilégiés de la patrie ; que son soleil bienfaisant luise aussi pour nos laborieuses populations agricoles ; que les bras vigoureux de l'agriculture ne restent pas oisifs et inoccupés ; que les besoins de ses ouvriers soient étudiés et satisfaits ; que ses invalides soient aussi secourus, et leurs larges poitrines pousseront vers le ciel, avec enthousiasme, de longs cris de reconnaissance et d'amour !

Quel intérêt puissant s'attache, Messieurs, aux habitants des campagnes ! Ils sont au nombre de quinze millions, arrosant la terre de leurs sueurs, et appliqués à remonter vers l'agriculture, cette première source de la richesse des États, suivant Sully, pour en arrêter les pertes, en augmenter et fertiliser le cours.

Ces honorables et utiles travaux s'accomplissent avec résignation et constance ; il semble que les agriculteurs, qui souffrent avec patience les intempéries des saisons et la rigueur des temps, soient mieux préparés à accepter sans murmure le bouleversement et les commotions des États. Leur foi dans la Providence s'élève, de leurs champs, aux hautes régions de la politique, dans lesquelles ils n'apportent pas même cette impatience que l'élu de deux millions de citoyens à l'Assemblée nationale a appelé, dans un récent écrit, la *violence des bonnes intentions.*

Le partage des citoyens en catégories, si funeste à l'application du saint dogme de la fraternité, ne peut s'établir entre eux et répugne à leur raison ; et c'est avec autant d'esprit que de sens que notre président, dans la réunion du Comice agricole de Seine-et-Oise du 4 juin dernier, disait que *les laboureurs du lendemain étaient aussi les laboureurs de la veille.*

Le décret du 25 mai dernier a fait un devoir au Comice de se présenter à l'enquête ouverte sur la question du travail agricole. Une commission, formée dans son sein, a accompli cette mission avec un soin tout religieux. Les intérêts et les besoins des travailleurs de l'agriculture ont été exposés dans un travail confié à la rédaction de M. Rambourg, l'un de vos vice-présidents.

Il n'est pas nécessaire de vous dire que votre Commission ne s'est pas placée à la suite des utopistes et des déclamateurs de notre temps, et que, loin de donner cours à leurs extravagances inouïes et à leurs pensées malfaisantes, elle s'est appliquée à formuler des projets d'amélioration simples, d'une exécution facile et d'un effet certain et immédiat. Vivant au milieu du peuple, habitués à voir couler ses sueurs, témoins de ses souffrances, il nous a été facile d'appliquer un remède à la situation présente.

Si la même position était acquise aux fondateurs des nouvelles écoles, s'ils étaient plus rapprochés des peuples des campagnes, leurs rêves n'auraient peut-être pas éclaté dans le monde, et nous n'aurions pas vu le chef du pouvoir exécutif proclamant l'impuissance de son épée contre de mauvaises doctrines, et venant inviter un corps savant à publier des écrits pour la défense des principes qui servent de règles et de soutiens aux sociétés humaines, et de la religion, que le peuple devrait conserver avec d'autant plus de vénération que ses vérités éternelles portent les insignes de la démocratie.

Personne, parmi nous, ne peut douter des sympathies du pouvoir pour nos travailleurs agricoles et des efforts énergiques qu'il emploiera pour répandre sur leur sort toutes les améliorations qu'il exige.

Pourquoi faut-il que nous ayons à regretter une entreprise, à laquelle le gouvernement paraît prêter son appui, sur la liberté et l'avenir des populations rurales! Les Comices, défenseurs nés de l'agriculture, doivent s'alarmer de l'interdiction du remplacement militaire, que le projet de constitution consacre, et à laquelle il faut espérer que l'Assemblée nationale refusera sa sanction.

Le remplacement militaire, admis en 1789, accueilli par la Convention dans son décret du 24 février 1793, autorisé par le Directoire, dans la loi du 28 germinal an VII, a pénétré profondément dans nos mœurs. En le supprimant, on enlève aux campagnes les jeunes gens au moment où les efforts de leur travail pouvaient leur ouvrir la carrière de l'agriculture; on change, on arrête les vocations, et on augmente cette tendance qui pousse la jeunesse des campagnes dans les villes.

Il répand au milieu du peuple des ressources énormes, dont on ne peut le priver sans porter atteinte à sa liberté et à son indépendance. Chaque année, vingt mille remplaçants entrent dans les rangs de l'armée; ils font passer des caisses du riche dans les mains du pauvre plus de 30 millions par an. Que de vieilles mères secourues, que de familles tirées de la misère, que de soldats revenant à leur charrue, trouvent leur sort adouci avec le prix du remplacement!

Comment pourrait-on croire que son interdiction s'appuie sur la nécessité de raffermir l'ordre et la discipline de l'armée! ce serait fermer les yeux sur les plus belles pages de notre histoire; ce serait oublier que, sous les drapeaux de la République et de l'Empire, les rangs des plus glorieuses armées qui aient jamais combattu dans le monde étaient ouverts aux remplaçants. Espérons donc que la haute raison des représentants de la France préservera les agriculteurs de cette atteinte funeste à leurs intérêts et à leurs droits.

C'est à nos élus, aussi, à placer le berceau de nos institutions nouvelles dans le calme et la paix. Mais il faut que le peuple des campagnes, destiné à servir d'exemple, et peut-être de contre-poids aux populations industrielles, qui, quoique moins nombreuses, pèsent plus que lui sur les affaires et les destinées de la France, vienne en aide à l'Assemblée nationale, en se montrant ami sincère et vrai de l'ordre. Avec l'amour du bien public, avec l'honnêteté et la vertu, véritables ressorts des gouvernements populaires, nous parviendrons à la vraie liberté, à cette République sage, modérée, constitutionnelle, que nos pères n'ont pas connue, malgré les efforts glorieux qu'ils ont faits pour la conquérir.

M. le préfet a pris ensuite la parole.

Après ces discours, accueillis avec faveur par l'Assemsemblée, et terminés par les cris de Vive la République! il a été procédé à la distribution des primes.

Novembre 1848.

En transmettant à M. le préfet les renseignements demandés par le ministre de l'agriculture sur le Comice agricole de Clamecy, M. Dupin, président du Comice, a exprimé le vœu suivant :

« Veiller à ce qu'on n'introduise pas parmi les ouvriers de l'agriculture les doctrines funestes des socialistes, qui ont causé tant de ravages parmi les ouvriers des villes et des manufactures industrielles. Songer à ce que serait une *grève* au temps des semailles ou des moissons dans les travaux de l'agriculture! »

---

### PREMIÈRE ASSEMBLÉE DU COMICE DE SEINE-ET-OISE.

Le dimanche 3 mai 1835.

Le Comice agricole de Seine-et-Oise, dont la réunion était vivement attendue, a tenu sa première assemblée à la ferme de Champagne, près Fromenteau, sous la présidence du comte de Fitte, député, et de M. Aubernon, préfet du département. L'assemblée était nombreuse, et les exercices ont été favorisés par un temps superbe. A cette réunion assistaient tous les riches propriétaires et notables des environs, M. Dupin, président de la chambre, et environ une vingtaine de députés, notamment MM. Piscatory, Jaubert, Vitet, Félix Réal, Demeufve, Allier, Bugeaud, etc.

Après le rapport des divers jurys, la distribution des prix a eu lieu aux domestiques les plus fidèles et les plus intelligents, aux meilleurs bergers, vachers et laboureurs, aux inventeurs de nouvelles charrues et instruments de ferme. A quatre heures, six cents personnes ont pris place à un banquet préparé sous une vaste tente; les personnes qui avaient obtenu des prix en faisaient partie. Trois toast ont été portés :

Le premier, *au roi*, par M. le comte de Fitte;

Le second , *à la prospérité de l'agriculture*, par M. le préfet;

Le troisième, *aux lauréats* qui venaient d'être couronnés, a été porté par M. Vitet, comme représentant M. le ministre du commerce, absent.

Dès que ce toast a été proposé, M. Dupin se lève et dit :

« Messieurs, j'appuie le toast qui vient d'être proposé. Je me félicite d'avoir pu assister avec plusieurs de mes collègues à la première réunion du Comice agricole de Seine-et-Oise. Voilà des assemblées vraiment utiles! (*Acclamations.*) — Voilà des réunions qui portent avec elles un caractère national et patriotique! L'agriculture est la première richesse de la France ; la terre, c'est le sol natal, c'est la patrie! On parle souvent d'égalité : quel plus touchant exemple que celui dont nous venons d'être les témoins! Ce sont ceux qui nous servent, ceux qui partagent nos travaux, à qui nous décernons des couronnes! Honneur à ceux qui les ont méritées! »

Ces paroles ont été accueillies par des vivat unanimes et prolongés. La musique du 43e régiment a exécuté des airs patriotiques, et cette admirable journée s'est terminée par des danses vives et animées. Elle laissera de longs souvenirs dans l'esprit des habitants. (*Constitutionnel* du 5 mai 1835.)

## CONCOURS AGRICOLE DE GRIGNON.

### Le dimanche 7 juin 1835.

Au concours annuel de Grignon se joignait cette année le deuxième concours du Comice agricole de Seine-et-Oise. C'était une solennité ajoutée à une solennité, double intérêt pour les nombreux amis de l'agriculture. Le bruit s'était répandu quelques jours à l'avance que M. le duc d'Orléans, *propriétaire du haras de Meudon*, se rendrait au concours. Il avait annoncé que cette visite lui était d'autant plus agréable à faire, qu'il n'avait point encore eu l'occasion d'assister à aucune de ces fêtes; qu'il portait un intérêt tout particulier à la ferme-modèle de Grignon, et que, comme éleveur de chevaux dans le département, il avait aussi le droit de concourir. M. le duc d'Orléans n'a pas manqué à sa promesse, il est arrivé à Grignon vers midi; reçu par M. Bella, il lui a répondu de la manière la plus affable : qu'il souhaitait que les espérances que lui manifestait l'honorable directeur fussent bientôt réalisées; qu'il était heureux de se trouver au milieu de cette population d'agriculteurs, de ces hommes qui défendent la patrie de leur sang pendant la guerre, et l'enrichissent et la fécondent de leurs travaux pendant la paix. — Le prince s'est ensuite rendu sur le champ du concours, où les laboureurs étaient en train de se disputer le prix d'habileté. Là, il s'est entretenu avec tous ceux qui l'ont approché, préfet, députés, membres du Comice, cultivateurs; puis il est allé visiter l'intérieur de la ferme, accompagné de M. Bella, de M. Dupin aîné, de M. Defitte, président du Comice; de M. le préfet, de M. Piscatory, député, et de diverses notabilités agricoles.

La lutte du labourage avait lieu cette année dans l'intérieur du parc, dans un terrain fortement montueux, dans une terre de peu de consistance, après fourrage vert. Les difficultés du terrain ont servi à montrer combien l'araire, lorsqu'elle est bien conduite, donne moins de tirage aux chevaux que toute autre charrue. Nous disons lorsqu'elle est bien conduite, parce qu'elle pourrait avoir l'effet contraire si le laboureur ne savait pas d'une main intelligente prévenir tout ce qui peut soulager l'attelage. Jusqu'ici les charretiers ont pour ainsi dire refusé de conduire l'araire, et cette espèce de parti pris a forcé les cultivateurs qui ont abandonné leurs anciennes charrues à adopter des charrues à avant-train, modifiées avec intelligence, et tellement stables dans leur mouvement qu'une fois réglées et étrampées au degré convenable, le charretier n'a presque plus besoin de s'en occuper. Parmi ces charrues ainsi modifiées, celle dite *charrue-Pluchet* réunit le plus de partisans. En général, les charretiers de Seine-et-Oise se sont montrés moins intelligents que ceux de Seine-et-Marne. Ils ont trop forcé leurs attelages.

Sur la pelouse du château, du côté de la pièce d'eau, étaient disposées plusieurs tentes, entre autres celle destinée à la distribution des prix. A deux heures le bureau s'y est rendu; la présidence a été offerte à M. le duc d'Orléans ; à sa droite, M. Aubernon, préfet du département; à sa gauche, M. Defitte, président du Comice, et M. Dupin aîné, puis divers membres du bureau.

M. Defitte a ouvert la séance par un discours aussi bien parlé que bien écrit.

M. le duc d'Orléans, qui avait assisté au Comice, voulut décerner lui-même une médaille en son nom.

A son arrivée, il avait été harangué par M. Bella, directeur de l'école de Grignon, auquel il répondit en ces termes :

« Je souhaite que vos espérances se réalisent promptement et c'est parce que j'y compte, que j'ai saisi avec empressement la première occasion qui s'est offerte à moi de visiter le bel établissement qui est confié à vos soins. Je serai heureux de m'y trouver au milieu de cette population d'agriculteurs, que j'honore parce qu'elle est une des gloires de la France qu'elle a défendue de son sang pendant la guerre, et qu'elle enrichit et féconde aujourd'hui par son travail. Je ne suis pas juge compétent pour apprécier les résultats de vos travaux ; mais je saurai les admirer et me réjouir des progrès qui seront constatés par les hommes habiles et éclairés qu'a réunis ici cette solennité.

» Aujourd'hui que la France semble destinée à un avenir de paix et de liberté, c'est sur le développement des ressources qu'elle renferme, et qui s'accroîtront encore par le génie de ses enfants, que doit se fonder sa grandeur toute pacifique ; et l'ambition d'y contribuer pourra peut-être réunir dans un même but tant d'opinions dissidentes !

» Quant à moi, je m'associe de cœur à la pensée qui anime tous les bons citoyens qui m'entourent ; et si je me vois toujours avec un nouveau plaisir au milieu d'eux, c'est que je comprends et que je partage tous leurs sentiments. »

Comme l'année dernière, le banquet avait été préparé dans la grande bergerie artistement décorée de feuillage : à l'une des extrémités, le buste du roi ; à l'autre, le buste du célèbre Thaë. Plus de 500 personnes ont pris part à ce banquet, auquel étaient assis MM. Aubernon, préfet ; Defitte, président du Comice ; Dupin aîné ; Piscatory, député ; des propriétaires, des cultivateurs, et les lauréats du concours. — Jamais peut-être fête agricole ne s'est terminée avec plus de fraternité et d'enthousiasme. M. Defitte a porté le premier toast à S. M. *Louis-Philippe, roi des Francais*. — M. le préfet : *aux progrès agricoles et aux vainqueurs du concours*. — M. Darblay, au nom de l'association de Grignon : *au Comice agricole de Seine-*

*et-Oise et à M. Bella.* — Enfin, M. Dupin : *à M. Defitte, président du Comice de Seine-et-Oise.*

» Le Comice, Messieurs, continue l'honorable président de la chambre des députés, jouit du précieux avantage de tenir cette séance à Grignon, au milieu d'un établissement dirigé avec une parfaite intelligence, et dont les bons préceptes sont justifiés par d'excellents résultats. (Assentiment général.)

» Il importe de le remarquer, Messieurs, un nouveau mouvement est depuis quelque temps imprimé à l'agriculture : cette louable direction des esprits est favorisée par le concours des propriétaires. Tous en effet sont intéressés à voir fructifier l'esprit de perfectionnement. Aussi c'est avec une vive satisfaction que nous avons vu paraître aujourd'hui au milieu de nous le *propriétaire du haras de Meudon*, je ne veux pas le désigner par un autre nom. (Vives acclamations.) — Il a voulu se réunir aux autres propriétaires du département. Il avait destiné une médaille à l'un des prix qui seraient déférés par le jury, et il a donné une nouvelle preuve du bon goût qui le distingue, en la remettant de ses mains à l'un des agents immédiats de la culture qui avait mérité le prix de moralité et de bonne conduite pour 35 ans de services continués dans la même maison. (Nouvelles et plus vives acclamations.)

» J'ajoute une considération : en couronnant le bon serviteur, on couronne aussi le bon maître. Oui, Messieurs, il est impossible de servir pendant si longtemps, et avec tant de zèle, un maître qui, de son côté, n'aurait pas toutes les qualités qui inspirent le zèle et l'attachement. (Ici l'émotion visible de l'orateur est partagée par toute l'assemblée. De longs *bravos* lui donnent le temps de se remettre ; il continue.)

» Le roi, qui sait aussi apprécier la haute importance de l'agriculture, et qui voit en elle la source la plus féconde de la richesse et de la puissance nationale, a voulu marquer l'intérêt qu'il porte à l'institution des Comices agricoles en décernant la décoration de la Légion-d'Honneur à M. le comte Defitte, président de cette assemblée. M. le comte Defitte méritait cette distinction comme député, comme défenseur ferme et éclairé des principes constitutionnels dans la chambre où j'ai l'honneur de siéger avec lui : c'est une justice que j'aime à lui rendre comme collègue, dans une réunion composée de ses concitoyens, de ses électeurs et de ses amis. (Bravos répétés.) — Les députés sont les élus de la population, ils sont les représentants du territoire : à ce titre, c'est à la chambre des députés qu'il appartient surtout d'accorder des encouragements à l'agriculture, et le devoir de ses membres est de propager ces encouragements. L'agriculture est le premier de tous les arts; c'est la plus morale de toutes les occupations. Les laboureurs nourrissent le pays; ils ne sont jamais pour lui un sujet d'alarme ou d'anxiété. (C'est vrai! c'est vrai! Longs applaudissements.)

» Messieurs, je veux encore exprimer une idée : celui qui cultive le mieux la terre est aussi celui qui la défend le mieux. *Les bons laboureurs sont encore les meilleurs soldats* [1]. (Vif mouvement dans la garde nationale rurale, qui compte dans ses rangs un grand nombre d'anciens militaires et dont le commandant, ancien chef de bataillon du 105e, avait 30 ans de services en 1812.)

» Celui qui, dès sa première jeunesse, a couché sur la dure en gardant les troupeaux, ne redoute pas le bivouac. En repoussant l'ennemi, il songe à son village, au champ qu'il a cultivé; et, après avoir fait son temps, il revient arroser de ses sueurs la terre pour laquelle il a versé son sang. Honneur au soldat laboureur! »

Il est difficile de peindre avec quel enthousiasme et quelle unanimité d'acclamations a été accueillie cette chaleureuse improvisation de M. Dupin. (*Echo des Halles et Marchés* du 11 juin 1835.)

Cette improvisation a excité un élan d'enthousiasme impossible à décrire. L'effusion des sentiments que l'orateur venait d'exprimer trouvait une égale sympathie dans tous les convives, et chacun à sa manière l'exprimait par des acclamations. Tous auraient voulu pouvoir manifester à l'honorable président de la chambre l'émotion que ses paroles avaient excitée en eux; mais il y eut encore de la solennité dans ces félicitations bruyantes, malgré tout l'entraînement d'une scène populaire où figuraient les plus riches propriétaires, confondus avec les laboureurs, les bergers, les commis de ferme, la garde nationale et l'af-

[1] Cette phrase a été bien souvent répétée depuis dans les allocutions des autres Comices.

fluence des curieux. Chaque table du banquet envoya quelques convives choquer leurs verres avec le sien. La réponse à ses dernières paroles se lisait dans les regards de ces bons agriculteurs : *Honneur aussi à la probité politique et au courage civique!* (*L'Impartial*, numéro du mercredi 10 juin 1835.)

C'est avec un bien vif plaisir que nous signalons la part active que M. Dupin aîné a prise cette année à tous les concours agricoles des environs de Paris. Elle prouve tout l'intérêt que M. Dupin prend au progrès de l'agriculture. Son exemple, nous en sommes convaincus, aura de nombreux imitateurs, et l'influence de l'opinion de l'honorable président de la chambre ne saurait manquer de servir les intérêts agricoles, plus que ne sauraient le faire les stériles travaux du bureau d'agriculture du ministère du commerce. (*Le Temps* du 10 juin 1835.)

## Comice de Seine-et-Oise.

### Le 21 mai 1837.

Le Comice agricole de Seine-et-Oise a tenu sa quatrième séance le dimanche 21 de ce mois.

La réunion était présidée par le comte Defitte; à côté de lui on remarquait M. Aubernon, pair de France, préfet du département; M. Dupin, président de la Chambre; plusieurs de ses collègues, un grand nombre de riches propriétaires et de gros fermiers. Le temps a été favorable. Les habitants des environs y ont afflué. Le roi avait envoyé 500 francs pour contribuer aux prix, et le ministre de l'agriculture une médaille de 300 francs. On y a vu de superbes taureaux envoyés par M. Picard, des bêtes à laine de la plus belle qualité. Parmi les chevaux, on en distinguait trois de race croisée, provenant des haras de Meudon, appartenant à M. le duc d'Orléans.

Les premiers prix ont été accordés à un vieux charretier qui servait depuis cinquante et un ans dans la même ferme, ensuite aux inventeurs des meilleures charrues et outils aratoires, au plus habile laboureur, etc. Parmi les médailles accordées à ceux qui avaient envoyé des élèves au concours, M. le duc d'Orléans a obtenu la médaille d'or pour ses chevaux qui ont été jugés les plus beaux. Le prince n'étant pas présent, M. le préfet a proposé, de l'avis des membres du Comice, de la remettre à M. le président de la Chambre des députés, qui serait chargé de la présenter au prince : « Volontiers, dit M. Dupin, et je suis persuadé » que le prince royal sera charmé d'avoir obtenu cette mé- » daille *par le suffrage libre de ses concitoyens*, dans un » concours qui a vu couronner des laboureurs, des agrono- » mes distingués et des hommes recommandables entre tous, » pour leur assiduité au travail et leur excellente mora- » lité. » Ces paroles ont été couvertes des acclamations de l'auditoire.

Au banquet, qui comptait près de trois cents couverts, des toasts ont été portés au roi, au duc d'Orléans, aux lauréats qui avaient obtenu des prix ; et des discours prononcés par le comte Defitte, le préfet de Seine-et-Oise, le baron Lepeletier-d'Aunay, député de l'arrondissement de Rambouillet, et par le président de la Chambre des députés.

Un bal champêtre a achevé dans la joie cette journée dont le souvenir vivra longtemps dans la contrée.

Le lendemain, 22 mai, M. Dupin, de retour à Paris, a eu l'honneur de remettre la médaille au prince, qui l'a reçue avec plaisir et s'est réservé d'écrire au président du Comice.

## Fête des Bergeries de Sénart.

Le dimanche 17 juin 1838.

Nous venons d'assister à une belle solennité agricole. La réunion la plus brillante, présidée par S. A. R. Mgr le duc d'Orléans, a célébré la fête champêtre des Bergeries de Sénart, qui avait été annoncée pour aujourd'hui dimanche 17 juin. Le plus beau temps favorisait le concours des charrues, organisé par les soins du Comice agricole de Seine-et-Oise, et l'expérience publique de divers autres instruments aratoires. M. Aubernon, préfet de Versailles, avait présidé aux préparatifs de la fête. Des notabilités de tous les genres s'y faisaient remarquer. Pour donner une idée de tout l'éclat de cette réunion, il nous suffira de dire que huit à dix mille personnes, arrivant de Paris et de tous les points des départements circonvoisins, s'étaient pour ainsi dire donné rendez-vous dans la même plaine. Une quantité prodigieuse de voitures et de chariots obstruait presque les avenues. On comptait, au nombre des personnes qui venaient par leur présence ennoblir la simplicité des tentes dressées au milieu des champs, M. le ministre du commerce et de l'agriculture, M. le ministre de l'instruction publique, M. Dupin, président de la Chambre des députés; M. le grand référendaire de la Chambre des pairs, M. de Saint-Aulaire, M. le général Bugeaud, une foule de pairs de France, de députés, etc. Le prince royal surtout, par son empressement à se mêler à tous les groupes, qui se livraient sans contrainte aux manifestations d'une émotion réelle, donnait l'élan à la fête et prodiguait aux plus humbles cultivateurs des encouragements dont ces campagnes conserveront longtemps le souvenir.

L'arrivée de S. A. R. aux approches de Sénart a été annoncée par plusieurs salves d'artillerie. A midi, le prince, accompagné de ses aides-de-camp, était reçu à la ferme royale des Bergeries par M. Camille Beauvais, qui était presque le héros de la fête. — On connaît les importants travaux de M. Camille Beauvais, et surtout les succès merveilleux qu'il obtint, dans cette partie de la France, pour l'éducation des vers à soie. Mgr le duc d'Orléans a voulu visiter les magnaneries. Il a particulièrement insisté pour examiner le produit des œufs récemment envoyés de la Chine par M. Hébert, commissionné par le gouvernement. — Après cette visite longue et minutieuse, qui prouve que le prince s'intéresse d'une manière toute spéciale aux développements de cette industrie, il a quitté les Bergeries pour se rendre sur le théâtre des autres expériences. Là S. A. a présidé aux divers concours qui avaient pour but de démontrer l'excellence d'un grand nombre de procédés agricoles plus ou moins perfectionnés. L'amélioration des différentes races de bestiaux, l'invention d'une machine à battre le grain, l'essai de nombreuses espèces de charrues ont successivement fixé son attention.

Le comité s'étant enfin réuni sous une même tente pour décerner les prix, il s'est formé une sorte de séance à la fois simple et imposante, qui a été ouverte par un discours de M. Aubernon, préfet. M. Martin (du Nord) a pris ensuite la parole et a montré la haute importance des comices agricoles dans toute l'étendue de la France. M. le comte Defitte, député de Seine-et-Oise, a prononcé aussi, d'une voix ferme et avec un accent pathétique, un discours qui a produit une vive impression sur l'auditoire. Le nom de

M. Camille Beauvais a été constamment répété avec le même concert d'éloges ; puis il s'est encore retrouvé au nombre de ceux dont on a fait l'appel à la distribution des médailles et des différents prix. M. le duc d'Orléans a saisi cette occasion pour prendre à son tour la parole : « Je m'associe bien volontiers, a-t-il dit, au jugement porté en faveur de M. Camille Beauvais par le Comice agricole de Seine-et-Oise, jugement d'ailleurs ratifié depuis longtemps par l'opinion publique. Je me rends ici l'interprète des sentiments de toute l'assemblée en félicitant ce savant modeste et désintéressé des succès qu'il a obtenus jusqu'ici, et en émettant le vœu qu'il en obtienne à l'avenir de plus importants encore. »

L'éclat inattendu de cette réunion lui donne un caractère que nous aimerions à retrouver souvent dans les solennités publiques.

Après le dîner, des toasts ont été portés,

M. M. Aubernon, — préfet ;

M. M. le comte Defitte, — président du Comice ;

Le *Le président de la Chambre des députés.*

Les discours n'ont pas été recueillis.

Voyez le *Journal de Paris* du lundi 18 juin 1838.

## COMICE DE SEINE-ET-OISE, — A LA MÉNAGERIE.

### Le dimanche 3 juin 1839.

Le concours du Comice agricole de Seine-et-Oise a eu lieu le dimanche 3 juin 1839, à la ferme de la Ménagerie, près Versailles, sous la présidence de M. Defitte, président du Comice, et en présence de M. Cunin-Gridaine, ministre du commerce ; de M. Aubernon, préfet de Seine-et-Oise, et d'un immense concours de citoyens. Le prince royal, qui est membre du Comice, comme propriétaire du haras de Meudon, a voulu aussi assister à cette séance, dont il a fait la présidence d'honneur. Son Altesse Royale, en décernant le premier prix de moralité, a remis lui-même la médaille au brave homme désigné par le suffrage du [illegible], et a déclaré ajouter 300 fr. au prix décerné par le Comice. D'autres prix, en grand nombre, ont été accordés aux différents agents de la culture : laboureurs, bergers, charretiers, commis de ferme ; aux inventeurs de machines et instruments aratoires et aux éleveurs de troupeaux. Parmi ces derniers on a entendu avec plaisir citer le duc de Mortemart, qui avait envoyé au Comice deux jeunes vaches suisses d'une grande beauté. Le noble pair, qui était modestement dans la foule, assis sur une banquette, s'est levé et est allé au bureau recevoir sa médaille au milieu des applaudissements de l'assemblée et au bruit des fanfares du 4e régiment des lanciers.

Le banquet, préparé sous une vaste tente, réunissait plus de cinq cents convives. Des toasts ont été portés, par M. le comte Defitte, *au roi et au prince royal;* par M. le préfet, *à l'agriculture.*

M. Dupin, député de la Nièvre, ancien président de la Chambre, qui assistait au banquet avec son collègue, M. Félix Réal, et plusieurs autres députés, ayant été chargé de porter un toast en l'honneur du Comice, a pris la parole et s'est exprimé en ces termes :

« Messieurs, j'ai l'honneur de vous proposer un toast en l'honneur du Comice agricole de Seine-et-Oise.

» L'utilité des comices se fait sentir chaque jour davantage, et j'espère qu'avant peu il n'y aura pas de département qui ne tienne à honneur d'avoir le sien. Ces établissements, en effet, ne sont pas seulement un excellent moyen d'émulation, pour entretenir le goût de l'agriculture, détruire les mauvaises routines, propager les meilleures méthodes, récompenser les bons services et les bonnes actions : ce concours des principaux propriétaires et fermiers est aussi pour l'agriculture un puissant moyen de défense et de protection.

» L'agriculture a, je ne dirai pas des ennemis (elle ne peut pas en avoir), mais des adversaires et des rivaux. Elle a certainement besoin du commerce; sans lui elle languirait : le commerce aussi a besoin de l'agriculture, puisqu'elle lui fournit des moyens d'échange et des matières premières indispensables pour alimenter les diverses fabrications. Mais il est des circonstances où leurs intérêts semblent opposés et difficiles à concilier, et où la lutte devient inévitable.

» Ils ont aussi à redouter un ennemi commun, une espèce de docteurs qui, si l'on s'en rapportait à leurs théories, ruineraient à la fois le commerce et l'agriculture par ce peu de mots : *Laissez faire et laissez passer.*

» Laissez passer inconsidérément les produits bruts ou fabriqués venant de l'étranger, supprimez brusquement les droits sagement protecteurs, et vous verrez ce qui arrivera.

» Otez les droits sur l'entrée des bestiaux étrangers, et je vous demande si l'agriculture n'en éprouvera pas immédiatement le contre-coup?

» Otez les droits sur les laines étrangères, et je vous demande si vous continuerez à élever ces magnifiques troupeaux qui, depuis quelques années, décorent et fécondent nos campagnes?

» Laissez entrer sans précaution les fils de lin de l'Angleterre et de la Belgique, et je vous demande encore si la culture du lin en France ne tombera pas à l'instant?

» Laissez entrer en franchise les fontes et les fers, sous prétexte que vous payerez quelques sous de moins pour un soc de charrue, et vous tuez nos forges nationales, et vous réduisez de moitié la valeur des bois qui les alimentent, et qui sont aussi l'une des richesses de notre sol, et l'un des éléments de notre puissance nationale.

» Enfin, que l'on favorise inconsidérément l'introduction des sucres coloniaux, ou (ce qui produirait le même effet) que l'on surcharge outre mesure par des droits nouveaux la fabrication du sucre indigène, je vous le demande, n'est-ce pas décourager la culture de la betterave et détruire chez nous une foule d'établissements qui s'élèvent de toutes parts et qui marchent à une grande prospérité?

» On dira que l'agriculture est exigeante! mais proposez au commerce, à son tour, de supprimer les droits protecteurs, non plus seulement sur les matières premières, mais sur les objets fabriqués; proposez de supprimer les droits sur les toiles de coton et sur les autres tissus, et vous entendrez pousser des clameurs redoutables dans l'enceinte des villes manufacturières: tandis que les plaintes solitaires du laboureur ne se font guère entendre que dans l'isolement des campagnes.

» Et cependant, Messieurs, il y a en tout un juste milieu. Il faut une protection au commerce; il en faut une aussi à l'agriculture : seulement il la faut modérée, et calculée de manière à ne décourager ni la fabrique ni la production. Des droits trop forts sur les produits étrangers détruisent l'émulation à l'intérieur, amènent l'engourdissement, et causeraient, sur un grand nombre d'articles, un renchérissement préjudiciable au consommateur, qui mérite aussi qu'on s'occupe de lui; car enfin, ce consommateur, c'est la société entière, c'est nous tous.

» Ainsi, il ne faut rien d'exclusif: il faut, non pas sacrifier un intérêt à un autre, mais chercher les moyens les plus équitables de les concilier tous. C'est là le devoir du gouvernement, c'est le soin du législateur, c'est celui des hommes qui, comme moi, ne tiennent pas la charrue, mais qui l'aiment et qui l'honorent, et qui appliquent leur intelligence à la protéger par de bonnes lois. »

Ce discours, fréquemment interrompu par de vives marques d'approbation, a été couvert à la fin par d'unanimes applaudissements.

## COMICE AGRICOLE DE SEINE-ET-OISE.

### *Assemblée tenue à la ferme de Volleran, près Louvres, arrondissement de Pontoise.*

Le 24 mai 1840.

*Toast porté par M. Dupin.*

Messieurs, je viens vous proposer un toast en l'honneur du Comice agricole de Seine-et-Oise et des lauréats auxquels vous avez décerné des médailles et des prix.

Déjà plusieurs fois, Messieurs, il m'a été donné d'exprimer publiquement mon estime pour le Comice agricole de Seine-et-Oise, et je vous dois des remercîments pour la bienveillance avec laquelle vous avez toujours accueilli mes paroles.

Votre Comice est un des premiers qui ont été institués; il a servi de modèle aux autres, notamment à celui dont j'ai provoqué la formation dans mon département. Seine-et-Oise était digne de donner l'impulsion et de servir d'exemple, par le nombre, la qualité et l'expérience de ses membres. Nul autre ne compte plus de grands propriétaires et de riches fermiers qui ne craignent pas de confier leurs avances à la terre, et de se livrer à d'utiles innovations.

Votre Comice a aussi le bonheur de voir à sa tête un

homme excellent, le comte Defitte, qui se recommande à la fois par son dévouement et par son expérience.

Il n'y a pas de député plus ardent que lui pour les intérêts de l'agriculture. Dès qu'ils sont mis en question, on le voit demander la parole et s'élancer à la tribune comme pour un fait personnel. (*Applaudissements.*)

Dans le cours de la session actuelle, il a eu plus d'une occasion de signaler son zèle. Cette année, assurément, a été peu favorable pour les fermiers et les nourrisseurs. La rareté des fourrages en a doublé le prix : et c'est quand on vendait à peine les bestiaux ce qu'ils avaient coûté à nourrir, qu'on proposait cependant de livrer notre commerce à la concurrence des bestiaux étrangers. Heureusement cette demande désastreuse a été rejetée par la chambre, à une très grande majorité. (*Vives acclamations.*)

Une autre attaque, dirigée contre le sucre indigène, menaçait à la fois l'agriculture dans l'un de ses plus riches produits, et notre fabrique nationale dans une industrie élevée par une longue suite d'essais et de sacrifices. Les efforts de ceux qui ont défendu cette cause vraiment nationale, n'ont pas eu tout le succès qu'on pouvait en attendre; des droits trop élevés peut-être ont été imposés au sucre indigène : mais au moins nous avons échappé au plus grand danger : notre sol, le sol français, n'a pas eu l'humiliation de s'entendre dire : *Tu cesseras de produire;* et notre industrie n'a pas eu la honte de s'entendre dire : *Tu cesseras de fabriquer.* (*Applaudissements prolongés.*)

Messieurs, votre comice jouit encore d'un immense avantage. Il possède sur son territoire la première et la plus célèbre de nos écoles d'agriculture : celle de Grignon. Grâce à l'habile direction sous laquelle elle est placée, d'excellents élèves sont formés chaque jour. Les élèves sont à proprement parler les officiers de l'agriculture, les chefs prédestinés de la population agricole; leur mission est de propager les meilleures méthodes dans les rangs des fermiers et des laboureurs, et de porter dans toutes les parties de la France la renommée de leur école et l'excellence de ses procédés.

Ceux d'entre eux que vous venez de couronner; les autres lauréats que vos récompenses ont été chercher dans toutes les classes appelées à votre concours, attestent le progrès de la moralité parmi les agents de la culture, l'habileté de vos laboureurs, l'intelligence de ceux qui se livrent à l'éducation des troupeaux, l'instruction supérieure de ceux d'entre vous qui sont placés à la tête des exploitations.

Voilà, Messieurs, le contingent de votre comice, dans les progrès de l'agriculture de France! vous devez en être fiers! Honneur au comice agricole de Seine-et-Oise!

*(Des applaudissements unanimes et prolongés ont suivi cette chaleureuse improvisation.)*

## COMICE AGRICOLE DE SEINE-ET-OISE.

Le 2 juin 1844.

*Toast porté par M. Dupin.*

« De près comme de loin nous aimons à suivre dans leurs actes publics tous ceux de nos compatriotes qui honorent justement le département auquel ils appartiennent; et dans ce nombre, personne dans la Nièvre ne disputera la première place à M. Dupin. C'est à ce titre que nous recueillons encore aujourd'hui le discours suivant, très-remarquable, que l'honorable président du comice de Clamecy a prononcé le 2 juin au comice agricole de Seine-et-Oise. » (*Echo de la Nièvre.*)

« Messieurs, en me chargeant de porter un toast *aux lauréats du comice*, votre bureau me confie une mission agréable mais rendue difficile par les discours que vous venez d'entendre, et auxquels vous avez justement applaudi. Depuis longtemps, Messieurs, les comices agricoles m'ont paru dignes d'une véritable estime; ils ont rendu les plus grands services à l'agriculture; ils l'ont mise en relief et en honneur; c'est en effet l'art le plus utile, c'est la source la plus pure du bien-être et de la richesse nationale; elle entretient parmi le peuple le goût du travail et des habitudes de moralité au sein de la famille.

» Il n'y a que deux jours, aux funérailles d'un homme qui vivra longtemps dans les bons souvenirs populaires, un orateur[1], s'adressant aux groupes nombreux qui se

[1] M. Garnier-Pagès sur la tombe de Jacques Laffitte.

pressaient autour de la tombe, s'écriait d'une voix éclatante : « ..... Nous ne voulons pas détruire, nous vou- » lons organiser le travail; nous ne voulons pas arrêter » le développement de la richesse nationale, mais nous » voulons qu'elle soit équitablement répartie. » Ces paroles excitèrent les acclamations de la foule! Qui ne sourit en effet à cette idée d'une meilleure répartition des richesses, surtout parmi ceux qui ne possèdent rien? Mais il ne faut pas se faire illusion ; et puisqu'en effet on ne veut, dit-on, rien prendre à ceux qui possèdent pour en gratifier ceux qui n'ont rien, il est bon de considérer un peu comment les choses se passent dans la société. — Ne voyons-nous pas chaque jour la richesse changer de mains et passer de l'un à l'autre? Ce que l'oisiveté et la mauvaise conduite dissipent ou laissent échapper, n'est-il pas aussitôt recueilli par l'homme laborieux et économe? Eh bien! n'est ce point là, je vous le demande, la plus naturelle et la plus équitable des répartitions? *(Oui! oui! Applaudissements.)*—On parle d'organiser le travail! mais une grande ferme, une grande exploitation n'offre-t-elle pas le modèle le plus parfait de cette organisation? Là, rien n'est oisif, chacun a son occupation tracée selon le genre de travail auquel il est propre, depuis le propriétaire ou fermier qui commande, jusqu'au moindre serviteur de la maison. Ainsi l'agriculture est à la fois une école de travail, de bon ordre et de moralité.

» Le travail, Messieurs, c'est la vraie source du bien-être et de la fortune; dans chaque ferme, chaque maison des champs, on devrait apprendre à tous les enfants, à mesure que leur intelligence est en état de le comprendre, cette fable que le bon La Fontaine a tracée pour eux. Un laboureur sentant sa fin prochaine fit appeler ses enfants, et après avoir éloigné les témoins, comme s'il voulait leur confier un secret important, il leur dit : Je vais mourir, mais après moi gardez-vous de vendre l'héritage de nos parents, il renferme un trésor; je ne puis vous dire précisément l'endroit; mais cherchez bien, fouillez d'un bout à l'autre, et vous le trouverez certainement. Après la mort du père, les enfants se mirent à retourner le champ, à le bêcher en tous sens, ils ne trouvèrent pas d'or; et désespérant d'en découvrir, ils ensemencèrent la terre qu'ils avaient si bien remuée. Dans un champ ainsi manœuvré la récolte fut superbe, et les propriétaires comprirent alors que le travail est un trésor. Or, c'est précisément ce que leur père avait voulu leur faire entendre. (*Applaudissements.*)

» Oui, Messieurs, le travail qui produit, l'intelligence qui crée, l'économie qui accumule, l'ordre qui conserve, tels sont les véritables moyens qui, dans tous les temps, ont conduit à la fortune; aussi, c'est à ces qualités que nous venons rendre hommage, ce sont elles que nous voulons encourager en les récompensant. Honneur à vos lauréats! à ces grands propriétaires qui, au lieu d'être les percepteurs inertes de leurs revenus, s'associent à la direction même des travaux! honneur à ces fils de grande famille[1] qui trop souvent ne semblent nés que pour consommer les fruits et qui parmi vous prouvent, par d'utiles exemples, qu'ils savent aussi produire et améliorer! honneur à ces laboureurs dont le bras puissant a tracé sous vos yeux des sillons aussi réguliers que profonds! honneur aux agents de la culture, à ces domestiques fidèles et constants dont les longs et loyaux services honorent les maîtres autant que les serviteurs! Aux lauréats du comice! » (*Applaudissements unanimes et prolongés.*)

## COMICE DE SEINE-ET-OISE, — TENU A GRIGNON.

### Le 25 mai 1845.

Hier, dimanche 25, le Comice agricole de Seine-et-Oise a tenu sa séance à Grignon. Le temps a favorisé la fête : l'assemblée était brillante et nombreuse. S. A. R. M. le duc de Nemours y était attendu, et y est arrivé de bonne heure. On remarquait aussi plusieurs pairs de France, et parmi eux M. le duc de Mortemart et M. le duc Decazes, des députés en assez grand nombre, MM. Lepeletier d'Aulnay, Vivien, Dupin, Lafon, Courtais, Glais-Bizoin et Dumeufve; puis encore M. le baron James de Rothschild, les jeunes Egyptiens avec leurs professeurs, et de nombreux membres des Sociétés Agricoles de France. On a procédé à la visite des bestiaux. Il y avait de superbe bétail, des moutons de Dishley portant les plus belles toisons, un assez grand nombre de jeunes poulains de race

[1] Le prince de Wagram a obtenu un prix au Comice.

croisée. M. le duc de Nemours a visité tout en détail avec la plus grande attention, donnant à propos des éloges aux éleveurs, et montrant qu'il connaissait surtout les qualités qui distinguent les meilleures races de chevaux. Il a donné une grande attention au travail des charrues et à la féculerie de pommes de terre attachée à l'Ecole, enfin à l'Ecole elle-même, sur laquelle il a pris beaucoup de renseignements.

A deux heures, on s'est rendu sous la tente préparée pour la distribution des prix. M. le duc de Nemours occupait le fauteuil, ayant à sa droite le préfet de Seine-et-Oise, et à sa gauche M. Darblay, président du Comice. Après un discours de M. Aubernon, M. Darblay a présenté les excuses de M. le ministre du commerce, retenu chez lui pour cause de maladie. On a ensuite procédé à la distribution des prix. La première médaille attachée au prix de moralité a été décernée par M. le duc de Nemours, qui a pris la parole, et dans une allocution fort courte, mais empreinte de dignité et de bienveillance, s'est félicité d'avoir pu cette fois assister à une réunion dont le but est si utile et si digne d'encouragement. S. A. R. s'est exprimée en ces termes :

« Messieurs, au moment de remettre moi-même à l'un de vos élus le prix que votre justice lui a décerné, je ne puis m'empêcher d'ajouter quelques mots sur une cérémonie aussi noble que touchante.

» L'agriculture est le premier des arts; ses résultats sont des bienfaits, et sa pratique est presque une vertu. Le nom même du travail, cette grande loi de la nature et des sociétés, lui appartient comme sorti de son vocabulaire. Laboureur et travailleur sont synonymes, et c'est ainsi, Messieurs, que vous marchez en tête de cette glorieuse phalange amie de la paix, à qui tous les progrès pacifiques appartiennent!

» Soyez donc loués entre tous, et entre tous heureux par le succès de vos efforts! C'est un de mes vœux les plus chers, et je me réjouis de me trouver aujourd'hui au milieu de vous tous pour assister à la distribution de ces récompenses que la société vous doit, et que vous savez si bien lui rendre. »

Ce noble langage a été accueilli par des acclamations unanimes.

Un épisode assez singulier est venu égayer l'assemblée. La reine Marie-Christine a obtenu une médaille et un prix pour l'exploitation qu'elle a établie dans sa terre de la Malmaison. M. le président Darblay a fait remarquer que cette fois Sa Majesté était couronnée, non comme reine, mais comme *cultivatrice*.

Le prince s'est retiré à quatre heures. Un banquet de six cents couverts était préparé sous une tente immense, et ce nombre n'a pu suffire pour tous ceux qui auraient voulu y prendre part.

Quatre toasts ont été portés.

Le premier, *au Roi!* par M. Darblay, a été dignement proposé et vivement accueilli.

Le second, par M. le préfet de Seine-et-Oise *à l'Agriculture!*

Le troisième, par un membre du Comice, *aux Sociétés Agricoles!* en y comprenant le Congrès central.

M. Dupin, invité par M. le président a porter la santé des lauréats, s'est exprimé en ces termes :

« Messieurs, il y a dix ans j'assistai pour la première fois à la réunion de votre Comice, et j'eus l'honneur de vous adresser quelques paroles qui furent accueillies avec une bienveillance dont j'ai gardé le souvenir. Les Comices ne faisaient alors que de naître : celui de Seine-et-Oise a eu le mérite de servir de modèle aux autres, et il a su conserver sa supériorité. Il le doit au bon esprit des grands propriétaires de ce département. Ils ont compris qu'il était de leur intérêt, non-seulement d'encourager des efforts qui devaient agmenter la valeur de leurs propriétés, mais de mériter l'estime et l'amitié de leurs concitoyens en se montrant jaloux d'honorer l'agriculture et de récompenser ses meilleurs agents. Votre Comice a surtout montré son discernement dans le choix de ses présidents, en mettant à sa tête des hommes amis de l'agriculture et aimés des agriculteurs, des hommes tels que M. Defitte, vous vous en souvenez (Oui! oui!), et M. Darblay, doués de mœurs simples et d'un esprit distingué, qui savent également défendre les intérêts et retenir les cœurs, soutenir les droits de l'agriculture à la tribune, et présider à ses fêtes avec autant de politesse que de cordialité. (*Vifs applaudissements.*)

» Vous devez au voisinage de la capitale de voir augmenter l'éclat de vos concours par d'illustres visiteurs, des pairs de France, des députés, représentants zélés des intérêts du pays, et qui, pour protéger et encourager le premier de tous, celui de l'agriculture, se sont toujours trouvés d'accord. Les princes eux-mêmes apprennent et comprennent que s'ils veulent être aimés de la nation, il faut se rapprocher d'elle, se mêler aux populations et montrer qu'on s'intéresse au bien-être du peuple, que l'on honore ses travaux. (*Applaudissements prolongés.*)

» Les progrès de l'agriculture, vivement secondés par l'action des Comices, se personnifient dans les lauréats auxquels vous décernez vos récompenses. Ces médailles, ces prix, ces livrets de caisse d'épargne que vous leur donnez, attestent à la fois la moralité des agents de l'agriculture, et leur intelligence, soit dans la culture même de la terre, soit dans l'éducation des animaux nécessaires à son action et dans le perfectionnement des races confié à l'industrie privée. Parmi ces lauréats figurent plusieurs élèves de cette Ecole célèbre que Grignon possède et qui est une des richesses de votre beau département; cette Ecole dont le but essentiellement utile consiste surtout à joindre les exemples aux préceptes, la pratique à la théorie, afin de n'offrir que des résultats avérés, que des faits bien constatés, des méthodes suffisamment éprouvées, qui épargnent aux autres agriculteurs des expériences téméraires et des essais ruineux. (*Vive approbation.*)

» A côté de ces encouragements viennent encore se placer d'autres institutions. Le concours ouvert à Poissy à tous les éleveurs de France est devenu, à ses premiers débuts, le principe de l'émulation la plus louable et la plus active. Enfin je veux dire un mot du Congrès Agricole, objet de beaucoup d'espérances, mais aussi de quelques préventions!... Ce Congrès, en offrant un plus grand concours de lumières et la réunion de plus nombreux efforts, peut être réellement utile à l'agriculture et lui préparer une puissante protection, à cette condition toutefois (essentielle pour ne point inquiéter les pouvoirs publics) de se renfermer sévèrement dans les questions qui sont particulièrement de son ressort.

» Messieurs, je porte la santé de vos lauréats! » (*Applaudissements et vivat.*)

COMICE DE SEINE-ET-OISE, — A OSNY PRÈS PONTOISE.

*Présidence de M. Darblay. — Présence du duc de Nemours.*

Le 31 mai 1846.

*Discours de M. Dupin.*

« Messieurs, en me retrouvant aujourd'hui au milieu du Comice que préside avec tant de dévouement l'honorable M. Darblay, je dois, avant tout, le remercier de ce qu'il a bien voulu l'an dernier venir visiter le Comice de l'arrondissement de Clamecy, ce Comice à qui le vôtre a servi de modèle, et qui, marchant sur vos traces, a mérité que votre président avouât la supériorité de nos bestiaux sur ceux que nourrit votre contrée.

» Ainsi le progrès est partout, dans les départements éloignés aussi bien qu'aux portes de la capitale. L'agriculture est vraiment en faveur; elle reçoit des encouragements de toutes parts : les princes ne dédaignent pas de prendre part à vos réunions, et vous les accueillez en proportion de l'intérêt et de l'estime qu'ils accordent à vos travaux (*Applaudissements.*)

» Le roi, qui veut seconder ce mouvement, va fonder à Saint-Cloud un haras-modèle, où se verront les magnifiques chevaux dont l'Égypte vient de nous gratifier, et l'on pourra bientôt admirer les étalons de cette race arabe primitive, que l'iman de Mascate envoie au roi des Français, dans cet établissement vraiment royal par sa fondation et qui, par son utilité, deviendra national. (*Applaudissements.* Cris de : *Vive le roi !*)

» Mais, Messieurs, à côté des progrès de l'agriculture, et pour mieux les assurer, elle doit aussi songer à se défendre contre les rivalités, les agressions, les fausses théories qui la menacent, de la part d'orateurs et d'écrivains économistes, *à qui cela ne coûte rien* (*mouvement d'hilarité*) : car j'en connais plusieurs et des plus ardents qui ne possèdent pas un arpent de terre (*nouveaux rires*).

» Oui, Messieurs, les novateurs ne manqueront pas qui, dès l'année prochaine, essaieront, au nom du faux principe d'une liberté indéfinie du commerce et des échanges, de détruire et non pas seulement de modérer la protection à l'ombre de laquelle plusieurs de nos productions indigènes et de nos principales industries ont grandi et prospéré, et sans laquelle, si on la leur retirait tout à coup, elles pourraient bientôt décroître et tomber en décadence.

» Ce sera, soyez-en sûrs, une lutte obstinée et difficile à soutenir; il faut s'y préparer. Mais déjà le ministre de l'agriculture, qui est aussi celui du commerce, a fait la part de l'un et de l'autre et signalé avec sagacité l'abus et le danger des nouvelles doctrines prêchées à cet égard par les *missionnaires du commerce anglais :* et s'il a besoin d'être appuyé dans sa résistance, le concours des hommes éclairés, amis de l'agriculture et de la France, ne lui manquera pas pour combattre cette nouvelle espèce de charançons; il peut y compter (voix nombreuses : *Oui! oui!*).

» En attendant, Messieurs, jouissons des avantages dont nous sommes en possession; continuons d'augmenter et d'améliorer nos produits, et de suivre l'exemple de cet agriculteur modèle [1], à qui vous avez décerné un prix pour avoir, sur un domaine faible en étendue, tellement perfectionné sa culture et disposé ses assolements avec tant d'habileté, que sa terre lui rapporte trois fois plus que ne font celles de ses voisins réputés les plus exercés.

» Honneur à cet homme modèle qui, s'il dépendait de moi, obtiendrait une récompense plus éclatante encore! Honneur à vos lauréats, dont je vous propose de porter la santé! Aux lauréats du Comice! » (*Applaudissements prolongés.*)

## COMICE DE SEINE-ET-OISE, — A SOINDRES, PRÈS MANTES, le 30 mai 1847.

(*Extrait du journal* la Presse *du 2 juin.*)

Les Comices agricoles acquièrent une nouvelle importance dans les circonstances actuelles. Celui de Seine-et-Oise, qui compte déjà dix années d'existence, s'est réuni le dimanche 30 mai, près de la petite ville de Mantes, surnommée *Mantes-la-Jolie*, et qui semble en effet bien digne de ce nom par sa gracieuse situation en amphithéâtre au bord de la Seine. En face, se trouve une vaste plaine, couronnée par de riants coteaux, couverts aujourd'hui, sur

[1] Le sieur Hamelin.

leurs flancs et jusqu'à leur sommet, des produits variés de la plus riche culture, qui promettent une abondante récolte en tout genre. L'assemblée était nombreuse; on évaluait à plus de dix mille le nombre des curieux réunis sur le plateau de Soindres, dépendant d'une ferme appartenant à M. le baron Magnanville. M. le duc de Nemours, arrivé à midi et demi, a été reçu par M. Darblay, député, président du Comice, et M. Aubernon, préfet de Seine-et-Oise. Là aussi se trouvaient M. Dupin et plusieurs autres membres de la Chambre des députés et un grand nombre de riches propriétaires et fermiers, dont plusieurs appartenaient aux départements circonvoisins, qui tous s'accordaient à rendre témoignage des belles apparences des récoltes dans leurs différentes contrées.

Après la visite des bestiaux et des chevaux, auxquels le prince a particulièrement accordé son attention, on s'est rendu sous une immense tente, où sur des banquettes disposées en amphithéâtre pouvaient tenir assis plus de mille spectateurs. M. Darblay, président du Comice, a ouvert la séance par un discours concis, parfaitement approprié à la circonstance, et qui a été très-bien accueilli. On a ensuite procédé à la distribution des prix. En décernant le premier prix, accordé à la bonne conduite et aux services d'un vieux domestique de ferme, M. le duc de Nemours s'est levé et a adressé à l'assemblée une courte allocution pleine de convenance et de dignité, où il a exprimé toutes ses sympathies pour l'agriculture, pour ses souffrances, mais aussi pour les services qu'elle rend au pays et les espérances qui s'attachent au résultat de ses travaux. L'accueil fait à ces paroles du prince a dû le convaincre que l'assemblée appréciait ses nobles sentiments et lui savait gré de sa visite. Au moment où il est monté en voiture, il a été salué par de vives acclamations.

Au banquet, où se trouvaient dressés six rangs de tables de cent couverts chacune, des toasts ont été portés : *au roi*, par M. Darblay; *à l'agriculture*, par M. Aubernon; *aux sociétés d'agriculture*, par M. Barre, ancien député; et enfin *aux lauréats du Comice*, par M. Dupin. Ce discours populaire a vivement ému l'assemblée; nous en reproduisons le texte.

*Toast porté par M. Dupin.*

« Messieurs, comme membre adoptif du Comice de Seine-et-Oise, j'ai l'honneur de vous proposer un toast *aux lauréats de ce Comice!* — En aucun temps, Messieurs, les agents de la culture n'ont mieux mérité vos récompenses et vos encouragements : c'est à eux, c'est à leurs travaux, dirigés par des maîtres habiles et intelligents, que nous devons le magnifique spectacle que vos campagnes déroulent aujourd'hui sous nos yeux, et l'espérance prochaine d'une récolte dont l'abondance doit mettre un terme aux angoisses de notre situation actuelle.

» Le caractère propre de l'agriculture est de donner à ceux qui la pratiquent de la patience, de la résignation et de la constance. Le grain qu'il avait semé ne lève pas : le laboureur se hâte de demander autre chose à la terre. La récolte, prête à être recueillie, lui échappe par l'intempérie des saisons : au lieu de troubler la tranquillité de son pays par des émeutes et de s'en prendre au gouvernement qui n'en peut mais, le cultivateur subit sa perte en silence, il retourne patiemment la motte de son champ, lui confie une semence nouvelle, et prie Dieu de la faire croître et fructifier. ( *Vive émotion dans toute l'assemblée.* )

» Messieurs, jamais l'agriculture n'eut plus besoin du concours de ses amis; et, pour mon compte, je félicite le plus illustre de vos visiteurs d'avoir voulu dans cette circonstance vous donner une nouvelle marque de sa haute sympathie. ( *Applaudissements.* ) — Les intérêts de l'agriculture nous sont chers, et nous saurons les défendre. Il importe de diminuer les charges qui pèsent sur elle, surtout cet impôt du sel si accablant pour les classes laborieuses. Vous possédez en ce moment parmi vous l'auteur de la proposition qui a pour but cette réduction ( l'honorable M. Demesmay ); nous l'avons soutenu, mes collègues et moi, nous le soutiendrons de nos votes jusqu'à ce que nous ayons obtenu satisfaction. ( *Vifs applaudissements.* ) — Nous veillerons aussi à ce que, sous d'autres rapports, la protection sur laquelle l'agriculture a le droit de compter ne lui soit pas imprudemment retirée. ( *Nouvelle approbation.* )

» De votre côté, Messieurs, propriétaires et fermiers, vous faites ce qui est en votre pouvoir, en étendant chaque jour les moyens de production, en perfectionnant les bonnes méthodes de culture, et en décernant ces récompenses si douces à ceux qui les donnent, et si précieuses à ceux qui les reçoivent par l'honneur qui leur en revient!

» Oui, Messieurs, l'honneur! Ce nom vous appartient! Il doit se redire au milieu des champs, loin des villes où trop souvent le spectacle d'une corruption dégradante nous blesse et nous humilie! L'honneur! car vous ne récompensez pas l'intrigue, la bassesse et de plates sollicitations; vous récompensez le travail sérieux, la bonne conduite modeste, les services réels rendus à la terre et à ses habitants. — Honneur aux lauréats de Seine-et-Oise! » (Des applaudissements unanimes éclatent de nouveau et couronnent cette chaleureuse improvisation.)

### COMICE DE SEINE-ET-OISE — MONTFORT-L'AMAURY,

Le 4 juin 1848,

*Présidence de Darblay, en présence du citoyen Flocon, ministre de l'agriculture.*

#### TOAST PORTÉ PAR M. DUPIN.

Citoyens, il n'y a pas de fêtes plus populaires que celles des Comices agricoles; il n'y a pas de réunions plus démocratiques que celles qui rassemblent et confondent tous les citoyens dans une même pensée; pas de solennité plus franchement libérale que celle où les récompenses sont décernées par un jury librement élu, en présence et sous le contrôle de tous.

Agriculteurs, les révolutions, loin de vous déprécier, ne font que vous grandir dans l'estime publique. Elles ne sauraient vous distraire de vos honorables et utiles travaux. Les factions tenteraient en vain de vous partager en catégories : laboureurs du lendemain, n'étiez-vous pas aussi les laboureurs de la veille? (*Rires et applaudissements.*)

Ouvriers de chaque jour, travaillant avec constance et avec effort pour assurer la subsistance du peuple et accroître la production nationale, dans tous les temps, sous tous les régimes, vous avez toujours été de bons citoyens.

Gardiens vigilants du sol que vous arrosez de vos

sueurs, la propriété, cette base de toute société civilisée, vous compte au rang de ses premiers et de ses plus fidèles défenseurs. En cultivant votre terre jusqu'à ses dernières limites, vous savez respecter la borne qui la sépare de la terre de votre voisin. (*Applaudissements.*) — Vous ne souffririez pas non plus que la spoliation vînt étendre sur vous ses ravages! (*Non! non!*)—Le communisme ne trouverait point parmi vous de partisans. (*Vives acclamations.*)

La terre, cette mère féconde, vous récompense largement de vos soins. Parmi vous, le travail ne laisse aucun individu de bonne volonté en souffrance. Dans les vastes ateliers de l'agriculture, il y a place pour tous : les deux sexes, tous les âges, trouvent également à s'utiliser, chacun selon ses forces et son degré d'habileté. Dans le choix de ses collaborateurs, l'agriculture ne repousse que la fainéantise et l'inconduite.

Sans jalousie contre les autres états de la société, vous n'oubliez pas que l'agriculture est la sœur du commerce et de l'industrie; qu'elles doivent sympathiser ensemble et s'entr'aider mutuellement. Vous éprouvez le contre-coup de leurs douleurs; et quand les autres ouvriers, qui sont aussi vos frères, manquent d'ouvrage; quand il y a sur certains points et à certaines époques encombrement momentané, grève forcée, insuffisance des moyens mis à la disposition du gouvernement, vous leur ouvrez vos rangs, et vous leur criez de loin. « Frères, venez parmi nous, vous y trouverez du travail et des salaires, des salaires moins élevés sans doute que dans les villes; mais, en revanche, une vie plus douce, plus pure, plus facile et mieux assurée. »

Les colonies agricoles et les canaux d'irrigation que le gouvernement annonce l'intention de créer, offriront aussi de grands et utiles débouchés aux travailleurs; des *ateliers sérieux*[1] et vraiment utiles, si l'on consulte pour leur établissement des hommes expérimentés, si l'on y procède avec discernement et avec mesure; si l'on empêche les gaspillages, et si les états-majors, composés avec soin et

[1] « Des ateliers *sérieux*, pour y toucher un *salaire mérité*, » comme je le disais à l'Assemblée nationale dans mon discours du 16 mai, si odieusement travesti et calomnié par les journaux anarchistes et les placards provocateurs.

inspectés avec vigilance, n'absorbent pas une trop grande partie des ressources financières destinées au salaire des ouvriers qui seront placés sous leurs ordres.

Permettez-moi, maintenant, Citoyens, de placer sous vos yeux une dernière considération. La paix publique est le premier besoin de la vie civile : sans elle point de sécurité, point de bonheur domestique. Les campagnes, ordinairement si paisibles, comprennent énergiquement que leur repos est lié à la tranquillité de ces grands centres de population où elles vont incessamment verser leurs produits. C'est pour cela que vous avez toujours les regards dirigés vers la capitale ; que vous en ressentez toutes les émotions, et que dans une circonstance récente, où l'anarchie avait un instant envahi et souillé de sa présence le sanctuaire des lois, tous les pays circonvoisins ont marché spontanément au secours de la représentation nationale. (*Cris de vive l'Assemblée nationale.*)

Grâces leur soient rendues ! l'Assemblée nationale a remercié toutes les gardes nationales dans sa proclamation au peuple français. Mais il lui reste d'autres devoirs à remplir. Vous attendez d'elle une constitution forte, qui régularise et raffermisse l'action des pouvoirs publics, et qui permette à la France républicaine de conserver son rang, sa puissance, sa gloire ! et j'ajoute son honnêteté. (*Sensation.*) — Il lui faut des lois qui protégent la famille et la propriété, qui raniment le crédit et relèvent le commerce ; des lois et des mesures administratives sagement combinées, qui assurent autant que possible des moyens de travail pour ceux qui veulent réellement travailler, et l'assistance fraternelle de la société aux souffrances des malheureux.

Voilà notre tâche, Citoyens ! mais vous avez aussi la vôtre. Il faut que tout le monde concoure à de si désirables résultats par une contenance ferme et résolue, par un louable empressement à remplir ses devoirs civiques dans les élections, dans le jury, dans la garde nationale. Surtout restez unis ensemble ; formez entre vous une véritable assurance mutuelle pour garantir la sécurité des personnes, l'inviolabilité des domiciles, et la libre jouissance à chacun de ses facultés, de ses droits et de ses libertés.

*Aux lauréats du Comice de Seine-et-Oise.*

(*Applaudissements prolongés.*)

## COMICE DE SEINE-ET-OISE, — A ANGERVILLE,

Le 3 juin 1849.

(*Extrait de l'*Écho agricole *du 5 juin.*)

A quatre heures et demie, une vaste tente réunissait en un banquet plus de sept cents personnes, parmi lesquelles les lauréats du concours.

Vers cinq heures et demie, un roulement de tambour a annoncé le moment des toasts.

Par M. Darblay, président :

« *A la République!*

» Gouvernement de Liberté, d'Égalité, de Fraternité!

» Protecteur de la famille et de la propriété; bases saintes et révérées de toute société civilisée.

» Que tous les bons citoyens soient unis dans le sentiment et la volonté de la conduire et la maintenir dans les voies du juste et de l'honnête!

» La Constitution : rien de plus, rien de moins.

» *A la République!!! — Vive la République!!* »

Après M. Darblay, la parole a été donnée à M. Dupin, qui s'est exprimé ainsi, dans une allocution fréquemment interrompue par les applaudissements de l'assemblée :

« Messieurs, lorsque j'ai assisté pour la première fois au comice de Seine-et-Oise, en 1835, j'étais président de la chambre des députés. Depuis, vous le savez, je n'ai négligé aucune des occasions qui se sont présentées de me réunir à vous, et j'ai toujours apporté à vos assemblées le même amour pour l'agriculture, la même estime pour ceux qui lui consacrent leurs travaux, et une vive reconnaissance pour la bienveillance que vous m'avez toujours témoignée.

» J'aime les assemblées des comices, Messieurs, parce qu'elles rapprochent toutes les classes de citoyens; qu'elles leur fournissent l'occasion de se montrer une bienveillance mutuelle, et qu'elles sont les plus propres à cimenter leur union.

» J'accepte avec plaisir la mission que votre bureau m'a donnée, de porter un toast *à l'agriculture!*

» Jusqu'ici on lui a souhaité des perfectionnements matériels, dans les cultures, les assolements, les engrais, les instruments aratoires; aujourd'hui, la sollicitude et les préoccupations des amis de l'agriculture se reportent surtout vers les considérations morales qui touchent, je ne dis pas seulement à son honneur, mais à son existence même.

» La Constitution de la République a fait aux agriculteurs une belle position au milieu du suffrage universel. Ils sont les plus nombreux, et il est vrai de dire que le sort de la France est dans leurs mains.

» Les agitateurs l'ont bien compris; car ils ont tenté des efforts inouïs pour égarer l'esprit des campagnes; et ils n'y ont que trop réussi dans quelques pays moins éclairés que le vôtre, et où l'on n'a pas aussi bien su se préserver de leurs machinations.

» Une organisation sourde a servi de véhicule aux bruits les plus absurdes, aux calomnies les plus éhontées contre les hommes que leur éducation, leur moralité, leurs services avaient jusque-là recommandés à la considération et à la confiance publique; les doctrines les plus subversives circulent à l'ombre d'un ignoble colportage d'écrits marqués au coin du socialisme le plus effréné; les novateurs, ne trouvant plus de *priviléges* qu'ils puissent accuser, ne craignent pas de s'attaquer *au droit*, ou plutôt, dans leur audace, ils nient le droit lui-même, ce rempart divin du faible contre le fort. Pour eux tout se réduit à une question de force brutale. Dans leur programme, ils tiennent, à ceux qu'ils s'efforcent de recruter, le langage que les chefs de pirates du moyen âge tenaient à leur troupe avant d'attaquer et de piller une riche habitation ou de dévaster toute une contrée; c'est (je traduis la chose en langue vulgaire), c'est *la bourse ou la vie*, peut-être même les deux, que ces forcenés demandent à une partie de leurs concitoyens, en promettant aux autres le pillage des meubles, le partage des biens, et l'anéantissement de tous les contrats.

» Il ne faut pas beaucoup d'efforts, Messieurs, pour montrer que ces doctrines attaquent l'agriculture dans sa source et détruiraient la moralité dans son principe.

» Pourquoi sommes-nous réunis en société et constitués en corps de nation, si ce n'est pour nous protéger les uns les autres par une véritable assurance mutuelle? Ainsi, que nos frontières soient menacées par une agression étrangère, la nation se lève, tout citoyen est soldat; et le sol de la patrie est préservé. Dans l'intérieur, comme citoyens, ne sommes-nous pas également dans l'obligation de nous entr'aider, de nous secourir, de nous protéger les uns les autres contre le dommage dont quelques-uns d'entre nous pourraient être menacés? Que des voleurs attaquent un de nos voisins, que le feu prenne à sa maison : vous vous y portez en masse! C'est donc détruire la société, dans son essence, que d'y introduire la spoliation, et de préconiser sans cesse l'emparement du bien d'autrui[1].

» Ces doctrines porteraient également un coup funeste à l'agriculture; — car qui voudrait améliorer, s'il n'est pas sûr de conserver? L'agriculture exige avant tout un sol ferme qui ne tremble pas sous les pieds du possesseur.

» Que chacun donc se tienne pour averti, que les gens d'honneur et de probité se rallient, qu'ils comprennent que sous la forme actuelle et nécessaire du gouvernement républicain, c'est-à-dire le gouvernement du pays par et pour le pays, il n'y a plus qu'une question, mais une question sociale, une question de vie et de mort : Être ou n'être pas. L'anarchie est l'ennemi qu'il faut combattre; l'ordre et la paix deviennent le mot de ralliement. Il faut que toutes les influences honnêtes se concertent et se réunissent pour défendre ce dernier rempart et donner au gouvernement et à l'Assemblée nationale la force de comprimer une faction désorganisatrice, qui, dans sa fureur, si elle pouvait prévaloir, détruirait jusque dans ses derniers fondements tous les éléments de moralité, de force et de grandeur de notre belle patrie.

» *A l'agriculture*, fondée sur la propriété et le travail, l'assurance mutuelle d'un bon et fraternel voisinage, et sur l'amour de la patrie! »

M. Lacave, représentant du Loiret, a porté la santé des lauréats du concours :

« Messieurs, *aux lauréats du concours!*

» Je surmonte l'émotion qui m'empêcherait de prendre

[1] On ne parle d'abord que de dépouiller les plus gros propriétaires; mais après les *gros*, viendront les *moyens* et ensuite les *petits*. Car le droit une fois brisé, méconnu, quelle sera la limite? aucune. C'est le *panier de Cerises* qu'on finit par manger tout entier, en ne prenant jamais que *la plus grosse*.

la parole après l'éminent orateur dont la voix puissante exerce une si grande influence à la tribune nationale; mais je dois répondre à l'appel de notre respectable président, en portant ce toast qui aura du retentissement dans tous vos cœurs.

» Qui de vous, en effet, en voyant des citoyens de fortunes et de positions bien diverses, recevoir de ses mains la récompense de leurs efforts, pour concourir aux succès du premier des arts, n'a reconnu la plus franche application des principes de la véritable fraternité !

» Honneur surtout à ces dignes collaborateurs des travaux agricoles qui ont obtenu la récompense d'une vie entière de dévouement signalée par une conduite sans tache, et par des services d'autant plus méritoires, qu'ils sont souvent plus obscurs. Quelle profonde sympathie a dû exciter parmi nous la douleur de cette famille dont le chef a succombé au moment de venir recevoir cette glorieuse récompense de ses longs et honorables travaux.

» Que sa veuve et ses enfants conservent au moins cette médaille comme la plus belle part de leur modeste héritage, puisqu'elle atteste l'estime et l'affection que l'objet de leurs éternels regrets avait inspirées à ses concitoyens.

» Puissent ces sentiments, Messieurs, réunir toujours dans une pensée commune de progrès et de conciliation la grande famille des agriculteurs! Puissent-ils réaliser ce vœu de tous les cœurs généreux qui se confond avec le toast que j'ai eu l'honneur de vous proposer.

» *A l'union de tous les travailleurs de l'agriculture!* »

M. Desmousseaux de Givré, représentant d'Eure-et-Loir, a porté un toast aux associations agricoles.

# CONGRÈS CENTRAL D'AGRICULTURE

## RÉUNI AU LUXEMBOURG.

### Séance du 17 mai 1845.

---

## CRÉDIT FONCIER.

### ANALYSE DU DISCOURS DE M. DUPIN.

*Extrait du journal la* Presse *du* 18.

M. DUPIN. Messieurs, après le rapport de l'honorable M. Darblay et le discours que vous venez d'entendre, la question est suffisamment exposée, et l'on pourrait aller aux voix; je demande cependant à l'assemblée la permission de dire quelques mots sur les propositions qui lui sont faites dans le but de fonder ce que l'on appelle le *crédit foncier*, le *crédit agricole*.

On vous conseille comme premier moyen de réformer nos lois sur le régime hypothécaire; comme second moyen, on veut que vous demandiez la diminution, quant à la durée au moins, du privilége accordé au propriétaire; le troisième moyen consisterait à modifier les conditions générales de nos fermages de façon à assurer au fermier ou une indemnité à l'expiration de son bail, ou une prolongation forcée. C'est là ce qu'on vous présente comme les conditions essentielles du crédit foncier. (*Ecoutez, écoutez !*)

Je ne dirai rien de la réforme hypothécaire. On a essayé de modifier nos lois à cet égard, je désire qu'on y réussisse. On paraît demander aujourd'hui de nouveaux moyens de publicité. Je ne sais pas ce qu'on peut trouver de mieux que les registres publics actuellement existants et les états que chacun peut consulter chez des fonctionnaires spéciaux; mais enfin je ne m'oppose pas à ce qu'on cherche. Seulement j'insiste pour la nécessité absolue de la transcription.

Le second moyen consiste à diminuer le privilége du propriétaire, au moins quant à la durée; mais ce privilége du propriétaire, c'est la propriété même. Le propriétaire loue son domaine à un homme qui n'a rien; il lui livre non-seulement sa terre, mais ses bestiaux, ses instruments; si vous portiez atteinte au privilége qui lui est accordé pour sa garantie, c'est au laboureur que vous feriez tort, car le propriétaire aimerait mieux alors cultiver lui-même à l'aide de domestiques. Mais faut-il en réduire la durée? Ce privilége est limité aujourd'hui aux récoltes de l'année échue et de l'année courante; si vous le diminuez, si vous lui enlevez, par exemple, les récoltes de l'année courante, le propriétaire ne pourra plus, sans dommage, accorder au cultivateur les délais qu'il lui donne aujourd'hui, il deviendra intraitable. C'est donc au fermier que vous aurez porté préjudice. (*Très-bien !*)

Je passe au troisième moyen, les nouvelles conditions que l'on veut introduire dans les baux. Quelles en seraient les conséquences? Supposons qu'il s'agisse de petits propriétaires, et tout le monde est d'accord sur un point : c'est qu'il y en a plus de petits que de grands; le fermier deviendra plus fort que le maître. Quand il aura affaire à un propriétaire gêné, il lui dira : Vous devez me rembourser telle somme que vous n'avez pas, parce que j'ai amélioré votre terre, ou je resterai votre fermier malgré vous aux mêmes conditions qu'avant l'amélioration. Quand cela résulte de contrats spéciaux, c'est une prétention très-légitime; mais, dans le cas contraire, c'est donner au fermier les moyens de faire la loi au propriétaire, de spéculer sur sa gêne, c'est placer la tyrannie dans la loi. (*Très-bien! très-bien !*)

Avec cela, Messieurs, on vous propose des institutions de crédit qu'on appelle crédit *foncier*, crédit *agricole* pour le déguiser. Appelez-le crédit tout uniment, sans imposer par les épithètes, et examinez ce que l'on vous propose. Savez-vous ce que c'est que tous ces systèmes, c'est la pierre philosophale (*rires*); c'est le moyen de faire arriver plus de capitaux avec moins de motifs de confiance pour le prêteur et moins de garantie pour le remboursement. (*Murmures.*)

M. Wolowski. Je demande la parole.

M. Dupin. La condition de tout prêt est : 1° un capitaliste qui veuille prêter; 2° un emprunteur qui inspire confiance. L'un ne va pas sans l'autre. Vous ne trouvez pas de capitalistes hasardeux ou complaisants, et alors vous cherchez à impliquer l'Etat dans l'opération; l'Etat a bien assez de ses propres affaires. Vous voulez qu'il se fasse prêteur? Que ferait-il des non-payements, des non-valeurs? Une fois, dans une grande crise politique, il a prêté 30 millions à l'industrie, et ces 30 millions ont été en grande partie perdus.

On vous propose d'appliquer à votre banque agricole les fonds des caisses d'épargne, c'est-à-dire ceux qui peuvent le moins courir des chances de pertes, des fonds qui sont à chaque instant susceptibles d'être remboursés. Et vous parlez presque de supprimer le remboursement; car vous voudriez que l'argent se remboursât lui-même lentement et par le moyen de l'amortissement. Les caisses d'épargne sont fondées sur le crédit public, leurs fonds ne sont pas la propriété de l'Etat, il n'a pas le droit d'en disposer.

S'agit-il d'une association de propriétaires réunis pour organiser une banque de prêts? Vous n'avez pas besoin de loi pour cela. Laissons donc là ces grands mots de crédit *foncier*, de crédit *agricole*, c'est de la théorie que tout cela. J'ai une grande estime pour la théorie, pour les hommes qui étudient ces questions, j'applaudis à leurs travaux; mais ici laissons là ces illusions.

Quant aux questions véritablement agricoles, voici ce qu'il faut recommander à nos Comices : qu'ils montrent, qu'ils fassent toucher aux cultivateurs les améliorations obtenues ou à obtenir, qu'ils leur fassent voir que le sillon tracé par la charrue perfectionnée est meilleur que celui qu'ils obtiennent avec leur charrue ancienne ; qu'on exhibe à leurs yeux les plus belles races de taureaux, de chevaux, de moutons; qu'on leur fasse comprendre aussi que l'agriculture est honorée; voilà quelle est la principale mission de ceux qui s'intéressent à l'agriculture, ce qu'ils peuvent faire sans règlements uniformes, sans présidence officielle des préfets, sans présidence des sous-préfets. Quand les préfets, quand les sous-préfets viennent assister aux séances, qu'ils prennent place à la droite du président, qu'ils ajoutent à l'éclat de la réunion, aux encouragements, rien de mieux. Mais laissons à nos Comices leur action, fortifions-la par nos conseils et par nos exemples. (*Très-bien !*)

## DU CRÉDIT FONCIER.

Lorsque cette question du *crédit foncier* a été introduite

devant le *congrès agricole*, le plus grand nombre des auditeurs n'y voyait qu'une question de banque à étudier, et ne se doutait pas du genre de perturbation que couvrait cette proposition, qui n'était, dans la pensée intime de quelques-uns, qu'une des branches du système *socialiste*. Les dangers de cette proposition se sont révélés lorsque, après la révolution de février, on a demandé à l'Assemblée constituante de la convertir en loi. Voici, d'après les journaux, la discussion qui s'est élevée à ce sujet dans le comité de législation, alors présidé par M. Dupin, dans les séances des 5 et 6 octobre 1848.

*Journal* la Patrie. — *Comité de législation.*

Le comité de législation a discuté, dans ses deux dernières séances, le projet de décret sur le crédit foncier.

M. Charamaule a pris la parole au nom de la sous-commission chargée d'un examen préparatoire du projet de décret qui avait été envoyé au comité, et il a conclu à l'adoption du projet.

MM. Langlois et Turck, auteurs de différents projets sur la matière, ont exposé leur système.

M. Bouhier de l'Écluse, auteur d'un autre projet, a également été entendu. D'après ce système, les bons hypothécaires auraient cours forcé d'une part; ou ils porteraient intérêt au profit des porteurs, d'autre part.

M. Dupin aîné s'est élevé contre le principe même de tous ces projets. « Le projet soumis au comité, a-t-il dit, est monstrueux, en ce qu'il tend à créer la somme énorme de deux milliards d'assignats, non pas même au profit de l'État, comme les anciens assignats, dont l'État au moins se servait pour son compte au moment de leur émission, mais au profit de tiers emprunteurs, auxquels, moyennant l'appât d'un médiocre intérêt, l'État engage la fortune publique et l'avenir du pays, en se constituant garant et débiteur de cette masse énorme de papier, à défaut de remboursement par les emprunteurs. Le premier effet de cette proposition, si elle était adoptée, serait, en donnant cours forcé aux mandats hypothécaires, de faire disparaître le numéraire et d'inspirer une défiance universelle. Les impôts ne se payeraient plus qu'avec du papier, et le gouvernement lui-même ne pourrait plus offrir que du papier à ses créanciers et à ses propres prêteurs. Une dépréciation incalculable s'ensuivrait bientôt, le commerce à l'étranger cesserait, et celui de l'intérieur retomberait en paralysie. En fin de cause, le gouvernement resterait engorgé de papier-monnaie, responsable envers tout le monde, et réduit, pour sa garantie, à couvrir la France d'expropriations. Ainsi poursuivis au nom de l'État, les propriétaires, au lieu d'être, comme ils sont aujourd'hui, les plus solides appuis du gouvernement, ne verraient plus en lui qu'un ennemi. C'est à tort, ajoute M. Dupin, qu'on a voulu chercher un exemple dans la Banque de France. Cette Banque a des priviléges, mais elle a pour support les mises des actionnaires; et si le gouvernement, en lui forçant la main, l'a obligée de lui prêter deux cents millions en donnant cours forcé à ses billets, il ne s'est pas pour cela rendu garant d'un seul de ses billets; il a rendu la position de la Banque plus difficile, mais il n'a exposé l'État ni à la ruine ni à la banqueroute. Proposez de faire une banque foncière, trouvez des actionnaires, accordez-leur des priviléges, sans pourtant que les billets *aient un cours forcé* ni que l'État en soit responsable, rien de mieux. Faites plus encore : simplifiez la loi des hypothèques, celle des expropriations et des ordres; rendez les inscriptions négociables : il y a longtemps que je l'ai demandé. Mais, je le répète, ne rendez pas le gouvernement prêteur, ne le faites pas garant responsable, et n'adoptez pas ce projet désastreux qui deviendrait une cause de ruine publique et privée. »

M. de l'Écluse a essayé de répondre à M. Dupin ; il a été soutenu par M. Dupont (de Bussac). L'un et l'autre ont reproduit les bases du projet et défendu ses dispositions. MM. Labordère, Turck et Langlois ont repris la discussion.

Le comité a repoussé, à une grande majorité, l'idée du papier-monnaie ayant cours forcé; il a émis le vœu qu'on s'occupât seulement d'un établissemont de crédit foncier dont le papier n'aurait qu'un cours volontaire.

*Nota.* Dans la chambre, la proposition a été repoussée par 578 voix contre 210.

— De nouvelles propositions, mieux conçues, vont êtres soumises à la discussion de l'Assemblée et amèneront probablement un résultat. Le Congrès central d'Agriculture s'est aussi occupé de cette question dans sa session de 1849.

## DISCOURS DE M. DUPIN A LA CHAMBRE DES DÉPUTÉS.

### Séance du 30 mars 1832.

Je ne reproduirai pas, même pour y répondre, ces distinctions dont il est si facile d'abuser : des propriétaires et des ouvriers, des oisifs et des travailleurs.

Non, Messieurs, je ne reproduirai pas ces distinctions, parce qu'il est trop facile d'en abuser. Elles n'ont servi jusqu'à présent qu'à classer les citoyens, non pour la commodité des raisonnements ou la facilité de l'administration, mais pour les mettre en hostilité et les exciter les uns contre les autres. (*C'est vrai!*)

Je dirai seulement que dans cette question de la libre importation des grains moyennant un droit d'entrée, il y a des intérêts divers à considérer, dont aucun ne doit être sacrifié à l'autre : il faut par conséquent viser à une juste proportion; et pour me servir d'une expression que personne ne parviendra à rayer du dictionnaire, parce qu'elle exprime une idée infiniment raisonnable, et qu'on ne parvient pas à rendre la raison ridicule : c'est ici surtout qu'il faut s'attacher à prendre un *juste-milieu*. (*Approbation.*)

Ne parlons en ce moment que de cet intérêt sur lequel je veux m'appesantir davantage, celui des consommateurs, et des consommateurs les moins aisés. Mais je demande s'il n'y a d'ouvriers que les artisans des villes? et si les campagnes ne renferment pas aussi une classe d'ouvriers estimables, laborieux, pleins de moralité, et sur lesquels votre sollicitude doit également porter?

Sans doute, Messieurs, on doit protéger l'artisan, mais on doit aussi protéger le laboureur, et c'est sur cette considération que je veux appeler en ce moment votre attention....

*Une voix.* Qu'on diminue le prix du pain!

M. Dupin. Le prix du pain est toujours en proportion avec le travail. Mieux vaudrait qu'on payât le pain 3 sous la livre et gagner 30 sous par jour, que de le payer 2 sous et de manquer de travail. (*Bruits. Interruption.*)

L'orateur répète : Oui, mieux vaudrait payer le pain à ce prix et avoir de bons salaires, que de le payer 2 sous si le travail manque.... (*Très-bien! très-bien!*)

Messieurs, vous comprenez merveilleusement que, dans les manufactures, il faut que le capitaliste ou le fabricant fasse ses frais pour faire fabriquer et donner du travail aux ouvriers; que s'il y perd au lieu d'y gagner, il cessera de faire fabriquer; et que s'il cesse de faire fabriquer, les ouvriers cesseront de gagner leur vie. Il est donc clair qu'entre le fabricant et ses ouvriers, il est une juste proportion qui doit permettre à ceux-ci de gagner leur vie et à celui-là de continuer son commerce avec des bénéfices, sans lesquels il n'aventurerait plus ses capitaux et ne se donnerait pas tant de peine pour consacrer ses connaissances industrielles à une fabrication qui tournerait contre lui.

Mais l'agriculture, au point où elle est déjà parvenue et où elle doit parvenir, se compose non-seulement des éléments de la propriété, mais des éléments de l'industrie. Une grande ferme, une grande culture est aussi une grande manufacture qui emploie un industriel, un fabricant et un grand nombre d'ouvriers.

Si le prix des produits de cette manufacture baisse à tel point qu'il ne soit plus possible de couvrir les intérêts du capital et les frais industriels de production, alors le travail peut être suspendu, la production s'arrête, et tout le monde est exposé à de graves préjudices.

Une première considération se présente, c'est que si l'on réduit à trop bas prix les produits de l'agriculture, le propriétaire ne peut plus payer le même impôt, ou il le payera avec beaucoup plus de difficulté. (*C'est évident !*)

Si la propriété foncière se trouve grevée et obérée outre mesure par la législation, il est évident encore que le propriétaire ne peut plus tirer un parti suffisant de ses terres, et le fermier ne peut plus acquitter le prix de son fermage.

Si cette dernière circonstance se présentait, il faudrait donc introduire dans la loi un article qui permettrait de résilier les baux, et surtout les baux à longues années !

Mais il arrive plus fréquemment en France que celui qui cultive sa terre en est lui-même le propriétaire; car heureusement la propriété foncière est très-disséminée en France, et elle le sera davantage encore par les ventes de bien en détail et surtout par les partages de succession, puisque très-heureusement aucune disposition de nos lois ne s'oppose à l'égale division des propriétés, et que les efforts que font les travailleurs pour devenir propriétaires sont supérieurs aux efforts de concentration faits par un petit nombre d'individus que la fortune favorise. Cette classe nombreuse de propriétaires a des intérêts qu'il ne faut pas sacrifier aux intérêts des autres classes de la société. Il est évident que vous rencontrez là une très-grande masse de citoyens qu'il faut considérer et dont les intérêts méritent d'être ménagés.

Or, dans cette classe si intéressante des petits propriétaires, ceux-là même qui sont précisément dans l'état le plus infime des propriétaires, quelle est leur spéculation? Lorsqu'en arrosant la terre de leurs sueurs, par le plus moral de tous les travaux, ils ont fait produire à la terre des grains de première qualité, ils les vendent à de plus riches qu'eux pour consommer eux-mêmes ceux d'une qualité inférieure.

Ainsi, ils font venir du froment pour le vendre aux gens de la ville, et ils se contentent de manger du seigle, du sarrasin, du maïs et des pommes de terre.

Mais ces grains qu'ils font éclore pour les autres, si vous les frappez de stérilité dans leurs mains, si vous les tenez à trop bas prix, vous favorisez les hommes de la ville, et vous négligez ces hommes de la campagne que vous trouvez toujours occupés à leurs travaux lorsque vous allez chez eux, et qui ne vous interrompent jamais par leurs clameurs et leurs séditions. (*Très-bien! très-bien!*)

J'en conclus que c'est un grand malheur quand le pain est trop cher; mais c'est un autre malheur s'il était à un prix tel que les petits propriétaires, les fermiers et les laboureurs ne pussent pas vivre.

A côté des propriétaires et des fermiers, n'y a-t-il pas aussi une classe nombreuse d'ouvriers? Et pensez-vous que l'état de nos campagnes ne soit pas singulièrement amélioré par les progrès de l'agriculture?

Il n'est aucun de vous qui, en comparant ce qui existe avec ce qui existait il y a trente ou quarante ans, ne sache que le prix que reçoit un homme loué pour un an ou pour une saison dans une ferme, ne soit double et même triple de ce qu'il était jadis. Il se donnait alors pour 30 ou 40 fr., quelques aunes de toile et une chaussure en bois; maintenant il se loue 100 fr., 120 fr. et jusqu'à 100 écus. Voilà une grande amélioration. Que lui importe donc que le pain soit un peu plus cher, puisque son salaire triple à raison de l'abondance et de la valeur des produits ? Le même raisonnement s'applique aux gens de journée, aux manœuvres, qui ne sont employés, nourris et payés par les fermiers et les propriétaires qu'en proportion de l'aisance de ceux-ci, et de l'avantage qu'ils trouvent à faire des améliorations.

Mais si vous voulez arriver à ce point que l'on jette sur la place les grains à un prix inférieur à ce qu'il en coûte pour les faire venir, le propriétaire alors dira à son valet : « Au lieu de 150 fr. je te remets à l'ancien taux, parce que mes produits sont diminués et que je n'y trouve plus mon compte. » Et pour les autres travaux il ne fera que l'indispensable, au lieu de leur donner du développement.

Ainsi donc, faites que le prix des grains soit modéré, qu'il ne soit jamais excessif; mais vous ne devez pas désirer que les blés soient à trop vil prix dans l'intérêt des nombreux habitants de la campagne, de cette classe d'hommes qui se livrent aux travaux les plus durs et qui, à mes yeux, sont la partie de la population qui mérite le plus d'égards, car elle est la plus morale : c'est elle qui vous nourrit, et qui fournit les meilleures soldats à nos armées. Honneur au laboureur ! protection à l'agriculture !

D'ailleurs, votre projet de loi n'est que provisoire ; et réfléchissez qu'il vous sera beaucoup plus facile de diminuer plus tard le chiffre du tarif s'il est trop élevé, que de l'augmenter quand une fois vous l'aurez fixé trop bas. (Marques nombreuses d'approbation dans les diverses parties de la salle.)

## SUCRE INDIGÈNE.

*Discours de M. Dupin contre la proposition d'interdire la fabrication du sucre indigène moyennant une indemnité de 40 millions.*

Chambre des députés, séance du 8 mai 1840.

Messieurs, je n'ai pas la prétention, au point où est arrivée la discussion, de la traiter avec toute l'étendue qu'elle a reçue soit de la part de M. le président du conseil, soit de la part de M. Berryer. Beaucoup de choses ont été dites, bien dites, et sont suffisamment saisies.

Mais pour moi il est un point qui est plus encore un sentiment qu'une opinion ; ou plutôt qui est l'un et l'autre, et que je tiens à exprimer : c'est de combattre cette proposition de *tuer une industrie par une indemnité*, et de *flétrir le sol français par une interdiction de culture.* (*Mouvement.*)

Le système d'indemnité est un système que je repousse de toute ma force, comme le principe le plus faux, le plus funeste, le plus désastreux dont l'exemple puisse être introduit dans notre législation. Cela se réduit à ce point que la nation déclinerait plus ou moins sa souveraineté en matière d'impôt. (*Exclamations.*)—Cela revient à prétendre que lorsqu'on vient attaquer une question de douane il ne suffit pas de consulter les opportunités, les convenances, les besoins de l'Etat, sa souveraineté législative; qu'il ne faut pas seulement entrer en compte par forme de ménagement et d'esprit gouvernemental, mais qu'il faut entrer en calcul comme avec un créancier, avec tous ceux qui, sous prétexte qu'ils auraient stipulé, calculé et fructifié sous l'empire d'une législation, voudraient vous contester le droit de toucher à leur position. Oui, voilà ce qui est au fond de la question.

Je ne vois pas là seulement une question de gouvernement : c'est une question de législation et une question de souveraineté. (Mouvements bruyants au centre.)

Une fois que vous aurez introduit cet exemple et reconnu que pour toucher à l'impôt du sucre, que pour faire une disposition qui donnera à un commerce une position moins favorable, vous lui devez une indemnité, que vous ne pouvez équitablement modifier cette position sans lui donner une indemnité, je vous défie de toucher à un autre article de douane sans susciter les mêmes prétentions.

Prenez des exemples : on vous proposera l'introduction des bestiaux ou d'autres produits étrangers ; alors craignez que les mêmes arguments ne se reproduisent, et qu'on ne vous dise que pour les sucres on a fait telle chose ; qu'on ne s'est pas cru autorisé à changer la législation sans accorder une indemnité; qu'on a vu un préjudice pour des fabriques, qu'on n'a pas osé y toucher sans les indemniser. Oui, la législation qu'on vous propose serait un précédent de ce genre : pour toutes les branches de commerce auxquelles vous voudriez toucher, il faudrait faire la même chose que pour le sucre.

Je repousse donc ce principe, comme absurde en lui-même et à cause de ses conséquences.

Il est absurde en lui-même. M. Berryer a parlé d'immoralité, d'injustice; moi, je soutiens que l'injustice n'est que dans la prétention d'indemnité.

Quand la loi établit des rapports avec les industries et fixe des droits, fait-elle un contrat personnel avec chacun ? Non. Tantôt on cherche une protection à l'aide d'un droit, tantôt on établit une prohibition ; mais on laisse à chacun la liberté de se mouvoir sous l'empire de cette loi, sans garantir le succès à personne, en laissant à chacun la liberté de ses actions, et sans que l'Etat soit responsable de ce qui peut en résulter.

Je repousse donc le droit d'indemnité.

Il y a une autre branche de la question : on convient que l'indemnité même ne ferait rien, ou du moins serait quelque chose d'impuissant si on n'interdisait pas la culture. Eh bien! je dis qu'ici ce n'est plus une attaque à la souveraineté, comme dans le premier cas; mais ce serait un abus de la souveraineté, ce serait une chose illibérale, impie, antifrançaise, à l'époque où nous sommes surtout. (*Agitation.*)

On viendra dire : Mais les fabricants eux-mêmes, les fabricants demandent à grands cris cette indemnité, et font des vœux pour qu'on éteigne leurs fabrications, pour qu'on rachète leurs fabriques, même ceux qui gagnent, et à plus forte raison ceux qui perdent; ils voudraient qu'on rachetât leurs édifices mal construits, qu'on les tirât de leurs spéculations mal faites. Je le crois bien; mais sous un autre point de vue je dis que cette proposition n'est pas française. (*Oh! oh!*)

Non! et je crois exprimer ici les sentiments les plus honorables pour tous les hommes qui se mêlent en France d'industrie, d'inventions, de fabriques et de manufactures; j'honore et j'estime trop ces hommes pour ne pas être convaincu qu'ils ne voient pas seulement leurs intérêts, quand ils appliquent leur attention, leurs capitaux et souvent leur génie, à introduire des perfectionnements dans leur pays, à le doter d'une industrie que ce pays n'avait pas encore, ou à en perfectionner une qu'il ne possédait que d'une manière imparfaite.

Je dis qu'un noble orgueil s'attache à l'invention, que chaque fabricant la regarde d'abord comme sa propriété, mais aussi comme l'œuvre de son génie, et non pas seulement comme l'œuvre de sa spéculation; il en est fier ! il a mérité d'être décoré pour cela !

Or, dans quelle industrie trouverez-vous des hommes qui, après avoir doté leur pays d'une invention, voudraient en faire le sacrifice, non pas au pied de l'autel de la patrie, mais au pied d'une caisse d'écus, et aux dépens du Trésor public ? ( *Très-bien!* )

Je me borne là, je ne veux pas prolonger la discussion, mais je persiste à dire que la question d'indemnité est contraire à la souveraineté en matière d'impôt et de douane; c'est une proposition antifrançaise, par les motifs que j'ai fait valoir, et vous ne trouverez pas une autre branche de fabrication, celle du lin ou celle du coton, ou toute autre, qui vienne vous dire : Achetez-nous, éteignez-nous, livrez-nous à l'étranger ! ( *Très-bien!* )

( Une longue et bruyante agitation succède au discours de l'honorable M. Dupin. M. le rapporteur et plusieurs autres membres demandent à la fois la parole. La séance est remise au lendemain; et le lendemain la proposition d'indemnité a été rejetée à une immense majorité. )

## IMPOT DU SEL [1].

*Discours prononcé par M. Dupin,*

*A la séance de la Chambre des Députés du 16 juin 1847,*

*Pour la réduction de l'impôt du sel.*

M. Dupin. Je ne viens pas renouveler la lutte des chiffres; la chambre en a assez entendu de part et d'autre, et ce n'est pas précisément là, selon moi, que se place la solution de la question.

La perte sur le revenu, il y en aura une; quant à la compensation, je déclare franchement que je n'y compte que dans une certaine mesure, et cependant je dis qu'il

[1] Voyez ci-devant, pag 70, 71, discours au Comice de Clamecy le 13 septembre 1846.

faut procéder à la réduction de l'impôt du sel parce que cette réduction est juste, qu'elle est nécessaire, qu'elle est désirable et que, si on le veut bien, il y a moyen franchement de l'opérer. (*Très-bien!*) — Ce n'est pas une question de parti; c'est une question de distribution plus équitable des charges publiques. La proposition est émanée de la majorité, elle a été votée à plusieurs reprises par la majorité, avec un profond sentiment de l'utilité de la mesure, de son utilité pour le peuple et pour le gouvernement.

C'est une question générale. En effet, il n'y a pas d'impôt plus étendu que celui-là. Dans cette affaire on a toujours voulu donner une grande part à la question agricole, à la question du sel employé à la nourriture des animaux.

M. Luneau. C'est cela. (*On rit.*)

M. Dupin. Je laisse à cette portion de la question l'importance qu'elle peut avoir et tous les calculs auxquels elle peut donner lieu. Pour moi, je suis surtout et principalement préoccupé de la question à cause des hommes. Elle intéresse, et ce chiffre est accordé par M. le ministre, elle intéresse 28 millions de travailleurs qui appartiennent à l'agriculture ou à l'industrie; elle intéresse des hommes dont c'est le troisième aliment pour ainsi dire : le pain, l'eau et le sel.

En vérité, Messieurs, que chacun de vous évoque donc ses souvenirs.

Dans le Midi, quand vous voyez un malheureux ouvrier avec son pain sous le bras, un oignon à la main et point de sel pour exciter son appétit, ou seulement quelques grains... (*Réclamation au centre. — Approbation à gauche.*)

*Une voix.* Cette année il y a des pays où on mangeait la soupe sans sel.

M. Dupin. Ne reculez pas devant ces tableaux. Qand je vois dans les montagnes du Morvan des familles entières devant lesquelles on répand le contenu d'un énorme vase où l'on a fait cuire à l'eau des pommes de terre, et toute une famille les manger, sans pain pour accessoire, avec de l'eau de la fontaine pour toute boisson; et, avec cet aliment insipide, pas un grain de sel pour toute la famille, eh bien! croyez-vous que si une mesure législative vient réduire le sel à un prix tel qu'on puisse ajouter une livre de sel à ces monceaux de pommes de terre mis sur la table commune, croyez-vous que vous n'ajouterez pas au bien-être de ces populations dans une limite tellement naturelle, tellement circonscrite, qu'il faudrait n'avoir pas le sentiment de l'humanité (*Très-bien! très-bien!*) pour dire qu'on ne doit pas opérer une pareille amélioration? (*Nouvelle approbation.*)

Si c'est l'impôt le plus onéreux, parce qu'il pèse sur le plus grand nombre de citoyens et sur la portion la moins riche, la plus laborieuse, il n'y a pas non plus de dégrèvement qui soit plus désiré, qui serait mieux accueilli par les populations, et dont le résultat soit plus désirable pour le gouvernement.

Honneur et bonheur pour le règne actuel si on pouvait l'opérer!

Eh quoi! un souhait généreux, non réalisé, et qui aurait pu passer pour une gasconnade, a suffi pour rendre chère et populaire encore aujourd'hui la mémoire d'un de nos rois! Que serait-ce d'un résultat matériel, immédiat, obtenu, consommé, réalisé dans chaque chaumière et à chaque foyer, par la réduction effective de l'impôt du sel! Pensez-vous que le gouvernement soit au-dessus de pareils résultats dans de telles situations? (*Vive approbation.*)

Pensez-vous que le gouvernement n'en ait pas besoin, et qu'à côté des engagements qui ont suivi notre révolution un pareil résultat dans l'intérêt du peuple n'en serait pas aussi une réalisation? (*Nouvelle approbation.*)

Que le gouvernement en ait tout l'honneur, j'y consens; qu'il ne soit pas l'adversaire de ceux qui veulent la réduction de l'impôt du sel; qu'il en soit l'auxiliaire, il est averti depuis longtemps; mais que ce soit une coopération sérieuse, immédiate, quand depuis longtemps l'initiative aurait dû lui appartenir. (*C'est vrai!*)

On dit : Le moment n'est pas opportun. Est-ce donc aujourd'hui pour la première fois que la proposition éclate? est-ce donc que vous n'êtes pas avertis depuis longtemps? depuis le premier vote, n'avez-vous pas eu le temps de faire ces enquêtes, ces revirements dont on parle, ces calculs, ces combinaisons qu'on annonce? La chambre a voté, et à plusieurs reprises; non pas une seule législature, mais plusieurs législatures ont voté la réduction. Et je suis un de ceux qui le déclarent, et je le déclare comme ami de mon pays, ami de mes concitoyens, ami du gouvernement dont je veux non-seulement la domination, mais la domination aimée et respectée de tous les citoyens, je déclare que je n'abandonnerai jamais le soutien de cette proposition, jusqu'à ce que nous ayons eu satisfaction. (*Adhésion.*)

Ainsi donc, pour être conséquents avec vous-mêmes, vous devez accepter le projet, d'autant mieux qu'il est accompagné d'un tempérament convenable, puisqu'il s'impose lui-même un délai. Ce n'est pas la première fois que le projet se présente à la chambre, c'est pour la troisième fois que le vœu de la chambre s'exprime ; le projet met le gouvernement en mesure de le réaliser. Le moment est arrivé de donner satisfaction à la chambre et au pays. Quant à moi, j'en suis convaincu, si on l'avait bien voulu, on aurait trouvé le moyen de faire la réduction depuis longtemps.

On parle de l'état actuel de nos finances ! mais qui les a mises dans cet état ? (*Vives exclamations au centre.*)

J'ai entendu dire hier : Mais tout le monde a poussé à la dépense ! Oui, mais j'ai répondu à l'instant même : Tout le monde ne gouverne pas. (*Sensation.*) — Tout le monde ne doit pas gouverner.

Le ministère est placé entre la couronne et les chambres : la couronne, il la conseille ; les chambres, il doit les diriger : la couronne qu'il doit défendre et conseiller et à laquelle quelquefois il doit résister, sauf à quitter la place… (*Bruyante exclamation. — Mouvement prolongé.*)

Une chambre qu'il doit diriger, car il ne suffit pas qu'il existe au sein d'une chambre une énorme quantité de bon vouloir, il ne suffit pas qu'il y ait une énorme majorité au sein de la Chambre pour le ministère, il ne faut pas que ce soit la majorité qui le domine. Il y a des cas où une majorité peut et doit renverser le ministère ; mais en général il faut une majorité qui le soutienne, et non une majorité qui impose ses caprices. Il faut une majorité qui, lorsque le ministère lui montre le mieux, sache choisir ce mieux et s'y adapter, à peine de dissolution.

Eh bien ! si le gouvernement avait choisi quand les moyens lui en ont été offerts, quand les moyens de réaliser de très-grands travaux lui ont été donnés, s'il avait su choisir ce qui était nécessaire dans l'intérêt général du pays; s'il avait su dire, par exemple : Je veux un chemin de fer qui reliera la Belgique et l'Angleterre à la Méditerranée, en passant par Paris et aboutissant à Marseille, et ce chemin sera exécuté le premier; ce chemin serait exécuté aujourd'hui, et l'Angleterre ne chercherait pas maintenant à passer par Trieste, par l'Allemagne, où on lui offre des débouchés, quand nous ne pouvons pas lui offrir plus de facilités. (*Sensation.*) — Quand le ministère était pressé de tous côtés pour les travaux publics, si, au lieu de les accueillir avec complaisance, au lieu d'en faire des chapelets où chaque député fournissait son grain (*on rit*), il eût résisté, il était dans son droit, il n'eût fait que son devoir.

Le mal vient de plus loin, je le sais. Il ne s'agit pas seulement de l'époque du gouvernement actuel; aussi loin qu'on voudra remonter, j'y consens; si, dis-je, au lieu de présenter ainsi ces accumulations de travaux, des travaux dépendants de tel ou tel caprice, où chacun, par une sorte d'assurance mutuelle, laissait passer le mauvais en considération du bon, où chacun votait ce qui ne lui plaisait pas pour faire passer ce qui lui plaisait, si le gouvernement avait résisté et avait su choisir, nos finances n'auraient pas été accablées comme elles le sont maintenant; et, véritablement, je ne regarde pas comme un grand malheur que l'ancien ministre des travaux publics soit maintenant ministre des finances, il sent en ce moment le poids qu'il avait fait peser sur son collègue. (*Rires. — Très-bien! très-bien!*) — Je le disais de la même manière et à la même place au mois de mai de l'année dernière, en m'indignant un peu contre cette accumulation des dépenses publiques, et par l'appréhension que j'avais qu'on n'allât trop loin; je disais : « Au milieu de tout cela il y a un homme qu'on appelle le Trésor, qui ne dit mot, qu'on surcharge outre mesure, et sur les épaules de qui on en met plus qu'il n'en pourra porter; tout cela jette le pays dans un inconnu qui tôt ou tard amènera une crise. » — Voilà ce que je disais au mois de mai de l'année dernière. On n'en a tenu nul compte, et aujourd'hui on argumente de cette situation pour en induire qu'à présent la réduction serait impossible!

Voyons donc, Messieurs, si le ministère a eu ou s'il a encore les moyens de faire la réduction.

Depuis 1830, nous avons eu cet immense bonheur pour la révolution de juillet de voir s'accroître nos ressources. Nos ennemis auraient bien voulu pouvoir dire que cette révolution avait porté coup au crédit public, porté coup à la prospérité nationale; et, au contraire, ils ont vu s'opérer les plus heureux effets, à tel point que, sans créer aucun nouvel impôt, sous l'empire de la loi, de la liberté et de la paix sagement conservée au dehors, aussi bien que de l'ordre public maintenu au dedans, les recettes ont reçu un accroissement inespéré d'année en année et sont arrivées à ce point que, l'an dernier, l'augmentation sur un budget qui, en 1830, n'était que d'un milliard (chiffre qui suffisait à tous les services publics), l'augmentation des revenus s'élevait à 350 millions.

Sur ces 350 millions d'augmentation qui vous offraient le moyen de faire des choses extraordinaires, que pouvait faire le gouvernement qui vous a précédé? Que pouviez-vous faire vous-même? si on avait renoncé à dépenser 50 millions de plus pour procurer cette réduction, ces améliorations que nous poursuivons, il serait resté 300 millions, avec lesquels on pouvait occuper les ingénieurs, les maçons, les architectes, les pionniers et tous les entrepreneurs (*rires*), pour fournir à cette noble passion des travaux publics, qui sont grands et beaux seulement dans de certaines limites. Je ne conseille pas des épargnes : le temps des trésors est passé; mais le temps des dettes est malheureusement arrivé, il pèsera encore longtemps sur la fortune publique. Eh bien! un gouvernement, non pas seulement vous, mais ceux qui vous ont précédé; car les augmentations se sont manifestées dès 1832....

*Une voix.* 1836.

M. Dupin. Elles ont été plus grandes en 1836, mais elles se sont manifestées dès l'année 1832; ce ne serait qu'en 1836, cela ne ferait rien. Il est évident, dis-je, qu'on aurait trouvé là les moyens de réduire l'impôt du sel et d'avoir encore des sommes énormes à employer aux travaux publics.

Mais il semble qu'on se soit fait une loi de dire : Nous avons cette année 40 millions d'augmentation, nous en dépenserons 60 ; si l'année prochaine il y avait une augmentation de 60 millions, nous en dépenserions 80. Dépensant vite les ressources, non pas à mesure qu'elles venaient, mais en les excédant comme à dessein, à mesure qu'elles se réalisaient, pour rendre l'équilibre impossible. (*Vive approbation aux extrémités.*)

Ce sont nos affaires, Messieurs, j'en parle dans l'intérêt commun ; nous devons enfin, il est temps, prendre une résolution ferme et nous arrêter sur le bord de l'abîme! (*Sensation.*)

Voilà ce qui s'est passé sous vos yeux : le budget était donc, en 1830, comme le disait M. Muret de Bort, de 1 milliard 31 millions ; il est aujourd'hui de 1,500 millions.

*Une voix au centre.* Pas tout à fait.

M. Dupin. Les fractions n'y font rien. Le gouvernement est donc le maître, quand il voudra, non pas de paralyser certains services publics, il faut les maintenir tous; mais il a pu, et quand il le voudra il pourra modérer quelque peu cet excès de travaux publics qui fait non-seulement que le budget est monté au chiffre dont nous avons parlé, mais que près de 700 millions d'emprunts ont été employés et dépensés pour le même sujet.

Par suite de ces emprunts, le chiffre de la dette publique consolidée est de 30 millions de plus qu'en 1830 ; et la dette flottante, qui n'était que de 200 et quelques millions à cette époque, est presque triplée. Enfin les ressources de l'amortissement, qui, en 1830, étaient appropriées à leur destination, c'est-à-dire à l'extinction de la dette publique ou à l'anéantissement des rentes rachetées, ce qui eût donné de l'élasticité au revenu public, sont engagées aujourd'hui pour dix ans. Voilà les résultats financiers ! et cela parce qu'on a voulu faire des travaux publics partout, sur la demande de tout le monde et en ne gardant aucune mesure, à tel point que votre commission du budget, que vous soutiendrez, je l'espère, vous montre cette année que, même en retranchant une somme énorme sur les travaux publics, vous aurez encore un chiffre supérieur à celui de 1846.

L'impôt du sel peut donc être réduit quand on le voudra, non pas aux dépens des services publics indispensables à la marche du gouvernement, mais en prenant cette réduction sur la portion du revenu qu'on applique à des travaux publics [1].

» Voilà pourquoi je soutiens la proposition; voilà pourquoi je demande que cette année, comme les années précédentes, on vote la réduction de l'impôt du sel. Je me serais contenté de l'article 1er comme expression de notre opinion bien nette à cet égard. Du reste, cette proposition laisse au ministère le temps de préparer lui-même sa résolution et de s'associer à notre vote; mais il faut que ce soit de sa part une résolution sérieuse et consciencieuse, comme on doit l'attendre quand il s'agit de l'exécution d'une promesse faite à la chambre à la suite d'un vote porté par elle pour la troisième fois. Ce délai suffira au gouvernement pour mûrir cette résolution et arriver enfin à un résultat profitable au peuple pour qui nous réclamons, honorable pour la chambre et utile aussi à la couronne. » (*Très-bien! très-bien!*)

### *Réplique à M. le ministre de l'intérieur.*

M. Dupin. Je demande à répondre.

« Si tout est pour le mieux, si on n'a commis aucune faute, si nous ne sommes pas dans une mauvaise voie, si nous sommes dans la bonne, s'il y a tout à gagner et à s'enrichir à continuer, c'est moi qui ai tort, et je n'aurai qu'un mot à dire : *Continuons.*

» Personne n'admire plus que moi l'art de MM. les ministres! indépendamment de leur habileté en affaires, ils en ont prodigieusement en paroles!... (*Mouvements divers.*) — Ainsi je presse la question, je m'efforce de la rendre particulière, de la cantonner dans la situation où nous sommes, et on me répond par une vaste et brillante théorie sur les travaux publics.

» Hélas, mon Dieu! je suis d'accord avec M. le ministre de l'intérieur sur l'utilité des travaux publics, l'utilité des routes, l'utilité des canaux, l'utilité de donner du travail à certaines classes de la population; j'accorde tout, moi, en doctrine; je ne la fais pas; mais quand on me la présente, je l'accepte; j'en prends seulement ce qui est appli-

[1] Ne pourrait-on pas aussi mettre des bornes à cet accroissement de dépenses pour l'Algérie, qui nous retient cent mille hommes et nous coûte par an plus de cent millions sans aucun résultat utile?

cable aux affaires, et je vous dis : — Les travaux publics, oui, mais dans une certaine mesure, mais en n'excédant pas les moyens, en ne commençant pas tout à la fois, de manière à n'avoir rien de fini quand on en a besoin... (*C'est cela ! c'est cela !*)

» Ainsi je ne vous ai pas dit qu'il ne fallait faire qu'un seul chemin en France, celui qui irait de Belgique à Marseille. Je vous ai dit que c'était le plus essentiel, le premier dont il fallait s'occuper ; celui qui, s'il avait été fait, vous aurait donné les avantages dont vous parliez tout à l'heure avec raison. (*C'est vrai !*)

» Ainsi, depuis le Nord, depuis Valenciennes jusqu'à Marseille, dans toute l'étendue de la France, vous auriez pu faire remonter ces grains qui arrivaient à Marseille, où ils étaient encombrés; vous n'auriez pas subi le monopole des bateliers du Rhône. Et ce n'est pas seulement les départements que le chemin aurait traversés matériellement, qui en auraient profité, mais aussi tous ceux qui, venant, comme les côtes, s'embrancher sur cette longue échine (*on rit*), auraient participé aux avantages du grand chemin.

» Je n'ai pas prétendu qu'il ne fallût faire qu'un chemin; mais celui-là était essentiel : c'était un chemin capital, un chemin d'ordre public, indépendamment de toutes les utilités particulières. Je ne trouve pas mauvais qu'on en ait voté d'autres; je ne prétends pas qu'il ne fallût pas satisfaire plus d'une localité, et surtout je ne vous impute pas de mauvais desseins. Je cite les faits, je repousse les mauvaises intentions; je ne veux pas qu'on cherche en quelque sorte à détourner les esprits pour donner à leurs votes une autre direction; je n'accuse les intentions de personne, car j'ai fait remonter mes reproches à l'origine, au moment même où les abus se sont manifestés pour la première fois, et par conséquent à d'autres ministères avant vous; mais les abus se sont continués, aggravés, chacun a ajouté ses propres torts à ceux qui existaient déjà, et les choses sont arrivées à l'excès.

» C'est dans cette situation que je me borne à déplorer ce qui a été fait de trop. Je fais cette réflexion toute simple : il ne s'agissait pas de vous paralyser, de ne contenter qu'une seule contrée et de ne pas en satisfaire plusieurs, si cela était possible; vous aviez de la marge; vous n'en étiez pas réduits à ce budget de 1830 qui, avec 1 milliard 36 millions, suffisait à la satisfaction de tous les services publics. Vous avez obtenu un excédant de recettes de 350 millions ; par conséquent, si vous l'aviez bien voulu, vous auriez pu diminuer facilement les impôts les plus onéreux ; vous auriez pu dire : Prenons sur cette augmentation, non pas sur le nécessaire, mais sur cette augmentation prenons 50 millions : il vous fût encore resté 300 millions ; certes, il y a là de quoi bâtir, maçonner, faire de magnifiques et utiles travaux publics.

» Il est donc évident que, si l'on n'a pas réduit l'impôt du sel, c'est qu'on ne l'a pas voulu.

» A présent, vous ne voulez réduire cet impôt qu'autant qu'on vous en donnera un autre qui produira les mêmes recettes au trésor. Mais moi je vous montre que c'est au moyen des économies que vous pouviez opérer la réduction ; c'est en prenant sur les bénéfices, et non par l'accroissement des charges, qu'on pouvait et qu'il faut obtenir ce résultat.

» Dans cette situation, la chambre peut être certaine que, si on laisse au gouvernement la libre disposition non-seulement de tous les revenus ordinaires, mais des accroissements de recette, on n'aura pas d'autre résultat que celui obtenu jusqu'ici. Vainement l'augmentation des recettes continuerait de se réaliser par l'effet de notre *prospérité toujours croissante*, c'est la formule (*on rit*) ; si on laisse au gouvernement cette liberté sans limite, il dépensera tout sans limite, et dépensera encore toutes les recettes et même au delà, et jamais réduction ne s'opérera. (*A gauche : Très-bien !*)

» Si, au contraire, vous prenez la résolution de dire au gouvernement : Puisque cette marche inespérée de la richesse publique vous a donné un excédant de 350 millions de recettes de plus qu'en 1830, vous n'avez pas de motifs de repousser la réduction ; pour cela, il n'est pas nécessaire de surimposer les citoyens ; prenez sur cet excédant, et la réduction s'opérera. Autrement, je vois la ruse ; l'année prochaine on vous dira : Nous ne demandons pas mieux de faire la réduction demandée, mais surimposez telle autre chose. (*Mouvement.*) — Voulez-vous ou ne voulez-vous pas qu'on surimpose telle chose ? Tout le monde dira non (*rires approbatifs*) ; au lieu qu'il faudrait dire : Puisque les autres impôts ont produit davantage, eh bien, nous dépenserons un peu moins, et nous réduirons le sel. (*Très-bien!*)

» J'ai donc eu raison de dire qu'en me répondant, on avait déplacé la question.

» Honneur aux travaux publics et aux hommes d'État qui les ont favorisés! Honneur en ce point à M. le ministre de l'intérieur!

» *Je n'en rabats que l'excès :* c'est à cela que je me borne et que je me limite. Je persiste à dire qu'on pouvait, non pas en augmentant l'impôt, mais en prenant sur les économies, faire la réduction. Voilà pourquoi je dis : Votez la troisième fois, c'est le plus sûr moyen que la quatrième fois vous aurez le résultat que vous désirez. » (*Approbation générale.*)

*Nota.* Cette réduction a été votée par la chambre des députés pour la troisième fois ; mais le ministère n'a pas voulu donner suite à la proposition.

— Après la révolution de février, cette réduction a été prononcée par la Constituante ; mais un peu trop brusquement, car alors les finances offraient un immense déficit. Il aurait mieux valu reculer d'un an, et surtout ne pas mettre l'impôt des 45 centimes.

## CODE RURAL.

### Chambre des députés. — Séance du 2 juin 1846.

*Observations de M. Dupin sur la demande d'un Code rural.*

M. Dupin. Je ne demande pas mieux qu'on fasse un Code rural, si la chose est aussi facile que le pense l'honorable préopinant; mais je crois que, si cela avait été chose facile, on n'aurait pas manqué d'en faire un tout aussi bien qu'on a fait un Code de la *pêche fluviale* ou un *Code forestier*, et beaucoup d'autres lois. Mais si on n'a promulgué en 91, qui était aussi une époque de réorganisation, que quelques articles, c'est que ce sont précisément les seuls points à peu près sur lesquels on peut établir des règles générales (C'est cela ! c'est cela ! ), des règles qui puissent convenir à toute la France.

Ne nous y méprenons pas, Messieurs, le caractère de tout notre régime nouveau, de tout le régime de la révolution, a été de substituer l'uniformité à la bigarrure; mais l'uniformité partout où elle est possible, l'uniformité dans le droit, l'uniformité dans un très-grand nombre de cas. C'est là le fond de notre ordre politique, de notre ordre civil; mais quand on en vient à un Code rural, il faut traduire le mot par « usages ruraux. » Vous trouvez là la diversité par la diversité des provinces, par la diversité des usages, par la diversité de toutes les pratiques possibles (*C'est vrai! c'est vrai!*). Et voilà comment il se fait que lorsqu'un Code rural est fait à Paris par de très-habiles gens qui cherchent à établir des règles générales, et lorsque ce Code est envoyé dans chaque département et dans chaque conseil général, on peut bien encore demander qu'il se fasse; mais chacun le veut à sa manière.

Cela n'empêche pas que le gouvernement ne rappelle à lui toutes les observations qui lui ont été faites. Et s'il peut faire de cela un droit commun, je le souhaite; mais je ne crois pas la chose facile. (*Assentiment.*) — (*Moniteur* du 3 juin 1846).

## REBOISEMENT DES MONTAGNES

dans les départements de l'Isère, des Hautes-Alpes, Basses-Alpes et du Var.

*Discussion élevée dans l'Académie des sciences morales et politiques, après un rapport de M. Blanqui, sur la situation économique de ces quatre départements.*

Séance du 9 décembre 1843. (voir *Moniteur* du 31 janvier 1844).

... Le mal indiqué est constant. Personne ne doute de l'utilité d'un reboisement. Mais comment opérer ce reboisement malgré des communes, par exemple, qui ne veulent pas renoncer à leur indivision ni à leur mode de jouissance? Après quelques observations échangées entre MM. Passy et Blanqui, M. Dupin a pris la parole en ces termes:

« La question importante est celle des voies et moyens. Dans la pensée de M. Blanqui, le sacrifice qu'il s'agit d'imposer à l'Etat aurait pour point de départ cette idée: que le gouvernement ou, si l'on veut, la société n'a pas été juste envers les départements des Alpes et quelques autres contrées pauvres moins favorisées que certains pays riches, pour lesquels on a beaucoup fait! C'est là une grave assertion : je suis loin de la tenir pour vraie et d'accorder ce que dit notre honorable collègue, que l'administration, par ses procédés, aurait substitué une aristocratie de terrains à une aristocratie de personnes. Les contrastes sont dans la nature : il y a des pygmées, il y a des géants, des hommes stupides et des esprits éclairés; il y a de bons et de mauvais terrains, et la société n'est pas obligée de réparer et de corriger toutes les inégalités, toutes les dissemblances qui ne procèdent pas de son fait, mais de la nature des choses. Le terrain qui est placé au pied du Vésuve, et que menacent de continuelles irruptions, ne vaut pas la terre de Labour, les Landes ne valent pas la Beauce; mais, de toute ancienneté aussi, ce qui vaut moins se paye et se vend moins cher. Il y a un équilibre tenant à la nature des choses et qu'il faut accepter. On ne peut pas aller fumer et féconder la terre du voisin qu'il a achetée à de meilleures conditions que si elle eût été de première qualité. Seulement, quand l'intérêt général l'exige, il est alors opportun d'aviser à des mesures utiles. Je prends l'exemple des endiguements : il y a des cas où il peut être d'une bonne administration que l'Etat combine ses efforts avec ceux des particuliers pour combattre des inondations qui sont l'ennemi commun; mais il ne s'ensuit pas que l'Etat doive se prêter légèrement à tous les désirs, à toutes les réquisitions des riverains. Ce n'est pas d'aujourd'hui que le Rhône et la Durance exercent des ravages par leurs débordements; mais, dans ces derniers temps, les riverains ont peut-être contribué à en augmenter la violence. Là où autrefois on laissait les terrains vains et vagues, en pâturages qui supportaient les débordements du fleuve ou les brusqueries des torrents, on a voulu se défendre, on a relevé les bords, on a resserré le lit des eaux : par là on a gagné de l'espace, on a amélioré les champs. Mais, aux jours de crue des eaux, on s'est aussi exposé à plus de dommages. Maintenant peut-on en rendre l'État responsable et l'obliger à une sorte de garantie et d'assurance contre les débordements? Cela n'est ni juste ni possible.

» Les sophismes ne manquent pas. Si vous faites cela, dit-on, pour l'agriculture, l'Etat y gagnera par l'accroissement de valeur que subiront les terres et leurs produits.

Sans doute. Mais, pour obtenir un léger accroissement d'impôt dans l'avenir, il faudrait des sommes considérables dans le présent : est-il juste de prendre sur les finances générales de l'Etat pour procurer une amélioration dans les propriétés de quelques-uns ? D'ailleurs à qui appartiennent ces terrains qui bordent les fleuves et les torrents ? On s'apitoie à ce sujet, comme si ces biens appartenaient à des malheureux ; mais, non, ils appartiennent presque tous à des riches qui ont ailleurs des terres fécondes, des maisons ou des capitaux. Ainsi, ne vous y trompez pas, l'argument du pauvre terrain n'est pas toujours l'argument du pauvre homme ! Quant aux plantations, elles sont très-utiles : des sommets de montagnes couronnés d'arbres verts valent mieux que des sommets pelés ; mais ces plantations qu'on présente comme un préservatif contre le ravage des eaux empêcheraient-elles la neige de fondre, l'orage d'entraîner la terre et de la porter au pied des hauteurs ? Je ne suis pas grand naturaliste, mais je ne puis partager l'opinion de ceux qui prétendent que les plantations diminuent l'abondance des eaux. Je suis d'une opinion contraire : je crois que les plantations attirent et entretiennent les pluies, et contribuent à l'alimentation des sources.

» Maintenant M. Passy, comme théoricien et aussi comme homme politique, vous a présenté des difficultés devant lesquelles vous vous arrêtez. Sans doute il ne suffit pas de dire : L'Etat est là ; c'est à lui d'aider les communes pauvres... Il faut, avant tout, savoir apprécier les difficultés qui naissent précisément de la question de la *propriété communale*. Vous croyez qu'il sera facile d'amener les conseils communaux à consentir à vos arrangements. Eh bien ! vous ne les connaissez pas : il y a des difficultés énormes à protéger leurs biens communaux contre les usagers, ou à les amener, soit à un partage, soit à un meilleur mode de jouissance. Le gouvernement, d'après la législation forestière, est autorisé à racheter, dans ses bois, le pâturage. Eh bien ! il hésite souvent à exercer ce droit, parce qu'on ne change pas aisément la condition des populations, et que, là où il y a une population de pasteurs, on ne peut pas brusquement substituer une population de laboureurs. Expropriera-t-on les communes si elles ne veulent pas consentir à vos projets ? Ce sera un principe nouveau dans la législation, que d'exproprier les gens, non pour satisfaire à une raison d'utilité publique, mais dans leur intérêt et pour leur apprendre à tirer un meilleur parti de leurs biens! et ce principe excitera de nombreuses réclamations! Il faudrait de longues années pour changer les habitudes de ces populations; on ne peut que conseiller, diriger, donner des exemples, leur apprendre à vivre avec plus d'intelligence. Si ces biens communaux étaient partagés, cela vaudrait mieux sans doute; mais, que faire, si l'on ne peut pas y parvenir? Ce qu'il faudrait, ce qui manque surtout dans les pays montueux et dans les plaines stériles, c'est une industrie qui supplée aux ressources agricoles ou qui les complète, il faudrait ce qu'on rencontre dans les Cévennes, dans la Suisse, des habitudes laborieuses et certaines fabrications. L'emploi de ces moyens serait plus sûr et surtout plus prompt que de semer de la graine de pin. Je suis d'ailleurs, je le répète, grand partisan des plantations; je désire qu'on les encourage, mais je ne suis pas d'avis qu'on exproprie les gens pour le plaisir de convertir leurs terres en bois. »

## STATISTIQUE DE L'AGRICULTURE DE LA FRANCE[1].

### I. *Etendue du domaine agricole.*

Le domaine agricole est divisé naturellement ainsi qu'il suit :

| | Hectares. | L. carr. |
|---|---|---|
| 1° Les cultures, y compris les prairies artificielles | 20,891,288 | 10,570 |
| 2° Les vergers, pépinières, oseraies, etc. | 766,578 | 388 |
| 3° Les pâturages, jachères, prés et pâtis | 20,152,556 | 10,202 |
| 4° Les bois et forêts, avec les terrains forestiers | 8,804,551 | 4,657 |
| Étendue totale du domaine agricole | 50,614,973 | 25,632 |
| — — social | 2,534,551 | 1,284 |
| Total | 53,149,524 | 26,507 |

[1] Ces données curieuses, et toutes puisées à des sources officielles, sont extraites d'un ouvrage de M. Alexandre Moreau de Jonnès, intitulé : *Statistique de l'Agriculture de la France*, et publié récemment par l'éditeur Guillaume; 1 vol. in-8°, 7 fr. 50. — Elles se trouvent reproduites dans l'*Almanach de France* de 1849, publié par la Société nationale de France.

Le rapport de l'étendue de chacune de ces divisions à l'étendue totale, et la répartition de cette étendue d'après la population du royaume, sont exprimés ci-après :

| | | Par habitant. |
|---|---|---|
| Culture | 41 p. 100 | 62 |
| Vergers, pépinières | 1 | 2 |
| Pâturages | 40 | 61 |
| Bois et forêts | 18 | 26 |
| | 100 | 151 |

Ainsi, les terrains en cultures actuelles, et non compris les jachères, forment plus des deux cinquièmes du domaine agricole. Les pâturages sont un peu moins grands, et les bois ne couvrent pas le cinquième dés surfaces appartenant à la production agricole. Sur un hectare et demi qui revient à chaque habitant pour sa part dans le domaine rural, il y a 62 ares en terres cultivées, 61 en pâturages et 26 en forêts.

II. *Décomposition du domaine agricole en cultures*

| | Hectares. | L. carr. |
|---|---|---|
| Froment couvre, sans les jachères | 5,586.787 | 2,830 |
| Méteil | 910,933 | 461 |
| Seigle | 2,577,254 | 1,305 |
| Orge | 1,188,190 | 600 |
| Avoine | 3,000,634 | 1,520 |
| Maïs | 631,732 | 320 |
| Vigne | 1,972,340 | 1,000 |
| Pommes de terre | 920,973 | 466 |
| Sarrasin | 651,242 | 321 |
| Légumes secs : lentilles, pois, fèves, haricots, etc. | 276,925 | 140 |
| Jardins potagers | 360,696 | 154 |
| Betteraves | 57,663 | 29 |
| Colza | 173,506 | 88 |
| Lin | 100,000 | 50 |
| Chanvre | 176,148 | 89 |
| Tabac | 7,955 | 4 |
| Garance | 14,674 | 7 |
| Mûriers | 41,081 | 21 |
| Oliviers | 116,798 | 60 |
| Houblon | 827 | 1/2 |
| Châtaigniers | 455,387 | 230 |
| Prairies artificielles | 1,576,547 | 778 |
| Vergers, pépinières, oseraies, aunaies | 766,578 | 387 |
| | 52,768,000 | 26,720 |

Sur ces 52,768,000 hectares, ou 26,720 lieues carrées, qui forment la surface totale du royaume, il y en a 21 millions en cultures actuelles, et 28 millions et demi quand on comprend dans cette étendue : les jachères, les vergers, les pépinières, les aunaies, oseraies et autres plantations. — Voici la distribution des divisions de la culture : la culture du froment occupe plus d'un dixième de la France, ou deux cinquièmes de l'étendue des terres cultivées du royaume. Cette surface égale celle de la Grèce, elle surpasse celle de la Bohême, de la Suisse et du Danemark.

La culture du méteil est le sixième de celle du froment, et le tiers de celle du seigle. — Celle du seigle occupe la vingt et unième partie de la France ; celle de l'orge la treizième ; celle de l'avoine la dix-septième ; ce qui est presque l'étendue de la Belgique ou de la Sicile ; celle du maïs la quatre-vingt-quatrième partie de la surface de la France.

La vigne occupe la vingt-septième partie de la France et la dixième des cultures ; ce qui est à peu près l'étendue du royaume de Saxe, de celui de Wurtemberg, de la Lombardie et de la Toscane.

La pomme de terre occupe la cinquante-neuvième partie du territoire ; le sarrasin la quatre-vingt-cinquième partie ; les jardins la cent-soixante-troisième partie. — Le chanvre la soixante-dixième partie, le lin la cent-vingtième.

*Cultures.*

| | | |
|---|---|---|
| Céréales | 13,900,262 h. | 67 p. 100 |
| Vignes | 1,972,340 | 10 |
| Cultures diverses | 3,442,139 | 13 |
| Prairies artificielles | 1,576,547 | 8 |
| Jachères | 6,763,281 | 24 |
| Vergers, pépinières | 766,578 | 3 |
| Total général | 28,421,517 | 1,4338 |

C'est beaucoup plus de la moitié du territoire, et, en termes définis, 54 pour 100.

Les cultures sont réparties de la manière suivante entre la France orientale et la France occidentale.

| | France orientale. | France occidentale. |
|---|---|---|
| Céréales | 6,538,198 hect. | 7,293,678 hect. |
| Vignes | 897,423 | 1,063,332 |
| Cultures diverses | 1,428,081 | 974,312 |
| Prairies artificielles | 733,716 | 841,765 |
| Totaux | 9,597,418 | 11,173,087 |

La France occidentale possède, sur un territoire de 25,700,000 hectares, une étendue de culture de plus de 11 millions, ou 44 pour 100. Dans la France orientale, sur 26 millions 130,000 hectares, 9,600,000 seulement sont cultivés; c'est 37 pour 100. Ainsi, toutes choses égales d'ailleurs, la surface en culture est plus grande d'un cinquième dans la partie occidentale de la France.

*Rapport de l'étendue des cultures à la population.*

| | Population. | Etat des cultures. | Etat de la cult. par habit. |
|---|---|---|---|
| France orient. | 15,919,000 h. | 9,597,400 hect. | 60 ares. |
| — occid. | 17,415,000 | 11,173,000 | 64 |

*Pâturages.*

Les pâturages occupent près de 22 millions d'hectares, ou 43 hectares sur chaque centaine de la surface de la France, savoir :

| | Hectares. | L. carrées. | |
|---|---|---|---|
| Prairies naturelles | 4,198,000 | 2,125 | 20 p. 100 |
| — artificielles | 1,577,000 | 800 | 7 |
| Jachères | 6,763,000 | 3,424 | 31 |
| Pâturages, pâtis, landes | 9,191,000 | 4,651 | 42 |
| Total | 21,729,000 | 11,000 | 100 |

Ainsi les prés, qui fournissent le foin aux animaux domestiques herbivores, forment un cinquième de la surface totale des pâturages; les prairies artificielles en égalent à peine le douzième; les jachères, qui servent à la pâture en attendant une autre destination, constituent, pour ainsi dire, le tiers de la surface totale, et les pâtis ont plus du double de la contenance des prés; ils excèdent de deux cinquièmes toutes les terres réservées aux bestiaux.

Si l'on récapitule par régions toute l'étendue des pâturages, sans distinction d'espèce, on est conduit aux résultats suivants :

| | | |
|---|---|---|
| France orientale...... | 10,485,364 hect. | 48 p. 100 |
| — occidentale.... | 10,600,092 — | 50 p. 100 |

### *Bois et Forêts*

*D'après les tableaux joints au Code forestier, édit. de Dupin, 1834, 1 vol. in-18.*

| | Hectares. |
|---|---|
| Bois de l'ancien Apanage d'Orléans........ | 55,783 |
| — de l'ancienne liste civile............ | 65,969 |
| — de l'État......................... | 1,160,467 |
| — communes et établissements publics... | 1,896,745 |
| — des particuliers.................... | 3,237,517 |
| Total......... | 6,416,481 |

### *Quantité de la production du domaine agricole.*

On peut se faire une idée de la quantité de cette production par le tableau récapitulatif ci-après :

| | | |
|---|---|---|
| Céréales.......................... | 182,516,000 | hectares. |
| Vins.............................. | 36,783,000 | |
| Eaux-de-vie....................... | 1,088,000 | |
| Bière............................. | 3,885,000 | |
| Cidre............................. | 10,881,000 | |
| Pommes de terre................... | 96,234,000 | |
| Sarrasin.......................... | 8,470,000 | |
| Légumes secs...................... | 3,461,000 | |
| Betteraves........................ | 15,741,000 | quint. mét. |
| Colza............................. | 2,280,000 | |
| Houblon........................... | 888,000 | kilog. |
| Tabac............................. | 89,000 | quint. mét. |
| Garance........................... | 160,000 | — |
| Huile d'olive..................... | 167,000 | hect. |
| Chanvre, filasse.................. | 67,507,000 | kilog. |
| Lin, filasse...................... | 36,875,000 | — |
| Châtaignes........................ | 3,478,000 | hect. |
| Pailles de toutes sortes.......... | 226,708,000 | quint. mét. |
| Foin des prairies artificielles et naturelles. | 152,460,000 | — |
| Bois de construction et à brûler........ | 34,570,000 | stères. |

### *Richesse du domaine agricole, non compris les animaux domestiques.*

En rangeant les principaux produits agricoles d'après la

richesse que donne annuellement leur culture, il y a lieu de leur assigner l'ordre suivant :

| | | |
|---|---|---|
| 1. | Froment | 1,324,189,591 fr. |
| 2. | Pailles de toutes sortes | 761,767,460 |
| 3. | Prairies naturelles, foins | 462,598,000 |
| 4. | Vignes, vins | 441,398,000 |
| 5. | Avoine | 362,413,000 |
| 6. | Seigle | 355,551,000 |
| 7. | Prairies artificielles, foins | 203,765,000 |
| 8. | Bois et forêts | 206,600,000 |
| 9. | Pommes de terre | 202,106,000 |
| 10. | Méteil | 173,004,000 |
| 11. | Orge | 165,146,000 |
| 12. | Jardins | 157,994,000 |
| 13. | Jachères, herbes | 92,285,000 |
| 14. | Pâtures et pâtis | 91,910,000 |
| 15. | Chanvre | 86,287,000 |
| 16. | Maïs | 86,155,000 |
| 17. | Cidre | 84,422,000 |
| 18. | Pépinières et vergers | 76,657,000 |
| 19. | Sarrasin | 61,389,000 |
| 20. | Eaux-de-vie | 59,059,000 |
| 21. | Bière | 58,036,000 |
| 22. | Lin | 57,507,000 |
| 23. | Légumes secs | 52.008,000 |
| 24. | Colza | 51,127,000 |
| 25. | Mûriers | 42,779,000 |
| 26. | Betteraves | 28,979,000 |
| 27. | Oliviers | 22,776,000 |
| 28. | Châtaigniers | 13,528,000 |
| 29. | Garance | 9,343,000 |
| 30. | Tabac | 5,104,000 |

On voit, par cette table, que le froment est l'objet capital de l'agriculture ; sa valeur annuelle égale tous les revenus de l'État. Les pailles forment un article dont la richesse est moitié de celle du blé. Nos prairies, quoiqu'elles soient loin de la situation qu'on réclame pour elles, donnent un revenu plus grand que celui de nos vignobles. Le rapport annuel des bois et forêts est égalé par celui que donne la culture des pommes de terre. Les jardins produisent autant que l'orge. Les jachères, les pâtis, dont la surface est dix fois plus grande que celle des prairies artificielles, rapportent beaucoup moins qu'elles. Nos cultures industrielles, le lin, le chanvre, les mûriers, les betteraves, sont les parties de notre revenu agricole qui nous promettent le plus d'extension.

Maintenant, si l'on cherche à déterminer quel est, pour chaque culture, le terme moyen du revenu brut annuel de l'hectare, et quel rang lui est assigné par l'élévation de son rapport, on arrive aux termes ci-après, qui sont réglés par des prix de production très-bas.

| | | fr. | c. |
|---|---|---|---|
| 1. | Houblon | 1,191 | 25 |
| 2. | Mûrier | 1,038 | 43 |
| 3. | Tabac | 689 | 30 |
| 4. | Garance | 636 | 65 |
| 5. | Lin | 585 | 35 |
| 6. | Chanvre | 502 | 55 |
| 7. | Betteraves | 489 | 85 |
| 8. | Jardins | 435 | 55 |
| 9. | Colza | 294 | 65 |
| 10. | Pommes de terre | 219 | 20 |
| 11. | Vignes | 212 | 45 |
| 12. | Froment | 197 | 40 |
| 13. | Méteil | 158 | 25 |
| 14. | Orge | 115 | 85 |
| 15. | Seigle | 114 | 95 |
| 16. | Maïs | 113 | 65 |
| 17. | Avoine | 100 | 65 |
| 18. | Châtaigniers | 29 | 70 |

Ainsi, ce sont les plantes industrielles dont la culture donne le plus grand revenu, et les céréales le moindre.

Dans la France septentrionale, l'hectare rapporte 107 fr. 82 c.; et dans la France méridionale, 79 fr. 27 c. C'est une différence de plus d'un quart. Quantité énorme que cette partie de la France doit récupérer à force de travail, et en appliquant à l'agriculture l'intelligence et l'activité de ses populations.

*Progrès de l'agriculture depuis cent cinquante ans.*

| Périodes. | Durée. | Accroissem. total. | Accroissem. moyen ann. |
|---|---|---|---|
| 1700 à 1760 | 60 ans. | 26,750,000 | 445,000 |
| 1760 à 1788 | 28 | 504,583,000 | 18,000,000 |
| 1788 à 1813 | 25 | 1,325,638,000 | 53,000,000 |
| 1813 à 1840 | 27 | 2,665,198,000 | 100,000,000 |

Ainsi, depuis le commencement du dix-huitième siècle, le revenu annuel de la production agricole s'est augmenté de 4 milliards et demi ; il est double de ce qu'il était sous l'Empire, quadruple de ce qu'il était sous Louis XVI, et quintuple de ce qu'il était sous Louis XIV.

L'accroissement de la population, qui, de 1700 à 1840, a été de près de 14 millions d'habitants, atténue l'augmentation du revenu agricole lorsqu'on compare l'un à l'autre. Voici le contingent de chaque personne dans la valeur totale de ce revenu :

| Epoq. | Règnes. | Population. | Valeur de la production agricole. | Par hab. |
|---|---|---|---|---|
| 1700 | Louis XIV....... | 19,600,000 h. | 1,500,000,000 f. | 77 f. |
| 1760 | Louis XV........ | 21,000,000 | 1,526,750,000 | 73 |
| 1788 | Louis XVI....... | 24,000,000 | 2,031,333,000 | 85 |
| 1813 | France impériale. | 30,000,000 | 3,356,971,000 | 118 |
| 1840 | France actuelle... | 33,540,000 | 6,022,169,000 | 180 |
| | Avec les animaux | domestiques. | 7,502,905,000 | 224 |

La surface cultivée de la France s'est-elle agrandie, comme la population aux besoins de laquelle il faut qu'elle fournisse, ou bien une agriculture plus habile a-t-elle tiré de la même étendue des produits plus considérables? Cette importante question est résolue dans le dernier sens par les documents publics du dix-huitième et du dix-neuvième siècle. Depuis 140 ans, l'étendue des terres arables, y compris les jachères et les cultures diverses, ne s'est point augmentée ; elle s'est plutôt restreinte, et cependant la population s'est accrue de 14 à 15 millions.

Cet accroissement du nombre des habitants a réduit progressivement la quote-part de chaque personne dans l'étendue des cultures. Cette quote-part est exprimée ci-après :

| Epoques. | Cult. Jach. | Pâtur. et forêts. | Part de chaque habitant. |
|---|---|---|---|
| Sous Louis XIV.. | 138 ares par hab. | 108 ares. | 246 |
| — Louis XV... | 118 | 113 | 231 |
| — Louis XVI.. | 114 | 96 | 210 |
| France impériale. | 98 | 69 | 167 |
| France actuelle... | 82 | 68 | 150 |

Cette immense réduction des deux cinquièmes s'est opérée par la diminution d'étendue des jachères et par l'habileté plus grande de l'agriculture, qui a obtenu de la même surface une production beaucoup plus considérable.

Cette double amélioration nous a permis de créer nos

prairies artificielles et de fournir une subsistance plus abondante et plus assurée à une population plus grande de 73 pour 100.

Ce merveilleux changement n'a point exigé toute la période d'un siècle et demi, écoulée depuis Louis XIV; il appartient spécialement à la grande rénovation sociale de 1789. A partir de cette époque, on voit diminuer la surface des terres qu'exigeait précédemment la subsistance de chaque personne, et, pour produire suffisamment, l'agriculture n'a pas besoin de la vaste étendue de terrains où se dissipaient autrefois ses forces.

La surface destinée à subvenir aux besoins de chaque habitant étant aujourd'hui moitié moins grande qu'en 1700, il s'ensuit que, pour fournir une même quantité de production, il faut que l'agriculture l'ait rendue moitié plus féconde.

Notre statistique agricole donne donc un démenti à la doctrine désolante de Malthus, doctrine rajeunie par les socialistes modernes, et qui prétend que l'accroissement de la population suit une progression géométrique, tandis que celui des subsistances suit une progression arithmétique. Cette assertion n'est point d'accord avec ce qui se passe en France, où nous voyons que depuis Louis XIV la quantité moyenne des récoltes a doublé tandis que la population, au lieu de s'accroître comme la production de la subsistance, ne s'est augmentée que de 70 pour 100. Elle était de moins de 20 millions en 1700, elle est maintenant de 34 millions : terme donné par le recensement de 1841. Ainsi, contrairement au principe de Malthus, l'accroissement des vivres est plus rapide en France que celui des hommes.

### *Animaux domestiques recensés en France.*

La France possède 52 millions d'animaux domestiques alimentés par les produits de 22 millions d'hectares en prairies naturelles et artificielles, en pâturages et en pâtis, et qui consomment de plus une quantité considérable de grains et d'autres végétaux.

| | | | |
|---|---|---|---|
| Bétail.......... | 9,936,538 têtes. | 20 p. 100 | p. 29 100 |
| Moutons........ | 32,151,430 | 64 | 97 |
| Porcs........... | 4,910,721 | 10 | 14 |
| Chevaux........ | 2,818,496 [1] | 6 | 8 |
| Mulets et mules.. | 373,844 | » | 1 |
| Anes et ânesses.. | 413,519 | » | 1 |
| Chèvres........ | 964,300 | » | 3 |
| Total.... | 51,568,848 | | 154 |

En 250 ans les animaux se sont augmentés de 33 pour 100, en 28 ans de 16 pour cent, et en 11 ans de 11 pour 100.— Leur valeur totale est cotée à 1,870,572,369; leur revenu annuel, à 767,251,851.

— Le nombre total des ruches exploitées en France s'élève à 1,608,643, produisant :

| | | |
|---|---|---|
| Miel............. | 7,023,268 kil., valant | 11,522,732 fr. |
| Cire............. | 1,467,516 | 3,377,306 |
| | Valeur totale.. | 15,000,038 |

*Tableau général de la valeur des produits de l'agriculture de France.*

| | |
|---|---|
| Revenu brut annuel des cultures............. | 5,092,116,220 f. |
| des pâturages............ | 646,794,905 |
| des bois, forêts, pépinières.. | 283,258,325 |
| Total du revenu de la production agric. végét. | 6,022,169,450 |
| Revenu brut annuel des animaux domestiques.. | 767,251,000 |
| des animaux abattus...... | 698,484,000 |
| Total du revenu des animaux. | 1,465,735,000 |
| Revenu brut des abeilles, cire et miel.......... | 15,000,000 |
| Total de la production animale. | 1,480,735,000 |
| Total général de la production agricole, végétale et animale..................... | 7,502,904,000 |
| Cette évaluation n'est point tout à fait conforme à celle de M Ch. Dupin, qui, en 1825, l'a évaluée à. | 5,813 millions |
| Balbi (1831)........................... | 5,520 |
| Schoey (1835)........................... | 6,750 |
| Lullin de Châteauvieux (1841).............. | 5,020 |
| Le docteur Royer, inspecteur général d'agriculture. | 7,543 millions |

[1] Vauban dit dans ses *Oisivetés* que la France pourrait produire 2,500,000 bêtes chevalines, qui donneraient par an 250,000 poulains. T. 1, p. 90, édit. d'Agoyat.

Les chiffres de M. Moreau de Jonnès ont une plus grande autorité officielle. D'ailleurs les recherches de cet estimable savant sont plus récentes.

## MESSAGE DU PRÉSIDENT DE LA RÉPUBLIQUE,

*Adressé à l'Assemblée nationale, le 6 juin 1849.*

*Paragraphes relatifs à l'agriculture.*

« L'agriculture, cette source de toutes les richesses, a reçu tous les encouragements qu'il était possible de lui donner en si peu de temps.

» Depuis le 20 décembre dernier, vingt et une fermes-écoles ont été créées et forment, avec les vingt-cinq déjà existantes, le premier degré de l'enseignement agricole. D'autres seront établies.

» Les instituts de la Saulsaie et de Grand-Jouan ont pris rang d'écoles régionales et fonctionnent aujourd'hui comme établissements de l'Etat, d'après les prescriptions de la loi du 3 octobre.

» L'administration s'est fait mettre en possession des fermes renfermées dans le petit parc de Versailles destiné à l'Institut national agronomique.

» Cent vingt-deux sociétés d'agriculture et plus de trois cents comices ont pris part à la répartition des fonds votés pour l'encouragement de l'agriculture.

» Par arrêté du 25 avril 1849, une commission d'hommes spéciaux et dévoués s'est mise à l'étude de la question des colonies agricoles. Le désir du gouvernement était de trouver le moyen le plus efficace de venir au secours des classes laborieuses, en ramenant les ouvriers des villes aux travaux de la campagne, et, d'après l'exemple des autres pays, dont les documents ont été réunis, d'utiliser au profit des pauvres la mise en valeur des terres incultes.

» L'organisation des haras nationaux a été profondément modifiée par l'arrêté du 11 décembre 1848.

» L'industrie chevaline est en progrès, elle a partout repris sa marche, et toutes les institutions qui en découlent et qui s'étaient crues menacées sont revenues à leur niveau.

» Le bon emploi du crédit de 500,000 fr. alloué pour la remonte des établissements n'a pas été étranger à ce résultat. Jamais la remonte n'a été ni aussi considérable, ni aussi brillante que cette année.

» La situation des subsistances est satisfaisante. La récolte de 1848, bien que moins abondante que celle qui l'a précédée, offre cependant des ressources supérieures aux besoins du pays.

» Les renseignements parvenus sur l'état des récoltes en terre sont très-favorables : c'est une consolation au milieu de toutes nos épreuves de voir l'abondance des produits promettre à nos populations le bon marché des denrées alimentaires.

» L'exposition des produits de l'industrie, qui exerce une influence heureuse sur le maniement des affaires, s'est ouverte le 4 juin. Le nombre des exposants inscrits s'était élevé à 3,919 ; il dépasse, cette année, le chiffre de 4,000. »

## LISTE

par ordre alphabétique

### DES SOCIÉTÉS D'AGRICULTURE ET COMICES AGRICOLES DE FRANCE DANS CHAQUE DÉPARTEMENT.

AIN. = *Société d'émulation* de Bourg. = *Société d'agriculture* de Trévoux. = *Comices agricoles* de Hauteville, — de Nantua.

AISNE. = *Société agricole* de Saint-Quentin. = *Comices agricoles* de Château-Thierry, — Marle, — Vervins.

ALLIER. = *Société d'agriculture* de Moulins. = *Comices agricoles* de Bourbon-l'Archambault, — Ebreuil, — Escurolles.

ALPES (BASSES). = *Société d'agriculture* de Digne. = *Comices agricoles* de Barcelonnette, — Sisteron, — Castellane, — Forcalquier.

ARDÈCHE. = *Comice agricole* de Largentière.

ARDENNES. = *Société d'agriculture* de Mézières = *Comices agricoles* de Mézières, — Sédan, — Rocroy, — Réthel, — Vouziers.

ARIÉGE. = *Société d'agriculture* de Foix. = *Comice agricole* de Saverdun.

AUBE. = *Société départementale.* Arcis-sur-Aube. = *Comices agricoles* de Troyes, — Arcis-sur-Aube, — Nogent-sur-Seine.

Aude. *Société d'agriculture* de Carcassonne.

Aveyron. = *Société d'agriculture* de Rodez. = *Comices agricoles* de Severac, — Belmont, — Laguiole, — Sainte-Affrique, — Vaucelle, — La Cavalerie, — Mareillac, — Cassagne, — Mur-de-Barrége, — Monbazins.

Bouches-du-Rhone. = *Société d'agriculture* de Marseille. = *Comices agricoles* de Marseille, — Tarascon.

Calvados. = *Sociétés d'agriculture* de Caen, — Bayeux, —Pont-l'Evêque, — Vire. = *Société d'émulation* de Lisieux. = *Société académique* de Falaise. = *Société vétérinaire*. = *Association normande*.

Cantal. = *Société d'agriculture* d'Aurillac. = *Société d'horticulture* d'Aurillac. = *Comices agricoles* d'Aurillac, — Montsalvy, — Maurs, — Saint-Mamet, — Vic-sur-Cère, — Riom, — Saugnes, — Salers, — Marcenat, — Murat, — Allenche.

Charente. = *Société d'agriculture* d'Angoulême. = *Comices agricoles* de Saint-Amand, — Rouillac, — Blanzac, — Mansle, — Montembœuf, — Ruffec et Angoulême.

Charente-Inférieure. = *Sociétés d'agriculture* de Saintes, — La Rochelle, — Jonzac, — Saint-Jean-d'Angély. = *Comices agricoles* d'Aytré, — Marans.

Cher. = *Société départementale*. = *Comices agricoles* de Bourges, — Aubigny, — Laguerche.

Corrèze. = *Société corrézienne*.

Cote-d'Or. = *Comices agricoles* de Dijon, — Semur, — Châtillon, — Montbard, — Epoisses, — Flavigny, — Saint-Jean-de-Losne, — Vitteaux, — Montigny, — Genlis.

Cotes-du Nord. — *Société d'agriculture* de Saint-Brieuc. = *Comices agricoles* de Plœnc, — Lanvollon, — Paimpol, — Lezardrieux, — Tréguier, — Laroche-Derrien, — Perros-Guirec, — Plestin, — (central) Dinan, — Loudéac, — Corlay, — Mur, — Uzel, — Merdrignac, — Plouguenast, — Lachèze, — Goarec, — (central) Loudéac, — Guingamp, — Pontrieux, — Bégard, — Belle-Isle-en Terre, — Rostrenen, — Saint-Nicolas de Pelem, — Callac, — Bourbriac, — Maël Carhaix, — (central) Guingamp.

Dordogne. = *Société d'agriculture* de Périgueux. = *Co-*

*mices agricoles* de Pardoux, — Velines, — Saint-Alvèze, — Montpazier, — Laforce, — Brantôme, — Thiviers, — Saint-Pierre-de-Chignac, — Montagrier, — Cadouin, — Sainte-Aulaye, — Saint-Astier, — Sarlat, — Bergerac, — Vergt.

DOUBS. = *Société d'agriculture* de Besançon. = *Comices agricoles* de Bouclans, — Busy, — Ornans, — St-Hippolyte, — Baume-les-Dames, — Morteau, — Audeux, — Montbéliard, — Pontarlier, — Vercel.

DROME. = *Société d'agriculture* de Valence.

EURE. = *Société d'agriculture* d'Evreux.

EURE-ET-LOIR. = *Comices agricoles* de Chartres, — Nogent-le-Rotrou, — Châteaudun.

FINISTÈRE. = *Société d'agriculture* de Quimper. = *Société vétérinaire* du Finistère. = *Comices agricoles* de Landerneau, — Ploudalmezeau, — Lesneveu, — Plabennec, — Crozon, — Huelgoat, — Plouigneaud, — Faon, — Pleyben, — Plogastel, — Saint-Thegonnec, — Bamealec, — Pont-Croix, — Pont-l'Abbé, — Plogonnec, — Landivisiau, — Saint-Renan.

GARD. = *Société d'agriculture* de Nîmes. = *Comice agricole* d'Alais.

GARONNE (HAUTE). = *Société d'agriculture* de Toulouse. = *Comice agricole* de Villefranche.

GIRONDE. = *Société d'agriculture* de Bordeaux. = *Comices agricoles* de La Teste, — Sainte-Foy, — Lesparre, — Grignols, — Guîtres.

HÉRAULT. = *Comices agricoles* de Ganges, — Castries.

ILLE-ET-VILAINE. = *Sociétés d'agriculture* de Rennes, — Fougères. = *Comices agricoles* de Guichen, — Argentré.

INDRE. = *Société d'agriculture* de Châteauroux. = *Comices agricoles* d'Issoudun, — Orsennes.

INDRE-ET-LOIRE. = *Société d'agriculture* de Tours. = *Comice agricole* de Chinon.

ISÈRE. — *Sociétés d'agriculture* de Grenoble, — Saint-Marcellin, — Saint-Laurent-de-Mur. = *Comice agricole* de Saint-Symphorien-d'Ozon.

JURA. = *Société d'agriculture* de Dôle. = *Comices agricoles* d'Arinthod, — Poligny, — Moirans, — Orgelet.

LANDES. = *Société d'agriculture* de Mont-de-Marsan.

LOIR-ET-CHER. = *Société d'agriculture* de Blois = *Comices agricoles* de Romorantin, — Vendôme.

LOIRE. = *Société d'agriculture* de Montbrison. = *Société industrielle* de Saint-Etienne. = *Comices agricoles* de Roanne, — Saint-Symphorien-de-Lay, — Perreux.

LOIRE (HAUTE). *Société d'agriculture* du Puy. = *Comice agricole* de Brioude.

LOIRE-INFÉRIEURE. = *Société d'horticulture* de Nantes. = *Comices agricoles* (central) de Nantes, — Carquefou, — Saint-Philbert, — Derval et Nozay.

LOIRET. = *Comices agricoles* d'Orléans, — Gien, — Montargis.

LOT. = *Société d'agriculture* de Cahors.

LOT-ET-GARONNE. = *Société d'agriculture* d'Agen. = *Comices agricoles* de Marmande, — Nérac, — Villeneuve-d'Agen, — Pennes, — Villeréal.

LOZÈRE. = *Société d'agriculture* de Mende.

MAINE-ET-LOIRE. = *Société industrielle* d'Angers. = *Comices agricoles* de Cholet, — Saumur, — Beaufort, — Seiches.

MANCHE. = *Sociétés d'agriculture* de Saint-Lô, — Cherbourg, — Avranches, — Mortain, — Valognes. = *Comices agricoles* de Coutances, — Torigny, — Ducey, — La Haie-Pestel.

MARNE = *Société d'agriculture* de Châlons-sur-Marne. = *Societé vétérinaire* du département. = *Comices agricoles* de Châlons-sur-Marne, — Sainte-Menehould, — Reims.

MARNE (HAUTE). = *Comices agricoles* de Saint-Blin, — Juzennecourt, — Longeau, — Chaumont, — Vignory, — Pranthoy, — Fayl-Billot.

MAYENNE. = *Comices agricoles* de Laval, — Château-Gontier, — Craon, — Saint-Aignan, — Bierné, — Cossé-le-Vivien, — Landivy, — Ambrières, — Mayenne.

MEURTHE. = *Société d'agriculture* de Nancy. = *Comices agricoles* de Nancy, — Château-Salins, — Lunéville, — Toul, — Sarrebourg.

MEUSE. = *Sociétés d'agriculture* de Bar-sur-Ornain, — Commercy, — Verdun, — Montmédy.

MORBIHAN. = *Société d'agriculture* de Lorient. = *Association bretonne*. = *Comices agricoles* de Plœmeur, — Belle-

Isle-en-Mer, — Pontivy, — Faouët, — Gourin, — Allaire, — Carentin.

MOSELLE. = *Académie* de Metz. = *Comices agricoles* de Metz, — Bricy, — Thionville, — Sarreguemines.

NIÈVRE. = *Société d'agriculture* de Nevers. = *Comices agricoles* de Clamecy, — Cosne, — Château-Chinon. — = *Ferme-modèle* de Poussery.

NORD. = *Sociétés d'agriculture* de Lille, — Douai, — Avesnes, — Cambrai, — Dunkerque, — Hazebrouck, — Bailleul, — Valenciennes.

OISE. = *Sociétés d'agriculture* de Compiègne, — Clermont, — Senlis. = *Association* du Nord. = *Comice agricole* de Grandvilliers.

ORNE. = *Comices agricoles* d'Alençon, — Argentan, — Domfromt.

PAS-DE-CALAIS. = *Sociétés d'agriculture* d'Arras, — Saint-Omer, — Béthune, — Boulogne, — Montreuil, — Saint-Pol. = *Comice agricole* d'Auxi-le-Château.

PUY-DE-DÔME. = *Société d'Agriculture* de Clermont. = *Comices agricoles* de Riom, — Thiers, — Ambert.

PYRÉNÉES-ORIENTALES. = *Société d'agriculture* du département.

RHIN (BAS-). = *Société d'agriculture* du département. = *Comices agricoles* de Strasbourg, — Schelestadt, — Wissembourg, — Saverne.

RHIN (HAUT-). = *Société d'agriculture* de Colmar. = *Comices agricoles* de Mulhouse, — Belfort.

RHÔNE. = *Société d'horticulture* de Lyon. = *Comices agricoles* de Vaugueray, — Givors.

SAÔNE (HAUTE-). = *Société d'agriculture* de Vezoul. = *Comices agricoles* de Vesoul, — Jussey, — Gray.

SAÔNE-ET-LOIRE. = *Sociétés d'agriculture* de Mâcon. — Autun, — Louhans, — Châlons-sur-Saône. = *Comice agricole* de Charolles.

SARTHE. = *Concours départemental.* = *Comices agricoles* de Coulie, — Montfort, — Mamers, — Beaumont, — La Ferté-Bernard, — La Fresnaye, — Marolles, — Saint-Pater, — Tuffé, — La Flèche, — Brulon, — Lelude, — Malicorne, — Pont-Vallain, — Sablé, — Saint-Calais, — Le Mans.

SEINE-INFÉRIEURE. = *Société d'horticulture* de Rouen. = *Société d'agriculture* de Rouen, — Valmont, — Neufchâtel. — Goderville. = *Comices agricoles* de Pavilly, — Cailly.

SEINE-ET-MARNE. = *Sociétés d'agriculture* de Meaux, — Rosoy. = *Comice agricole* de Melun, Provins et Fontainebleau.

SEINE-ET-OISE. = *Société d'agriculture* de Versailles. — *Société d'horticulture* de Versailles. = *Comice agricole* de Seine-et-Oise.

SÈVRES (DEUX-). = *Société et Comice* de Niort. = *Comices agricoles* de Prahec, — Melle, — Parthenay, — Airvault, Bressuire.

SOMME. = *Comices agricoles* d'Amiens, — Abbeville, — Péronne, — Montdidier, — Doullens.

TARN. = *Comice agricole* de Castres.

TARN-ET-GARONNE. = *Société d'agriculture* de Montauban. = *Comices agricoles* de Montauban, — Castel-Sarrasin, Moissac.

VAR. = *Comices agricoles* de Toulon, — Draguignan.

VAUCLUSE. = *Société académique* d'Orange. — *Société* d'Avignon.

VENDÉE. = *Association agricole* du centre de l'ouest. = *Comices agricoles* de Napoléon-Vendée, — Fontenay-le-Comte, — Saint-Hermine, Challans, — Lamothe, — Achard, — Saint-Gilles.

VIENNE. = *Société d'agriculture* de Poitiers. = *Comices agricoles* de Montmorillon, — Saint-Savin, — Moncontour, — Availles, — Gençay, — Châtellerault, — Mirebeau.

VIENNE (HAUTE-). = *Société d'agriculture* de Limoges. = *Comices agricoles* de Limoges, — Bellac.

VOSGES. = *Société d'émulation* d'Épinal. — *Comices agricoles* d'Épinal, — Mirecourt, — Saint-Dié, — Remiremont, — Neufchâteau.

YONNE. = *Sociétés d'agriculture* de Tonnerre, — Joigny, — Toucy. = *Comices agricoles* de Saint-Fargeau, — Avallon.

## DÉCRET RELATIF A L'ENSEIGNEMENT AGRICOLE.

Du 3 octobre 1848.

L'Assemblée nationale a adopté et le chef du pouvoir exécutif promulgue le décret dont la teneur suit :

*Dispositions préliminaires.*

Art. 1er. L'enseignement professionnel de l'agriculture se divise en trois degrés. Il comprend :

Au premier degré, les fermes-écoles, où l'on reçoit une instruction élémentaire pratique.

Au deuxième degré, les écoles régionales, où l'instruction est à la fois théorique et pratique.

Au troisième degré, un institut national agronomique, qui est l'école normale supérieure d'agriculture.

2. L'enseignement professionnel de l'agriculture est aux frais de l'Etat dans ses différents degrés.

## TITRE Ier.

*Des fermes-écoles.*

3. La ferme-école est une exploitation rurale conduite avec habileté et profit, et dans laquelle des apprentis choisis parmi les travailleurs, et admis à titre gratuit, exécutent tous les travaux, recevant, en même temps qu'une rémunération de leur travail, un enseignement agricole essentiellement pratique.

4. Dans chacun des départements de la République, il sera établi d'abord une ferme-école.

Cette organisation sera successivement étendue à chaque arrondissement.

5. Les traitements et gages du personnel enseignant sont payés par l'Etat; l'Etat prend aussi à sa charge le prix de la pension, qui, joint au travail des élèves, est alloué au directeur pour l'indemniser des dépenses de nourriture et autres occasionnées par l'admission des apprentis.

6. Chaque année, le Trésor distribue aux fermes-écoles des primes. Elles sont réparties, à titre de pécules, tous les ans, sur la tête de chaque enfant suivant son mérite ; mais elles ne sont remises à chacun qu'à la fin de son apprentissage.

## TITRE II.

*Des écoles régionales.*

7. La France sera divisée en régions culturales ;
Dans chaque région il y aura une double école régionale.

L'école régionale d'agriculture est une exploitation en même temps expérimentale et modèle pour la région à laquelle elle appartient.

8. Les élèves reçus dans les écoles régionales sont ou boursiers ou payant pension.

9. Les bourses établies dans les écoles régionales sont données, après concours, une moitié aux élèves des fermes-écoles de chaque région culturale, et l'autre moitié aux personnes qui se présenteront pour concourir.

10. Les meilleurs élèves des écoles régionales qui n'entreront pas immédiatement à l'institut national agronomique peuvent être placés, aux frais de l'Etat, comme stagiaires près des fermes-écoles et autres établissements agricoles publics ou particuliers.

La durée du stage est de deux ans.

Le stagiaire seconde le directeur dans ses travaux, s'initie à la pratique de l'administration, et complète son éducation agricole comme chef d'exploitation.

11. Les écoles régionales sont aussi des fermes expérimentales.

Les expériences et leurs résultats recevront la plus grande publicité.

## TITRE III.

### *De l'institut national agronomique.*

12. Un institut national agronomique sera établi sur le domaine national de Versailles.

13. Les cours de l'institut national sont gratuits et publics.

Néanmoins l'Etat y entretient quarante boursiers.

Chaque année, dix bourses sont données, au concours, aux élèves des écoles régionales; dix autres bourses sont réservées à tous les concurrents qui se présenteront.

14. Chaque année, les trois premiers élèves de l'institut reçoivent, aux frais de l'Etat, une mission complémentaire d'études.

Cette mission dure trois ans; elle a lieu tant en France qu'à l'étranger.

15. L'institut national agronomique réunit le caractère expérimental conféré aux écoles régionales.

Les expériences seront rendues publiques, ainsi qu'il est prescrit en l'article 11.

TITRE IV.

*Dispositions générales.*

16. Les fonctions de professeur dans les écoles régionales et à l'institut national agronomique seront données au concours.

17. Les écoles régionales et l'institut national seront administrés en régie pour le compte de l'Etat.

18. Les vacheries et les bergeries actuellement existantes pourront être annexées à des établissements d'instruction agricole.

En conséquence, il pourra, dans le budget qui règle l'exercice de 1848, être dérogé à la spécialité des chapitres qui les concernent.

L'établissement fondé à Versailles pour l'élevage des types régénérateurs sera annexé à l'institut national agronomique.

19. Chaque année, il sera rendu compte à l'Assemblée nationale de la manière dont la présente loi aura été exécutée.

20 Il sera pourvu à l'exécution de la présente loi par des règlements d'administration publique et par des arrêtés du ministre de l'agriculture.

21. Afin de pourvoir aux premiers frais que réclament les établissements d'instruction agricole à créer en 1848, il est ouvert au ministre de l'agriculture et du commerce, sur l'exercice courant, un crédit de cinq cent mille francs (500,000 fr.) qui sera inscrit au chapitre v de la loi de finances.

Il sera pourvu à cette dépense au moyen des ressources créées par la loi des recettes du 8 août 1847.

22. Il est également alloué, sur l'exercice 1849, un crédit de deux millions cinq cent mille francs (2.5000,000 f.) qui sera inscrit dans un chapitre intitulé *Enseignement professionnel de l'agriculture.*

23. Toutes les dispositions des lois antérieures demeurent abrogées en ce qu'elles ont de contraire au présent décret.

## NOTICE SUR LES ÉTABLISSEMENTS D'INSTRUCTION AGRICOLE CRÉÉS EN FRANCE.

Ces établissements peuvent être rangés en quatre catégories différentes, savoir :

1° Les instituts agricoles ou écoles régionales;

2° Les fermes-écoles;

3° Les chaires d'agriculture ;

4° Les établissements de bienfaisance, ou colonies agricoles.

Les instituts agricoles, qui étaient au nombre de quatre en 1842, ont été réduits à trois par l'extinction de celui de Roville. C'étaient :

### *Instituts agricoles.*

Roville (Meurthe) : fondé, en 1822, par Mathieu de Dombasle, subventionné par l'État depuis sa création, à raison de 3,000 fr. par an, sauf en 1832 et 1833, années pendant lesquelles cet établissement reçut des allocations extraordinaires, s'élevant ensemble à 39,000 francs.

Cette ferme, administrée par son fondateur, recevait en moyenne vingt élèves, auxquels des professeurs spéciaux enseignaient l'agriculture et la mécanique agricole.

L'expiration du bail amena la chute de cet établissement.

Grignon (Seine-et-Oise) : fondé, en 1829, par une Société de capitalistes, qui en a confié la direction à M. Bella.

La subvention annuelle payée par l'Etat à Grignon s'est élevée à une somme de deux à trois mille francs depuis 1829 jusqu'en 1838; mais, à partir de cette époque jusqu'en 1848, l'allocation a été portée annuellement à 57,000 fr. environ, ainsi répartis : 35,000 fr. applicables au traitement du corps enseignant et au payement des frais matériels d'instruction, et 22,000 fr. pour les bourses et demi-bourses des trente élèves entretenus à l'institut par le gouvernement. (*Voy.* ci-après la Notice particulière relative à Grignon.)

Grand-Jouan (Loire-Inférieure) : fondé par M. Rieffel. Cet établissement, qui n'était d'abord qu'une ferme-école, est devenu un *institut agricole* en 1841. Il a reçu depuis sa création jusqu'en 1842 une allocation variant de deux à cinq mille francs. De cette époque la subvention s'est élevée annuellement de 24,700 fr. à 36,900 fr., montant des traitements et des bourses.

Grand-Jouan recevait en moyenne dix-neuf élèves entretenus par l'Etat, et quatorze élèves payant pension; il leur donnait la même instruction que celle reçue à Grignon.

Aujourd'hui cet institut agricole est converti en *école régionale* et appartient dès lors à l'État.

La Saulsaie (Ain) : fondé en 1840 par M. Nivière. Cet établissement a reçu de l'État, jusqu'en 1847, une subvention annuelle, qui s'est élevée en totalité à 104,600 fr., applicable au payement des traitements du corps enseignant, des frais d'instruction et des bourses des huit élèves entretenus aux frais du gouvernement,

L'instruction donnée à la Saulsaie est la même que celle reçue à Grignon et à Grand-Jouan.

La Saulsaie était administrée par son directeur; mais, aujourd'hui, cet établissement est transformé en *école régionale* et appartient à l'Etat.

L'école régionale d'agriculture, qui, dans le système général d'enseignement agricole institué par l'administration, prend place immédiatement au-dessous de l'institut national agronomique de Versailles, est une exploitation en même temps expérimentale et modèle pour la région à laquelle elle appartient.

Les élèves reçus dans les écoles régionales sont ou boursiers ou payant pension.

Les bourses établies dans les écoles régionales sont données, après concours, une moitié aux élèves des fermes-écoles de chaque région culturale, et l'autre moitié aux personnes qui se présenteront pour concourir.

Les écoles régionales étant aussi des *fermes expérimentales*, les expériences et leurs résultats recevront la plus grande publicité.

## *Fermes-écoles.*

La ferme-école constitue le degré inférieur du système d'enseignement agricole. C'est une exploitation rurale qui doit être conduite, aux risques et périls du directeur, avec habileté et profit, et dans laquelle des apprentis exécutent tous les travaux; recevant, en même temps qu'une rémunération de leur travail, un enseignement agricole essentiellement pratique. Le nombre des élèves admis dans ces établissements varie, proportionnellement à l'étendue du domaine, de 27 à 36.

En outre des apprentis agriculteurs, chaque ferme-école doit recevoir trois apprentis jardiniers occupés exclusivement à la culture des jardins et pépinières.

Le temps du séjour à l'école est ordinairement fixé à trois années.

L'administration de l'agriculture alloue au directeur de la ferme-école, en outre des sommes nécessaires pour le traitement du personnel enseignant, une somme annuelle de 250 fr. par chaque apprenti.

Enfin, une prime de 400 fr. est attribuée tous les ans à l'apprenti qui aura obtenu le n° 1 lors de l'examen de 3e année.

L'instruction donnée dans ces fermes-écoles est surtout pratique et porte sur toutes les opérations de la culture, puisqu'elles doivent être exécutées par les élèves. Néanmoins on y joint aussi des leçons orales, qui sont données par le directeur, par le jardinier pépiniériste, par le vétérinaire, et complétées, en ce qui concerne la culture proprement dite, par le chef de pratique. Le surveillant comptable donne en outre des leçons d'arpentage, de cubage, de nivellement, etc.

Dans ceux de ces établissements qui sont susceptibles d'offrir des exemples et des leçons d'irrigation cet enseignement est établi, et confié même, dans certains cas, à un irrigateur spécialement chargé de cette partie.

# TABLEAU

## DES FERMES-ÉCOLES EXISTANTES AU 1er JUIN 1849.

| DÉPARTEMENTS. | ARRONDISSEMENTS. | NOM DE LA FERME. | DATE DE LA SIGNATURE DE L'ARRÊTÉ. |
|---|---|---|---|
| Allier. | Moulins. | Les Preux. | 15 déc. 1847. |
| Aisne. | Saint-Quentin. | Guizancourt. | 3 avril 1849. |
| Alpes (hautes.) | Gap. | Berthaud. | 7 mars 1849. |
| Ardennes. | Sedan. | Blanchampagne. | 10 nov. 1847. |
| Aude. | Castelnaudary. | Besplas. | 22 avril 1847. |
| Aveyron. | Rodez. | Calcomier. | 17 id. id. |
| Bouches-du-Rhône. | Aix. | Montaurone. | 1839. |
| Calvados. | Falaise. | Quesnay. | 10 mars 1849. |
| Charente. | Angoulême. | Petit-Rochefort. | 14 déc. 1842. |
| Charente-Inférieur. | La Rochelle. | Puilboreau. | 24 mars 1849. |
| Corrèze. | Tulle. | Lajarrige. | 19 avril 1848. |
| Corse. | Bastia. | Aréna. | 7 juin 1848. |
| Côtes-du-Nord. | Saint-Brieux. | Carlan. | 3 avril 1849. |
| Dordogne. | Périgueux. | Sallegourde. | 12 mai 1847. |
| Doubs. | Besançon. | La Roche. | 3 avril 1849. |
| Drôme. | Die. | Pergaux. | 26 mars 1849. |
| Eure. | Pont-Audemer. | Le Courant. | 3 avril 1849. |
| Finistère. | Brest. | Trevarez. | 22 déc. 1847. |
| Gard. | Nîmes. | Mas le Comte. | 3 avril 1849. |
| Garonne (Haute-). | Toulouse. | Lamothe. | 17 id. id. |
| Gers. | Mirande. | Bazin. | 1er id. 1848. |
| Ille-et-Vilaine. | Rennes. | Trois-Croix. | 1er jan. 1834. |
| Indre. | Châteauroux. | Villechaise. | 22 déc. 1847. |
| Indre-et-Loire. | Loche. | Marolles. | 24 mars 1849. |
| Loir-et-Cher. | Blois. | La Charmoise. | 20 oct 1847. |
| Loire. | Montbrison. | La Corée. | 12 mars 1845. |
| Loire-Inférieure. | Châteaubriant. | Grand-Jouan. | 11 nov. 1647. |
| Loiret. | Pithiviers. | Montberneaume. | 12 jan. 1846. |
| Mayenne. | Laval. | Le Camp. | 30 juil. 1848. |
| Meurthe. | Nancy. | Varincourt. | 3 avril 1849. |
| Morbihan. | Ploërmel. | Trécesson. | 17 id. id. |
| Nièvre. | Château-Chinon. | Poussery. | 31 mai 1848. |
| Nord. | Lille. | Templeuve. | 3 avril 1849. |
| Oise. | Beauvais. | Mesnil-St-Firmin. | 20 oct. 1847. |
| Pyrénées (Hautes-). | Argelès. | Visens. | 3 avril 1849. |
| Pyrénées (Oriental.). | Perpignan. | Germainville. | 24 mars 1849. |
| Rhin (Haut-). | Colmar. | Obviller. | 14 mai 1849. |
| Saône-et-Loire. | Mâcon. | Montbelles. | 1er jan. 1845. |
| Sarthe. | Mans. | La Chauvinière. | 1er nov. 1848. |
| Sèvres (Deux-). | Parthenay. | Petit-Chêne. | 10 mars 1849. |
| Somme. | Amiens. | Petit-Mettray. | 25 fév. 1849. |
| Tarn. | Albi. | Bruyères. | 3 avril 1849. |
| Vaucluse. | Carpentras. | Patris. | 3 avril 1849. |
| Vienne. | Châtellerault. | Lespinasse. | 5 avril 1848. |
| Vienne (Haute-). | Limoges. | Chavaignac. | 22 déc. 1847. |
| Vosges. | Neufchâteau. | Lahayevaux. | 26 jan. 1849. |
| Yonne. | Auxerre. | L'Orme du Pont. | 12 jan. 1848. |

## CHAIRES D'AGRICULTURE.

Il existe en France onze chaires publiques d'agriculture, ce sont :

A Paris, celles de MM. Moll et Boussingault, au Conservatoire des Arts et Métiers ;

A Bordeaux une chaire fondée en 1837, et pour laquelle l'État alloue : 1,500 fr.

| | | | | | |
|---|---|---|---|---|---|
| A Rouen, | id. | id. en | 1838, | id. | 1,500 |
| A Besançon, | id. | id. | 1839, | id. | 1,500 |
| A Toulouse, | id. | id. | 1839, | id. | 1,500 |
| A Rodez, | id. | id. | 1841, | id. | 800 |
| A Quimper, | id. | id. | 1843, | id. | 1,000 |
| A Nantes, | id. | id. | 1844, | id. | 1,500 |
| A Compiègne, | id. | id. | 1848, | id. | 1,500 |
| A Nancy, | id. | id. | 1849, | id. | 1,500 |

## ÉTABLISSEMENTS DE BIENFAISANCE OU COLONIES AGRICOLES.

Les onze établissements dont les noms suivent sont administrés par leurs fondateurs et aux risques et périls de ces derniers.

Ils reçoivent des subventions de l'État et des particuliers; mais ces allocations sont de diverses natures.

Ainsi, ils touchent : 1° du Ministère de l'intérieur des allocations annuelles fixées, aujourd'hui, pour chaque enfant à 80 fr. pour le trousseau, et 70 cent. par journée de présence à la colonie; 2° du Ministère de l'instruction publique, des allocations à titre d'encouragement; 3° des départements où ils sont situés, des allocations au même titre; 4° des particuliers, des secours ou cotisations annuels, permanents ou momentanés; 5° enfin, du Ministère de l'agriculture, les allocations suivantes, à titre de secours ou d'encouragement :

Le Pénitencier de Marseille, dit Saint-Pierre (Bouches-du-Rhône) fondé en 1839 par M. l'abbé Fissiaux, a reçu en 1842 et 1847, 4,000 fr.; il renferme 100 colons.

Saint-Antoine (Charente-Inférieure), fondé en 1842, a reçu 4,100 fr. à différentes époques, et du département 8,000 fr.; il renferme 30 colons.

Le Val d'Yèvre (Cher), fondé en 1847 par M. Ch. Lucas, a reçu en 1847 et 1848, 6,000 fr.; il renferme 40 colons.

Saint-Illan (Côtes-du-Nord), fondé par M. Duclésieux, a reçu, à diverses époques, 10,000 fr.; il renferme 64 colons.

Saint-Louis (Gironde), fondé en 1839 par M. l'abbé Dupuch, plus tard évêque d'Alger, a reçu à différentes époques 4,100 fr. et du département 6,000 fr.; il renferme 50 colons.

Mettray (Indre-et-Loire), fondé en 1840 par MM. Dumets et Bretinières, a reçu une allocation annuelle de 18,000 fr., en tout 108,000 fr.; il renferme 500 colons.

Plongerot (Haute-Marne), fondé en 1847, a reçu 3,500 fr. à diverses époques; il renferme 15 colons.

Le Mesnil Saint-Firmin (Oise), fondé en 1834, a reçu 10,000 fr. et du département 2,000 fr.; il renferme 90 colons.

Petit-Quevilly (Seine-Inférieure), fondé en 1843 par M. Lecointe, a reçu à différentes époques, 3,000 fr.; il renferme aujourd'hui 100 colons.

Petit-Bourg (Seine-et-Oise), fondé en 1844, a reçu à différentes époques, 9,700 fr.; il renferme 120 colons.

Petit-Mettray (Somme), fondé en 1842 par M. de Rainneville, a reçu à différentes époques, 6,000 fr.; il renferme 35 colons.

Montmorillon (Vienne), fondé en 1844, a reçu à diverses époques, 7,000 fr.; il renferme 30 colons.

Les colonies d'Oswald et de Cernay, en Alsace, doivent être ajoutées à la série des établissements d'instruction agricole existants en France; mais on ne peut fournir sur ces établissements aucun renseignement, car, jusqu'à ce jour, ils ont fonctionné avec leurs propres ressources, et nous ne possédons pas les documents publiés par les directeurs.

Enfin, le Ministère de l'intérieur, de son côté, soutient aussi plusieurs autres colonies agricoles.

## RAPPORT SUR LES COLONIES AGRICOLES

*Fait au Président de la République par le Ministre de l'agriculture et inséré au* Moniteur *du 26 avril 1849.*

Monsieur le Président, jamais, on peut le dire à l'honneur de notre époque, la situation si intéressante des classes laborieuses n'avait éveillé des sympathies plus profondes que de nos jours; jamais on ne s'était associé plus intimement à leur malaise, à leurs souffrances; jamais on n'avait pénétré plus avant dans l'examen des causes qui engendrent tant de misères, comme dans la recherche des remèdes les plus propres à les soulager. Découvrir ces remèdes, en favoriser l'application, tel est, Monsieur le Président, l'un des principaux buts que vous assignez à vos efforts, et que poursuivent, de concert avec vous, les hommes investis de votre confiance. Si, d'un côté, le gouvernement de la République doit repousser, avec une fermeté qui les décourage, toutes les théories impraticables ou subversives de l'ordre social, tous ces vains et dangereux systèmes qui, méconnaissant les véritables attributions de l'État, tendent d'une manière plus ou moins directe à faire de lui le propriétaire du sol, le commanditaire de toutes les industries, l'arbitre suprême de la production et des salaires, le niveleur des inégalités les plus légitimes et les plus nécessaires, c'est, d'une part, à vos yeux et aux nôtres, une obligation morale, pour le gouvernement, que d'accueillir et de soumettre à un examen approfondi les mesures qui, reposant sur le principe de la liberté et de la responsabilité de l'homme, s'accordant avec sa dignité, sachant mettre en jeu les mobiles indestructibles de sa conduite, paraissent de nature à exercer une action bienfaisante sur le sort des classes les moins favorisées.

Parmi les institutions qui se présentent avec ces caractères, il en est une qui, dans ces derniers temps, a fixé l'attention publique. Je veux parler des colonies agricoles. On y a vu l'école la plus profitable qui pût être ouverte aux enfants indigents, à tous ceux notamment que leurs fautes ou le malheur de leur naissance font tomber à la charge de la société; on a espéré que, les arrachant au vice, à la paresse, à l'oisiveté, pour les plier à la vie rude et simple des champs, ils deviendraient, pour ainsi dire, autant de pépinières d'honnêtes et laborieux cultivateurs. C'est pour réaliser ce plan philanthropique que des hommes, dont l'infatigable dévouement mérite toute reconnaissance, ont fondé en France un assez grand nombre d'asiles, parmi lesquels il suffit de citer Mettray, Saint-Pierre de Marseille, Petit-Quevilly, Val-d'Yèvre, Petit-Bourg, Montbellet, Bonneval, Saint-Ilan, etc., etc.

L'institution qu'ils ont voulu naturaliser parmi nous au profit des seuls enfants, des esprits sérieux ont pensé pouvoir en étendre les avantages aux indigents adultes, les enlever ainsi à l'atmosphère malsaine des cités industrielles, d'où trop souvent l'ouvrier sans pécule et sans travail ne sait pas s'éloigner, alors même que la charité publique ou privée y devient sa seule ressource; neutraliser, par ce moyen au moins, dans une certaine mesure, cette puissance d'attraction que les villes exercent sur les campagnes, et utiliser, pour un accroissement de la production agricole, des forces qu'il est toujours regrettable et souvent dangereux de laisser se consumer en pure perte. Le seul essai de ce genre qu'on ait tenté en Europe sur une grande échelle, et qui se continue aujourd'hui, appartient à la Hollande. Une société dite de bienfaisance y a été fondée en 1818, sous le patronage du prince Frédéric, dans le but de créer des colonies agricoles ouvertes aux indigents enfants et adultes des deux sexes. Celles qu'elle a effectivement établies n'ont pu se soutenir que grâce aux subventions des particuliers et de l'État, qui n'a reculé devant aucune avance pour conjurer leur ruine sans cesse imminente. Rien n'est venu démontrer que leurs résultats moraux et matériels aient répondu jusqu'à présent à la grandeur des sacrifices qu'on s'est imposés dans leur intérêt. Quant aux colonies agricoles de la Russie et de l'Autriche, leur organisation est essentiellement militaire; tous ceux qu'elles admettent dans leur sein y sont soumis à un régime qui n'a rien d'incompatible avec les institutions et les mœurs de ces deux pays, mais qui serait totalement en désaccord avec les nôtres : elles ne peuvent donc nous fournir aucun enseignement.

Quelle que soit l'opinion qu'on se forme de l'utilité des *colonies agricoles*, il faut le reconnaître, une institution que tant d'hommes éclairés ont prise sous leur patronage et qui a déjà subi, au moins partiellement, l'épreuve des faits, mérite de devenir l'objet d'une sérieuse enquête. Préoccupé constamment comme vous l'êtes, Monsieur le Président, du besoin d'adoucir le sort des plus malheureux de nos concitoyens, de leur procurer du travail, de leur faciliter les moyens d'arriver à l'épargne, vous avez désiré qu'une commission, composée d'hommes spéciaux, fût chargée d'étudier, dans son ensemble et ses détails, la question des colonies agricoles, de se rendre un compte aussi exact que possible des divers essais tentés jusqu'à nos jours et des résultats qu'ils ont produits en ce qui touche soit la moralisation et l'éducation des enfants orphelins ou détenus, soit l'amélioration du sort des indigents adultes, soit enfin la mise en valeur des terres qui leur ont été livrées. Cette commission s'entourera des documents que l'administration s'empressera de lui fournir; elle appellera au besoin dans son sein tous ceux dont elle croira devoir invoquer l'expérience et les lumières.

De concert avec M. le ministre de l'intérieur, j'ai l'honneur, Monsieur le Président, de vous proposer de nommer membres de cette commission :

MM. Charles Dupin, représentant, membre de l'Institut;
De Vogué, représentant du peuple;
Wolowski, professeur au Conservatoire;
Raudot, représentant du peuple;
Monny de Mornay, chef de la division de l'agriculture;
De Melun;
De Lurieu, inspecteur-général des établissements de bienfaisance;
Romand, *Id.*
Lechevalier;
De Rancé, représentant du peuple;
Sainte-Beuve, *Id.*

Veuillez agréer, Monsieur le Président, l'hommage du profond respect de votre très-humble serviteur.

*Le ministre de l'agriculture et du commerce*,
L. BUFFET.

Approuvé. — *Le Président de la République*,
L.-N. BONAPARTE.

## ÉCOLES VÉTÉRINAIRES.

Ces établissements, destinés à former des vétérinaires, sont au nombre de trois, et situés à Alfort près Paris, à Lyon et à Toulouse.

Tous les sujets de l'âge de dix-sept à vingt-cinq ans peuvent être admis au nombre des élèves, les uns sont aux frais des parents et les autres titulaires de bourses entières ou de demi-bourses.

La pension est de 360 francs par an, payables par trimestre et d'avance ; tous les élèves sont soumis au même régime, sont habillés de la même manière et reçoivent la même instruction.

L'époque d'entrée est fixée au 10 octobre de chaque année. Nul ne peut être reçu que d'après une autorisation du ministre de l'agriculture et du commerce ; les sujets autorisés à se présenter ne prennent définitivement rang parmi les élèves qu'après avoir prouvé devant le jury d'examen qu'ils réunissent les conditions requises, qui sont : de savoir forger, en deux chaudes, un fer de cheval ou de bœuf, et de faire preuve de connaissances sur la langue française, l'arithmétique, la géométrie et la géographie.

Toute demande à l'effet d'obtenir l'autorisation d'entrer dans l'une des écoles vétérinaires doit être adressée, avant le 1er septembre de chaque année, au plus tard, au ministre de l'agriculture et du commerce, avec l'acte de naissance du pétitionnaire, un certificat de bonne conduite, une attestation constatant qu'il a été vacciné ou qu'il a eu la petite vérole, et une obligation souscrite sur papier timbré, par les parents, de payer, par trimestre et d'avance, la pension à raison de 360 francs par an.

Le gouvernement fait les frais de cent vingt bourses dont une par département, à la nomination du ministre de l'agriculture et du commerce, sur la présentation du préfet, et trente-quatre à la nomination directe du même ministre. Ces bourses sont toutes divisées en demi-bourses. Pour qu'un élève obtienne une demi-bourse, il faut qu'il ait étudié pendant six mois au moins comme élève payant pension, et qu'il se soit fait remarquer par la régularité de sa conduite et par des succès dans ses études. L'élève titulaire d'une demi-bourse peut en obtenir une seconde, mais toujours comme récompense de sa conduite et de ses succès.

Le ministre de la guerre entretient à l'École d'Alfort quarante élèves militaires pour le service des corps de troupes à cheval.

Les élèves qui, après quatre années d'études, sont reconnus en état d'exercer l'art vétérinaire reçoivent un diplôme de vétérinaire, dont la rétribution est fixée à 100 francs.

Les écoles vétérinaires ont des hôpitaux où sont reçus et traités tous les animaux malades. Les propriétaires de ces animaux n'ont à payer que la pension alimentaire, dont le prix est fixé chaque année.

### HARAS.

Cette administration, qui dépend du ministère de l'agriculture et du commerce, a été réorganisée par un arrêté du gouvernement du 11 décembre 1848 qui abroge les dispositions contraires des décrets et ordonnances antérieurs, et fixe le dernier état de cette administration.

### INSTITUT NATIONAL AGRONOMIQUE DE GRIGNON,

*Département de Seine-et-Oise.*

L'établissement de Grignon a été fondé en 1827, par une société anonyme.

Le but de cette société était de répandre en France les principes et les goûts qui ont porté l'agriculture de l'Angleterre et de l'Allemagne à un haut degré de prospérité. Elle voulut, en faisant appel aux propriétaires, gagner au sol national les intelligences et les capitaux qui bien souvent vont se perdre dans les abords encombrés des carrières politiques; elle voulait former des chefs d'exploitation capables de créer eux-mêmes des pépinières d'agents de culture, et d'avoir, par leurs lumières, leurs capitaux et leurs exemples, une action décisive sur la prospérité du pays.

Une exploitation rurale importante fut choisie comme centre de la nouvelle école, afin: 1° de montrer constamment aux élèves l'application à côté du principe; 2° d'exercer leur coup d'œil et leur esprit d'observation (c'est la pratique la plus importante pour un chef d'exploitation); 3° de les habituer à tous les travaux manuels sans exception (car, pour commander efficacement, il faut savoir exécuter); 4° enfin, de subvenir aux besoins naturels de l'école et de payer aux actionnaires l'intérêt de leurs capitaux.

La création de Grignon a donc été une œuvre de bien public et non pas une spéculation; on a voulu que les capitaux fussent productifs, parce qu'il n'y a pas de bonne culture sans profits; mais on a voulu au même degré créer un ensemble d'opérations favorables à l'enseignement; on a voulu des créations, des améliorations, l'importation de cultures et d'animaux nouveaux; enfin on a voulu renoncer aux avantages spéciaux du voisinage de Paris, pour placer l'exploitation dans des conditions moins exceptionnelles et pour présenter un ensemble plus complet de spéculations.

Le roi Charles X s'associa à cette œuvre nationale; il acheta le domaine de Grignon et en céda la jouissance pendant quarante années, moyennant: 1° 300,000 francs d'améliorations foncières (bâtiments, routes, canaux, etc.); 2° les réparations à charge de propriétaire (elles sont considérables, à cause du développement des murs d'un parc de trois cents hectares et de celui des bâtiments); 3° la régénération des bois; 4° l'amélioration des terres, c'est-à-dire la condition de les porter à un haut degré de fécondité, sans reprendre rien en fin de bail et sans faire compter ces améliorations culturales dans les 300,000 francs ci-dessus; 5° l'organisation d'un grand ensemble d'enseignement théorique et pratique.

Ces charges étaient estimées équivaloir à peu près au fermage du domaine (les deux fermiers payaient 14,400 francs et les bois produisaient environ 5,000 francs).

Le domaine est composé de 470 hectares de terres très-diverses par leur nature et très-accidentées; il embrasse un vallon traversé par le Ru-de-Gally, et un plateau; au fond du vallon se trouvent des alluvions et une grande surface de craie; sur les flancs assez escarpés des collines apparaissent les couches du calcaire grossier, au-dessus de l'argile plastique; au bord du plateau on remarque un affleurement des calcaires d'eau douce; puis viennent en grande masse les terres silico-argileuses appartenant au groupe des grès de Fontainebleau et aux meulières.

Le domaine est divisé en 268 hectares de terres arables, 146 hectares de bois, 20 hectares de prairies irriguées, 6 hectares d'étangs, 4 hectares de jardins, le reste en allées, etc.

Il y avait à Grignon deux classes très-distinctes de terres : les unes, silico-argileuses ou marneuses, étaient seules réputées bonnes terres et valaient environ 2,000 à 3,000 francs l'hectare; les autres, dites *petites terres*, essentiellement calcaires, manquant de profondeur et brûlantes, n'étaient pas cultivées régulièrement, la plupart du temps elles restaient en friches. Il y en a encore sur la commuue de Thiverval à vendre au prix de 250 francs l'hectare.

On voulut démontrer que cette dernière classe, convenablement cultivée, pouvait donner d'excellents résultats; et, pour établir la comparaison entre les terres à 2,500 francs l'hectare et celles à 250 francs, on les soumit toutes indistinctement à l'assolement suivant :

1re année : racines fumées (pommes de terre, betteraves, carottes); 2e année : céréales de printemps (froment, avoine, orge); 3e année : trèfle; 4e année : froment d'automne sur un seul labour; 5e année : fourrages annuels (vesces, pois, seigle en vert, maïs, moha); 6e année : colza fumé; 7e année : froment d'automne; hors division : luzerne et sainfoin.

Les fumures furent les mêmes à peu près sur les deux classes de terre; on fumait chaque année la même étendue et on y employait toutes les ressources de la ferme. Les fumures pour racines sont d'environ 60,000 kilogrammes par hectare; celles pour colza sont de 30,000 kilogrammes, remplacées en partie par le parcage ou de la poudrette.

Les labours furent partout doublés et triplés en profondeur. *Capitalisation des engrais dans le sol pour en accroître la fécondité, approfondissement de la couche arable pour en augmenter la puissance :* tels sont les principes qui ont invariablement présidé à la culture de toutes les terres sans distinction.

Aujourd'hui ces principes ont porté leurs fruits : on récolte à peu près autant, aussi sûrement et avec les mêmes frais dans les petites terres à 250 francs l'hectare que dans celles à 2,500 francs. Les produits moyens dans les uns et dans les autres oscillent autour des chiffres suivants : 27 hectolitres de froment, 25 hectolitres de colza, 55 hectolitres d'avoine, 300 hectolitres de pommes de terre, etc.

Les arbitres de la liste civile ont constaté, lors de la dernière expertise pour la réception des améliorations foncières dues par la Société, que certaines *petites terres* qui ne valaient que 10 francs de valeur locative à l'hectare, en valent aujourd'hui 80.

Depuis la création de l'institut de Grignon, la profondeur des labours a généralement doublé dans le pays, et les jachères ont été restreintes dans une forte proportion.

Les écuries de Grignon (vingt têtes) sont composées de juments percheronnes et boulonnaises, avec lesquelles on fait l'élevage, soit des chevaux de charrue, soit des chevaux carrossiers.

Il y a en outre huit bœufs de races diverses.

La vacherie (cent têtes) est composée de vaches schwitz et cotentines, avec lesquelles on a fait de nombreux croisements, schwitz-normands, durham-schwitz, durham-cotentin, etc.

La bergerie (mille têtes) comporte des bêtes dishley, un troupeau soulhdown, un troupeau mérinos et de nombreux croisements.

La porcherie (cent têtes) est composée de très-belles races anglaises, hainpshire et berkshire, qui sont très-recherchées dans le pays.

Cet état d'animaux représente environ une tête de gros bétail consommant l'équivalent de 12 kilogrammes de foin par 110 ares de terre; c'est cinq fois plus de bétail qu'à l'origine.

Les bénéfices de l'exploitation ont permis jusqu'à présent de payer en moyenne 4 1/2 pour 100 des fonds fournis par les actionnaires, de faire pour 220,000 francs d'améliorations foncières, sans compter l'amélioration des terres, et d'augmenter le capital social de 114,000 francs.

Le nombre des élèves présents à Grignon est d'environ soixante-dix; la plupart sont fils de propriétaires ou de fermiers aisés; quelques-uns appartiennent à des familles étrangères à l'agriculture, et se destinent soit à l'enseignement agricole, soit à l'administration rurale; un tiers environ reçoit de l'État (ministère de l'agriculture et ministère des colonies), des départements et de quelques gouvernements étrangers, des demi-bourses ou des bourses entières qui encouragent ou facilitent leur présence à Grignon.

Depuis l'origine de l'école, 663 élèves ont déjà été admis à suivre les cours; mais beaucoup n'ont pu terminer leurs études et recevoir le diplôme de capacité qui leur confère le titre d'élèves de Grignon : jusqu'ici il n'y a eu que 97 diplômes décernés.

La pratique marche toujours de front avec la théorie. La théorie, d'ailleurs, telle qu'elle est entendue à Grignon, est surtout la constatation des faits qui se sont produits dans des circonstances diverses; c'est le résumé de la pratique destiné à faire profiter le cultivateur qui entre dans la carrière de l'expérience des praticiens qui l'y ont précédé.

On a donné à cet enseignement théorique ainsi entendu le plus grand développement possible, parce que rien n'est plus dangereux et imprévoyant que le demi-savoir.

Les cours professés sont : la chimie et la physique, les mathématiques, la physiologie et la botanique, l'hygiène, les constructions, l'économie politique, l'administration et la comptabilité dans leurs rapports immédiats avec l'agriculture générale, l'horticulture, l'art forestier, l'art vétérinaire, les irrigations, l'agriculture comparée et les pratiques culturales.

Les élèves sont successivement attachés à tous les services de l'exploitation, et sont exclusivement chargés du traitement des animaux malades, sous la direction et la surveillance de deux vétérinaires.

La durée des cours est de deux ans et demi.

Les élèves ne sont admis que s'ils ont plus de dix-huit ans et s'ils savent les quatre premiers livres de géométrie, l'arithmétique, quelques éléments de physique et la langue française.

L'Etat, appréciant l'organisation de l'école de Grignon, s'est chargé depuis 1838 des appointements des douze professeurs ou répétiteurs qui y sont attachés.

De son côté, la Société, fidèle à la pensée des fondateurs qui se sont interdit tout bénéfice sur l'école, a immédiatement abaissé le prix de la pension de 1,500 à 1,200 fr. pour les élèves en chambre;

De 1,300 à 850 fr. pour les élèves en dortoir;

De 500 à 200 fr. pour les externes.

Pour compléter l'enseignement des élèves de Grignon, il a été attaché à l'exploitation rurale :

1° Une fabrique d'instruments aratoires;

2° Une magnanerie;

3° Une féculerie;

4° Une fabrique de fromage.

## PETIT-BOURG.

*Société de patronage des jeunes gens pauvres, sous la présidence de M. le P. P. Portalis.*

(Extrait des statuts.)

Art. 1er. La Société a pour objet de maintenir, dans les habitudes d'une vie honnête et laborieuse, les jeunes garçons pauvres du département de la Seine.

Pour atteindre ce but, elle s'occupe de donner ou de compléter l'instruction morale, religieuse et professionnelle de ces enfants, soit en leur procurant un apprentissage, et en les confiant au patronage des membres de la Société désignés à cet effet, soit en les envoyant dans les Colonies agricoles de l'œuvre.

Art. 4..... Quant aux enfants placés dans les Colonies, ils peuvent être reçus dès l'âge de huit ans.....

La protection de la Société pourra être de douze années, pour les enfants qui, âgés seulement de huit ans, sont envoyés dans les Colonies agricoles. Arrivés à vingt ans, ils cessent de droit d'appartenir aux Colonies. Ils sont placés dans des fermes par les soins de la Société, qui les soutient encore moralement, pendant un an, par le Patronage.

Art. 9. La Société se compose de donateurs, de patrons et de souscripteurs.

Le titre de donateur est acquis à tout souscripteur dont la cotisation annuelle s'élève à 100 fr. au moins, avec engagement de continuer sa souscription pendant quatre ans.

Les patrons sont les souscripteurs ou donateurs qui, sur

la déclaration écrite qu'ils consentent à continuer leur engagement pendant quatre ans, et à se charger pendant le même temps des enfants dont la surveillance leur est confiée par la Société, auront été admis à cette qualité par délibération du Conseil d'Administration.

Les souscripteurs sont les personnes de l'un ou de l'autre sexe qui versent ou prennent l'engagement de verser, pendant une ou plusieurs années, dans la caisse de la Société, la somme dont elles fixent elles-mêmes la quotité en souscrivant. Cette qualité s'acquiert par le seul fait de la souscription ; elle n'entraîne aucune autre obligation que celle de verser la somme promise, qui ne peut être moindre de 5 francs. Les corporations ou les gardes nationales, qui adhèrent par dizaine de membres, peuvent seules souscrire à raison d'un franc par an et par individu.

Sont considérés comme fondateurs de la Société les 500 premiers donateurs, patrons ou souscripteurs. Leurs noms seront inscrits à perpétuité sur un tableau déposé au lieu des délibérations de la Société à Paris et dans les principales salles des Colonies agricoles.

Art. 13. Le titre de membre correspondant peut être conféré aux personnes résidant hors du département de la Seine qui offrent à la Société leur coopération au placement et à la surveillance des enfants.

Art. 37. Le Conseil d'administration nomme, dans son sein, un Comité d'Enquête composé de douze membres chargés de recueillir les renseignements sur les enfants dont l'adoption serait proposée. Ce Comité s'adjoint un nombre illimité de commissaires-enquêteurs, choisis parmi les membres de la Société qui veulent bien accepter ces fonctions.

En cas d'urgence, l'adoption d'un enfant peut avoir lieu, provisoirement, sur la proposition du président; sauf à en référer à la première réunion du Conseil.

Ce Comité est renouvelé par tiers chaque année.

Art. 38. Le Comité remet son rapport au président de la Société, qui le soumet au Conseil.

Aucune adoption ne peut être définitive, si elle n'a été autorisée par une délibération du Conseil.

Art. 39. Si un enfant adopté donne des sujets de mécontentement, le patron en rend compte au président, qui, s'il y a lieu, propose au Conseil son abandon.

ART. 42. L'assemblée annuelle est publique.

Tous les membres de la Société y sont individuellement convoqués.

Il y est rendu compte des travaux de la Société et de la situation de la caisse.

ART. 43. Tout rapport fait en Assemblée publique est préalablement lu et approuvé en Conseil d'Administration.

ART. 44. Les noms des donateurs, patrons et souscripteurs sont publiés chaque année à la suite du compte rendu.

### FERME SAINTE-ANNE. (Hospices de Paris.)

La ferme Sainte-Anne, qui n'était qu'une laiterie il y a une vingtaine d'années, a été transformée en une vaste exploitation, où sont occupés aujourd'hui environ 150 aliénés.

Cette exploitation consiste dans la culture de 160 arpents de terre appartenant à l'administration des hospices, dans le blanchissage des toiles, couvertures, etc., nécessaires au service des divers établissements, dans une porcherie, une vacherie et un grand nombre de travaux manuels. Bicêtre envoie chaque année à la ferme Sainte-Anne 145 à 150 aliénés, qui y sont logés, nourris et occupés aux différents travaux de l'exploitation, selon leurs forces et leur degré d'aptitude. Ils reçoivent un prix de journée, dont le minimum est de 10 centimes et le maximum de 60 centimes. Les idiots gagnent 10 centimes par jour à la porcherie, 10 et 15 centimes à la culture des terres; ceux qui ont quelques éclairs d'intelligence sont attachés à la blanchisserie et touchent de 20 à 25 centimes; d'autres, plus raisonnables encore, font dans la maison des travaux de menuiserie, de maçonnerie, etc., et reçoivent le maximum. La paye a lieu tous les dimanches.

Environ 80 aliénés sont employés journellement à la culture des terres, qui produisent du blé, du seigle, de l'avoine, de la luzerne, des légumes frais, etc., principalement des pommes de terre. Ils partent le matin à six heures, après le déjeuner, par escouade de 10 à 12, sous la surveillance d'un brigadier, qui les ramène aux heures des repas, à midi et à six heures, terme de leur journée. Les instruments aratoires, dont ils se servent, sont la bêche et la binette ; on n'emploie la charrue que lorsque le temps manque, mais cela fort rarement.

L'expérience prouve tous les jours que les exercices les plus pénibles, les plus assidus, les travaux exécutés au grand air, sont très-favorables à la santé des aliénés. Ils deviennent actifs, vigoureux, robustes; et s'ils ne recouvrent pas toujours la raison, ils perdent peu à peu la taciturnité, l'atonie, qui caractérisent les affections mentales. On a remarqué que leur désir d'isolement, leur mutisme, leur insubordination souvent violente cédaient facilement à l'influence du travail en commun, et qu'au bout de quelques mois, les plus sombres, les plus méchants, rendus gais, doux, dociles, recherchaient avec affectation la société de leurs camarades. Plusieurs surveillants que j'ai questionnés m'ont cité quelques-uns de ces derniers qui étaient entrés à la ferme Sainte-Anne au commencement de l'année 1849, et qui maintenant sont placés chez des nourrisseurs des environs et ne donnent plus aucune marque de leur ancienne folie. Ces bons résultats ne sont pas malheureusement très-fréquents; mais il reste bien acquis que généralement les aliénés travailleurs sont dans un meilleur état de santé que les aliénés sédentaires de Bicêtre.

Le régime alimentaire qu'on leur fait suivre est très-bon : la soupe le matin; à midi du bœuf ou du ragoût; à six heures de la viande et des légumes; et pour toute la journée 40 centilitres de vin.

La ferme Sainte-Anne est très-propre et fort bien tenue. Les dortoirs sont spacieux, aérés. Il existe une chambre de force ou loge pénitencière, où l'on enferme les aliénés turbulents et indociles; mais elle n'est pas souvent occupée.

## EXPLOITATION DE LA FERME SAINTE-ANNE PENDANT L'ANNÉE 1847.

### *Dépense.*

#### Culture des terres.

Estimation du loyer des terres appartenant à l'administration. — Achat de sommes diverses, d'outils. — Frais

| | | |
|---|---|---|
| généraux et journées payées aux aliénés travailleurs. . . . . . . . | 29,486 fr. | 18 c. |
| **Blanchisserie.** | | |
| Achats de matières premières, combustibles, eaux.—Frais généraux et journées d'aliénés. . . . . . . . . | 13,338 | 34 |
| **Porcherie, vacherie et travaux divers.** | | |
| Nourriture des animaux. — Entretien matériel. — Achats pour la préparation de la charcuterie. — Dépenses pour les ateliers. — Journées d'aliénés. . . . . . . . . . . | 93,831 | 42 |
| Total. . . . . | 136,655 | 94 |

*Recette.*

| | | |
|---|---|---|
| **Récolte provenant de la culture des terres.** | | |
| Pommes de terre, avoine, blé, seigle, luzerne, plantes potagères, légumes frais, etc. . . . . . . . . . | 24,429 | 84 |
| **Blanchisserie** | | |
| De toiles, de couvertures, etc. ; boulevardage de toiles. . . . . . | 33,161 | 70 |
| **Porcherie, vacherie et travaux divers.** | | |
| Charcuterie, lait. — Ventes et confections diverses . . . . . . . . | 81,239 | 30 |
| | 138,830 | 84 |

*Résumé*

| | | |
|---|---|---|
| Recette générale. . . . . . . . | 138,830 | 84 |
| Dépense générale. . . . . . . . | 136,655 | 94 |
| Reste pour produit net. . . . . | 2,174 | 90 |

Pour ce qui concerne particulièrement les travaux agricoles de la ferme Sainte-Anne, le provint annuel étant de 24,429 fr. 84 c., et les frais d'exploitation s'élevant à 29,486 fr. 18 c., il résulte un déficit de 5,056 fr. 34 c.; mais ce déficit est compensé par les bénéfices réalisés dans les autres parties de l'exploitation de la ferme, par l'occupation des propres terrains de l'administration, et enfin par les résultats physiques et intellectuels obtenus chez les aliénés occupés aux travaux agricoles.

## DES COLONS DE L'ALGÉRIE.

*Discours prononcé par M. Dupin, à la séance de l'Assemblée constituante du 23 octobre 1848, — à l'occasion d'un amendement de M. Didier, ayant pour objet d'assimiler l'Algérie à la France, et de la soumettre immédiatement au régime de la Constitution, sauf les lois d'exception qui seraient reconnues nécessaires.*

« Messieurs, si nous résistons à la proposition qui vous est faite, ce n'est pas faute de porter un très-sincère intérêt à l'Algérie; elle nous est chère à plus d'un titre, par sa conquête, par les travaux de l'armée et, en dernier lieu, par l'*envoi de nos colons français*. Cette colonisation mérite une grande faveur; elle sera incessamment l'objet de la sollicitude, non-seulement du pouvoir exécutif, mais du corps législatif, de l'Assemblée nationale, et on peut dire de la nation tout entière. M. Didier (et je suis fâché qu'il ait abandonné sitôt la tribune) avait raison de parler du *spectacle que présentait à la capitale l'expédition des colons*. Oui, c'est un grand et beau spectacle par lui-même et par l'intérêt immense qu'y attache la population de Paris, qui, à chaque départ, couvre les ponts et les quais, salue les colons de ses acclamations et de ses vœux, et les accompagne, sur les deux rives de la Seine, jusqu'au lieu marqué pour la séparation. Assurément de tels faits ne doivent point passer inaperçus pour vous; et ici je suis heureux de reprendre l'idée de M. Didier lui-même.

» Oui, Messieurs, j'en ai été le témoin : c'est un grand et magnifique spectacle que celui de ces colons, je ne dis pas seulement de ces hommes valides allant cultiver la terre d'Afrique; mais ce qui est plus intéressant, plus touchant, c'est de voir des familles entières, des épouses accompagnant leurs maris, et qui leur donnent cette nouvelle marque de fidélité et d'affection en les suivant avec leurs petits enfants loin de la mère-patrie. Oui, ce sont des familles qui, avec le nom sacré de famille, vont chercher la propriété, le domicile, la terre à cultiver (*sensation*); ils vont y consacrer le travail; ils vont consacrer, à la face du monde entier, ce que l'on conteste ici à notre vieille société, le droit de la famille, le droit de la propriété, le droit du travail (*Très-bien! très-bien!*); ils vont montrer, en partant pour coloniser l'Algérie, qu'aucune société, si petite qu'elle soit, ne peut se fonder sans la famille, sans le domicile, sans la propriété, sans le travail, sans des garanties qui s'attachent à la conservation de tous ces droits (*Très-bien! très-bien!*). Par conséquent, une société déjà fondée, et qui connaît le prix de tous ces biens, veut certainement les assurer à ses colons. (*Oui! oui!*)

» Oui, Messieurs, les colons seront l'objet de notre sollicitude. Nous savons très bien, en les envoyant là fonder une société nouvelle à l'image de la nôtre, qu'il faut des lois qui protégent tous leurs intérêts, tous leurs droits, leurs contrats, leurs transactions, la liberté et la sûreté de leurs personnes.

» On leur a confié un drapeau national béni par les mains de la religion; l'archevêque de Paris, dans sa pieuse et tendre sollicitude, a voulu que le premier acte de sa juridiction fût la bénédiction de ce drapeau et la bénédiction des colons et de leurs familles (*vive sensation*). Les colons savent, en l'emportant, que non-seulement c'est le symbole de la France, leur signe de ralliement et de défense contre l'étranger, mais le symbole de l'ordre et des maximes que nous voulons fonder ici; car sur ce drapeau est inscrit aussi : *Liberté*, *égalité*, *fraternité*, ces droits que nous voulons leur garantir en Afrique aussi solidement qu'ils le seront parmi nous.

» Mais est-il nécessaire pour cela de déclarer, quant à présent, une chose impossible, une chose qui serait impraticable et qui constituerait une véritable source d'embarras? Est-il possible de déclarer que l'Algérie, malgré sa dissimilitude actuelle, que l'Algérie, qui doit encore pendant longtemps être loin de ressembler en tout à la France, est dès à présent placée sous le même droit commun, absolument sous le même régime, le régime constitutionnel? Nous ne le pensons pas, Messieurs, et on le pense si peu dans l'amendement, qu'en demandant en principe que l'Algérie soit régie par la Constitution, on ajoute que ce sera *sauf les lois d'exception*.

» Ainsi, on ne proclamerait la Constitution que pour faire ce qu'il y a de plus odieux sous un régime constitutionnel, que pour faire des lois d'exception! Elles auraient ce vice, ce déplorable caractère; et toutes les fois qu'on proposerait des lois spéciales appropriés à l'Algérie, des lois fondées sur des différences de situation dont on se prévaudrait pour établir des exceptions à ce que nous sommes habitués à regarder et à proclamer comme notre droit commun et notre sauvegarde à nous-mêmes, on dirait que, malgré les promesses de la Constitution, ce même droit est violé en Algérie!

» Une première garantie était due à l'Algérie et aux colonies : c'est qu'au lieu d'être sous le régime capricieux des ordonnances et des arrêtés du pouvoir exécutif, elles fussent placées sous le régime des lois. Eh bien! ce point est obtenu déjà par une loi, et aujourd'hui par la Constitution. Désormais l'Algérie, comme les colonies, n'est plus assujettie au régime du bon plaisir, aux ordonnances du pouvoir purement exécutif; mais elle sera régie par des lois particulières. Ainsi, toutes les lois applicables à l'Algérie seront votées par vous et avec la pensée de lui accorder à elle, d'accorder en particulier à ses colons actuels et futurs toutes les dispositions protectrices dont ils peuvent avoir besoin. A cet égard, comme droit civil, comme justice, comme protection, il ne leur manquera rien de tous les avantages dont on peut jouir en France. (*Très-bien!*)

» Restera la question politique, cette question d'un droit commun indéfini; mais je la repousse par une réflexion dont vous allez reconnaître la justesse. Quand vous ferez des lois particulières, elles seront basées sur des faits particuliers, sur des exposés nés de la situation particulière ou de l'Algérie ou de telle ou telle colonie; car l'article leur est commun; et alors vous ferez des dispositions appropriées à cette situation; vous ne ferez que ce qui sera reconnu utile et nécessaire pour les colonies ou pour l'Algérie.

» Si, au contraire, vous les dotez prématurément d'un droit commun, absolu, pareil à celui de la France; si vous leur faites cadeau de votre *Bulletin des lois*, qui renferme plus de 50,000 lois, combien n'y en a-t-il pas qui sont inapplicables à l'Algérie ! On serait cependant fondé à invoquer toutes ces lois en vertu de cette concession générale et imprudente, jusqu'à ce que des lois de détail vinssent y faire exception pour arrêter ce débordement de droit commun que vous auriez répandu sur l'Algérie. N'est-il pas plus sage de dire, comme la commission : « Le territoire de l'Algérie et des colonies est déclaré territoire français » (cette déclaration est déjà d'une grande puissance)« et il sera régi par des lois particulières, » — en ajoutant, comme la commission le propose : « jusqu'à ce qu'une loi spéciale la place définitivement sous le régime de la présente Constitution ! »

» Ainsi cette expectative est acquise à l'Algérie et aux colonies. En attendant, les colons ne seront régis que par des lois, mais par des lois appropriées à leur situation.

» Je repousse donc l'amendement, et j'insiste pour l'adoption de la rédaction proposée par la commission. (*Très-bien! — Aux voix! aux voix!*)

*Nota.* L'amendement de M. Didier est mis aux voix et rejeté. L'article de la commission est adopté.

---

Au milieu de tant de folles théories, où chacun cherche à remuer la fortune de l'Etat et celle des particuliers, pour arriver à se faire une fortune personnelle, le *bon sens* nous ramène aux conseils que Franklin donne aux travailleurs dans son *Bonhomme Richard*. Il serait à désirer qu'il y en eût un exemplaire dans chaque maison.

## LA SCIENCE DU BONHOMME RICHARD, OU LE CHEMIN DE LA FORTUNE.

*Par le républicain Franklin.*

... Je m'arrêtai l'autre jour à cheval dans un endroit où il y avait beaucoup de monde assemblé pour une vente publique. L'heure n'étant pas encore venue, la compagnie causait sur la dureté des temps; et quelqu'un s'adressant à un personnage en cheveux blancs, et assez bien mis, lui dit : « Et vous, père Abraham, que pensez-vous de ce » temps-ci? N'êtes-vous pas d'avis que la pesanteur des

» impositions finira par ruiner entièrement le pays? Car » comment faire pour payer? Que nous conseilleriez-vous?» Le père Abraham se mit à réfléchir, puis il répondit: « Si vous voulez savoir ma façon de penser, je vais vous la dire en peu de mots : car *un mot suffit à qui sait entendre. Ce n'est pas la quantité de mots qui remplit le boisseau* : comme dit le bonhomme Richard.» Tout le monde se réunit pour engager le père Abraham à parler; et l'assemblée s'étant approchée en cercle autour de lui, il tint le discours suivant :

« Mes chers amis et bons voisins, il est certain que les impôts sont très-lourds. Cependant, si nous n'avions à payer que ceux que le gouvernement nous demande, nous pourrions espérer d'y faire face plus aisément; mais nous en avons beaucoup d'autres, et qui sont bien plus onéreux pour quelques-uns de nous. Notre paresse nous coûte le double de ce que nous prend le gouvernement, notre orgueil le triple, et notre extravagance le quadruple. Ces impôts sont d'une telle nature, qu'il n'est pas possible aux commissaires de nous en délivrer ni d'en diminuer le poids. Toutefois, si nous voulons écouter un bon conseil, il y a quelque chose à espérer pour nous; car, comme dit le bonhomme Richard dans son almanach de 1733 : *Dieu dit à l'homme : Aide-toi, je t'aiderai.*

I. » S'il existait un gouvernement qui obligeât les sujets à donner régulièrement la dixième partie de leur temps pour son service, on trouverait assurément cette condition fort dure; mais la plupart d'entre nous sont taxés, par leur paresse, d'une manière beaucoup plus tyrannique. Car, si vous comptez le temps que vous passez dans une oisiveté absolue, c'est-à-dire, ou à ne rien faire, ou dans des dissipations qui ne mènent à rien, vous trouverez que je dis vrai. L'oisiveté amène avec elle des incommodités et raccourcit sensiblement la durée de la vie. *L'oisiveté,* comme dit le bonhomme Richard, *ressemble à la rouille, elle use beaucoup plus que le travail : la clef dont on se sert est toujours claire.* Mais, *si vous aimez la vie*, comme dit encore le bonhomme Richard, *ne prodiguez pas le temps, car c'est l'étoffe dont la vie est faite.* Combien de temps ne donnons-nous pas au sommeil au delà du nécessaire ! Nous oublions que *le renard qui dort ne prend pas de poules*, et que *nous aurons assez de temps à dormir quand nous serons dans le cercueil.* Si le temps est le plus précieux des biens, *la perte du temps*, comme dit le bonhomme Richard, *doit être aussi la plus grande des prodigalités*, *puisque*, comme il le dit d'ailleurs, *le temps perdu ne se retrouve jamais*, *et que ce que nous appelons* assez de temps *se trouve toujours trop court*. Courage donc, et agissons pendant que nous le pouvons. Moyennant l'activité, nous ferons beaucoup plus avec moins de peine. *La paresse rend tout difficile; le travail rend tout aisé. Celui qui se lève tard s'agite tout le jour, et commence à peine ses affaires qu'il est déjà nuit. La paresse va si lentement que la pauvreté l'atteint bientôt. Poussez vos affaires et que ce ne soit pas elles qui vous poussent. Se coucher de bonne heure et se lever matin procure santé, fortune et sagesse.*

» Que signifient les désirs et les espérances de temps plus heureux? Nous rendrons le temps meilleur si nous savons agir. *Le travail*, comme dit le bonhomme Richard, *n'a pas besoin de souhaits. Celui qui vit d'espérance court risque de mourir de faim : il n'y a point de profit sans peine.* Il faut me servir de mes mains, car je n'ai point de terres; ou, si j'en ai, elles sont fortement imposées : et, comme le bonhomme Richard l'observe avec raison, *un métier vaut un fonds de terre*, *une profession est un emploi qui réunit honneur et profit*. Mais il faut travailler à son métier et suivre sa profession, autrement ni le fonds ni l'emploi ne nous aideront à payer nos impôts. Quiconque est laborieux n'a point à craindre la disette; car *la faim regarde à la porte de l'homme laborieux*, *mais elle n'ose pas y entrer*. Les commissaires et les huissiers n'y entreront pas non plus; car *le travail paye les dettes*, et *le désespoir les augmente*. Il n'est pas nécessaire que vous trouviez des trésors, ni que de riches parents vous fassent leur légataire. *L'activité*, comme dit le bonhomme Richard, *est la mère de la prospérité*, *et Dieu ne refuse rien au travail*. *Labourez pendant que le paresseux dort*, *vous aurez du blé à vendre et à garder*. Labourez pendant tous les instants qui s'appellent aujourd'hui, car vous ne pouvez pas savoir tous les obstacles que vous rencontrerez le lendemain. C'est ce qui fait dire au bonhomme Richard : *Un bon aujourd'hui vaut mieux que deux demain*. Et encore : *Ne remettez jamais à demain ce que vous pouvez faire aujourd'hui*. Si vous étiez le domestique d'un bon maître, ne seriez-vous pas honteux qu'il vous surprît les bras croisés? — Mais vous êtes votre propre maître? — Rougissez donc de vous surprendre vous-même dans l'oisiveté, lorsque vous avez tant à faire pour vous, pour votre famille, pour votre patrie, pour votre prince. Levez-vous donc dès le point du jour; *que le soleil, en regardant la terre, ne puisse pas dire : Voilà un lâche qui sommeille.* Point de remise, saisissez vos outils, et souvenez-vous, comme dit le bonhomme Richard, qu'*un chat en mitaines ne prend point de souris.* — Vous me direz qu'il y a beaucoup à faire, et que vous n'avez pas la force. — Cela peut être; mais ayez la volonté et la persévérance, et vous verrez des merveilles. Car, comme dit le bonhomme Richard dans son almanach, je ne me souviens pas bien dans quelle année : *L'eau qui tombe constamment goutte à goutte finit par creuser la pierre. Avec du travail et de la patience une souris coupe un câble, et de petits coups répétés abattent de grands chênes.*

» Il me semble entendre quelqu'un de vous me dire : — « Est-ce qu'il ne faut pas prendre quelques instants » de loisir ? » — Je vous répondrai, mon ami, ce que dit le bonhomme Richard : *Employez bien votre temps, si vous voulez mériter le repos; et ne perdez pas une heure, puisque vous n'êtes pas sûr d'une minute.*

»Le loisir est un temps qu'on peut employer à quelque chose d'utile. Il n'y a que l'homme vigilant qui puisse se procurer cette espèce de loisir auquel le paresseux ne parvient jamais. *La vie tranquille*, comme dit le bonhomme Richard, *et la vie oisive, sont deux choses fort différentes.* Croyez-vous que la paresse vous procurera plus d'agrément que le travail? Vous avez tort. Car, comme dit encore le bonhomme Richard : *la paresse engendre les soucis, et le loisir sans nécessité produit des peines fâcheuses. Bien des gens voudraient vivre sans travailler, par leur seul esprit; mais ils échouent faute de fonds.* Le travail, au contraire, amène à sa suite les aises, l'abondance, la considération. *Les plaisirs courent après ceux qui les fuient. La fileuse vigilante ne manque jamais de chemise. Depuis que j'ai un troupeau et une vache, chacun me donne le bonjour*, co.ı me dit très-bien le bonhomme Richard.

II. » Mais, indépendamment de l'amour du travail, il faut encore avoir de la constance, de la résolution et des soins, il faut voir ses affaires avec ses propres yeux, et ne pas trop s'en rapporter aux autres. Car, comme dit le bonhomme Richard, *je n'ai jamais vu un arbre qu'on change souvent de place ni une famille qui déménage souvent, prospérer autant que d'autres qui sont stables*. Et ailleurs: *Trois déménagements font le même tort qu'un incendie. Gardez votre boutique, et votre boutique vous gardera. Si vous voulez faire votre affaire, allez-y vous-même; si vous voulez qu'elle ne soit pas faite, envoyez-y. Pour que le laboureur prospère, il faut qu'il conduise lui-même sa charrue. L'œil d'un maître fait plus d'ouvrage que ses mains. Le défaut de soins fait plus de tort que le défaut de savoir. Ne point surveiller les ouvriers, c'est livrer sa bourse à leur discrétion*. Le trop de confiance dans les autres est la ruine de bien des gens; car, comme dit l'almanach, *dans les affaires de ce monde, ce n'est pas par la foi qu'on se sauve, c'est en n'en ayant pas*. Les soins qu'on prend pour soi-même sont toujours profitables; car, *le savoir est pour l'homme studieux, et les richesses pour l'homme vigilant, comme la puissance pour la bravoure, et le ciel pour la vertu. Si vous voulez avoir un serviteur fidèle et que vous aimiez, servez-vous vous-même*. Le bonhomme Richard conseille la circonspection et le soin par rapport aux objets même de la plus petite importance, parce qu'il arrive souvent qu'une légère négligence produit un grand mal. *Faute d'un clou*, dit-il, *le fer d'un cheval se perd; faute d'un fer, on perd le cheval; le cavalier lui-même est perdu, parce que son ennemi l'atteint et le tue; et le tout pour n'avoir pas fait attention à un clou au fer de sa monture*.

III. » C'en est assez, mes amis, sur le travail et sur l'attention que l'on doit donner à ses propres affaires; mais, après cela, nous devons avoir encore l'économie, si nous voulons assurer le succès de notre travail. Si un homme ne sait pas épargner à mesure qu'il gagne, il mourra sans avoir un sou après avoir été toute sa vie collé sur son ouvrage. *Plus la cuisine est grasse*, dit le bonhomme Richard, *plus le testament est maigre. Bien des fortunes se dissipent en même temps qu'on les gagne, depuis que les femmes ont négligé les quenouilles et le tricot pour la table à thé, et que les hommes ont quitté pour le punch la hache et le marteau. Si vous voulez être riche*, dit-il dans un autre almanach, *n'apprenez pas seulement comment on gagne, sachez aussi comment on ménage. Les Indes n'ont pas enrichi les Espagnols, parce que leurs dépenses ont été plus considérables que leurs profits.*

» Renoncez donc à vos folies dispendieuses, et vous aurez moins à vous plaindre de la dureté des temps, de la pesanteur des impôts et des charges de vos maisons. Car, comme dit le bonhomme Richard, *les femmes, le vin, le jeu et la mauvaise foi diminuent la fortune et augmentent les besoins. Il en coûte plus cher pour entretenir un vice que pour élever deux enfants.* Vous pensez peut-être qu'un peu de thé, un peu de punch de fois à autre, qu'une table un peu plus délicate, des habits un peu plus beaux, une petite partie de plaisir de loin en loin, ne peuvent pas être de grande conséquence; mais souvenez-vous de ce que dit le bonhomme Richard : *Un peu répété plusieurs fois fait beaucoup.* Soyez en garde contre les petites dépenses : *Il ne faut qu'une légère voie d'eau pour submerger un grand navire. La délicatesse du goût conduit à la mendicité. Les fous donnent les festins et les sages les mangent.*

» Vous voilà tous assemblés ici pour une vente de curiosités et de brimborions précieux. Vous appelez cela *des biens!* mais si vous n'y prenez garde, il en résultera *des maux* pour quelques-uns de vous. Vous comptez que ces objets seront vendus bon marché, et peut-être le seront-ils moins qu'ils n'ont coûté; mais s'ils ne vous sont pas nécessaires, ils seront toujours trop chers pour vous. Ressouvenez-vous encore de ce que dit le bonhomme Richard : *Si tu achètes ce qui est superflu pour toi, tu ne tarderas pas à vendre ce qui t'est le plus nécessaire. Réfléchissez toujours avant de profiter d'un bon marché.* Le bonhomme pense peut-être que souvent un bon marché n'est qu'apparent, et qu'en vous gênant dans vos affaires, il vous cause plus de tort qu'il ne vous fait de profit. Car je me souviens qu'il dit ailleurs : *J'ai vu quantité de gens ruinés pour avoir fait des bons marchés. C'est une folie d'employer son argent à acheter un repentir.* C'est cependant une folie que l'on fait tous les jours dans les ventes, faute de songer à l'almanach. *Les sages*, dit-il, *s'instruisent par les malheurs d'autrui; les fous deviennent rarement plus sages par leur propre malheur* : FELIX QUEM FACIUNT ALIENA PERICULA CAUTUM. Je sais tel qui, pour orner ses épaules, a fait jeûner son ventre, et a presque réduit sa famille à se passsr de pain. *Les étoffes de soie, les satins, les écarlates et les velours*, comme dit le bonhomme Richard, *éteignent le feu de la cuisine*. Loin d'être des besoins de la vie, on peut à peine les regarder comme des commodités; mais parce qu'ils brillent à la vue, on est tenté de les avoir. C'est ainsi que les besoins artificiels du genre humain sont devenus plus nombreux que les besoins naturels. *Pour une personne réellement pauvre*, dit le bonhomme Richard, *il y a cent indigents*. Par ces extravagances et autres semblables, les gens du bel air sont réduits à la pauvreté, et forcés d'avoir recours à ceux qu'ils méprisaient auparavant, mais qui ont su se maintenir par le travail et l'économie. C'est ce qui prouve qu'*un manant sur ses pieds*, comme dit fort bien le bonhomme Richard, *est plus grand qu'un gentilhomme à genoux*. Peut-être ceux qui se plaignent le plus avaient-ils hérité d'une fortune honnête; mais sans connaître les moyens par lesquels elle avait été acquise, ils se sont dit : « Il est jour, et il ne fera jamais nuit. Une si petite dépense sur une fortune comme » la mienne, ne mérite pas qu'on y fasse attention. — *Les enfants et les fous*, comme le dit très-bien le bonhomme Richard, *imaginent que vingt francs et vingt ans ne peuvent jamais finir*. Mais à force de toujours prendre à la huche, sans y rien mettre, on vient bientôt à trouver le fond; et alors, comme dit le bonhomme Richard, *quand le puits est sec on connaît la valeur de l'eau*. Mais c'est ce qu'ils auraient su d'abord, s'ils avaient voulu le consulter. Êtes-vous curieux, mes amis, de connaître ce que vaut l'argent? Allez et essayez d'en emprunter : *Celui qui va faire un emprunt, va chercher une mortification*. Il en arrive autant à ceux qui prêtent à certaines gens, quand ils vont redemander leur dû. Mais ce n'est pas là notre question.

» Le bonhomme Richard, à propos de ce que je disais d'abord, nous prévient prudemment que *l'orgueil de la parure est une vraie malédiction*. Avant de consulter votre fantaisie, consultez votre bourse. *L'orgueil est un mendiant qui crie aussi haut que le besoin, et qui est bien plus insatiable*. Si vous avez acheté une jolie chose, il vous en faudra dix autres encore, afin que l'assortiment soit complet; mais, comme dit le bonhomme Richard, *il est plus aisé de réprimer la première fantaisie, que de satis-*

*faire toutes celles qui viennent ensuite.* Il est aussi fou au pauvre de singer le riche, qu'il l'était à la Grenouille de s'enfler pour égaler le Bœuf en grosseur. *Les grands vaisseaux peuvent s'aventurer plus au large; mais les petits bateaux doivent se tenir près du rivage.* Les folies de cette espèce sont bientôt punies; car, comme dit le bonhomme Richard, *l'orgueil qui dîne de vanité, soupe de mépris. L'orgueil déjeune avec l'abondance, dîne avec la pauvreté, et soupe avec la honte.* Que revient-il, après tout, de cette vanité de paraître, pour laquelle on a tant de risques à courir et de peines à endurer? Elle ne peut ni conserver la santé, ni adoucir les maux, ni augmenter le mérite personnel; au contraire, elle fait naître l'envie, précipite la ruine des fortunes. *Qu'est-ce qu'un papillon? Ce n'est tout au plus qu'une chenille habillée, et voilà ce qu'est le petit-maître.*

» Quelle folie n'est-ce pas que de s'endetter pour de telles superfluités! Dans cette vente-ci, mes amis, on nous offre six mois de crédit, et peut-être est-ce l'avantage de cette condition qui a engagé quelques-uns de nous à s'y trouver: parce que, n'ayant point d'argent comptant à dépenser, nous espérons satisfaire notre fantaisie, sans rien débourser. Mais, hélas! pensez-vous bien à ce que vous faites, lorsque vous vous endettez? Vous donnez des droits à un autre sur votre liberté. Si vous ne pouvez pas payer au terme fixé, vous serez honteux de voir votre créancier; vous serez dans l'appréhension en lui parlant; vous vous abaisserez à des excuses pitoyablement motivées; peu à peu vous perdrez votre franchise, et vous en viendrez enfin à vous déshonorer par les menteries les plus évidentes et les plus méprisables. Car, comme dit le bonhomme Richard, *le second vice est de mentir, le premier de s'endetter. Le mensonge monte en croupe de la dette.* Un homme né libre ne devrait jamais rougir ni appréhender de parler à quelque homme vivant que ce fût, ni de le regarder en face; mais souvent la pauvreté efface et courage et vertu. *Il est difficile*, dit le bonhomme Richard, *qu'un sac vide se tienne debout.* Que penseriez-vous d'un prince ou d'un gouvernement qui vous défendrait, par un édit, de vous habiller comme les personnes de distinction, sous peine de prison ou de servitude? — Ne diriez-vous pas que vous êtes nés libres, que vous avez le droit de vous habiller comme bon vous semble; qu'un tel édit serait un attentat formel contre vos priviléges, et qu'un tel gouvernement serait tyrannique? — Et cependant vous vous soumettez vous-mêmes à une pareille tyrannie, quand vous vous endettez pour vous vêtir ainsi. Votre créancier a le droit, si bon lui semble, de vous priver de votre liberté, en vous confinant pour toute votre vie dans une prison, ou en vous vendant comme esclave, si vous n'êtes pas en état de le payer. Quand vous avez fait votre marché, peut-être ne songiez-vous guère au payement; mais *les créanciers*, comme dit le bonhomme Richard, *ont meilleure mémoire que les débiteurs. Les créanciers sont une secte superstitieuse, et grands observateurs de toutes les époques du calendrier.* Le jour de l'échéance arrive avant que vous n'y songiez, et la demande vous est faite sans que vous soyez préparé à y satisfaire; ou, si vous songez à votre dette, le terme qui semblait d'abord si long, vous paraîtra, en s'approchant, extrêmement court : vous croirez que le Temps a mis des ailes aux talons, comme il en a aux épaules. *Le carême est bien court*, dit le bonhomme Richard, *pour ceux qui doivent payer à Pâques.* L'emprunteur est esclave du prêteur, et le débiteur du créancier; ayez horreur de cette chaîne : conservez votre liberté, et maintenez votre indépendance; soyez laborieux et libres, soyez économes et libres. Peut-être vous croyez-vous, en ce moment, dans un état prospère qui vous permet de satisfaire impunément quelque fantaisie; mais épargnez pour le temps de la vieillesse et du besoin, pendant que vous le pouvez : *Le soleil du matin ne dure pas tout le jour.* Le gain est incertain et passager, mais la dépense sera, toute votre vie, continuelle et certaine. *Il est plus aisé de bâtir deux cheminées que d'en tenir une chaude*, comme dit le bonhomme Richard; *ainsi allez plutôt vous coucher sans souper, que de vous lever avec des dettes. Gagnez ce que vous pourrez, et gardez votre gain : voilà le véritable secret de changer votre plomb en or;* et quand vous posséderez cette pierre philosophale, soyez sûrs que vous ne vous plaindrez plus de la rigueur des temps, ni de la difficulté à payer les impôts.

IV. « Cette doctrine, mes amis, est celle de la raison et de la sagesse. N'allez pas, cependant, vous confier uniquement à votre travail, à votre économie, à votre prudence. Ce sont d'excellentes choses, mais elles vous seront tout à fait inutiles, sans les bénédictions du ciel. Demandez donc humblement ces bénédictions; ne soyez point sans charité pour ceux qui paraissent à présent dans le besoin, mais donnez-leur des consolations et des secours. Souvenez-vous que Job fut misérable et qu'ensuite il redevint heureux.

» Je n'en dirai pas davantage. *L'expérience tient une école où les leçons coûtent cher; mais c'est la seule où les insensés puissent s'instruire* : comme dit le bonhomme Richard. Encore n'y apprennent-ils pas grand'chose : car, comme il a dit avec vérité, *on peut donner un bon avis, mais non pas la bonne conduite*. Toutefois, souvenez-vous que *celui qui ne sait pas être conseillé ne peut pas être secouru;* car, comme dit le bonhomme Richard, *si vous ne voulez pas écouter la raison, elle ne manquera pas de vous donner sur les doigts.* »

Le vieil Abraham finit ainsi sa harangue. On écouta son discours, on approuva ses maximes; mais on ne manqua pas de faire sur-le-champ le contraire, précisément ainsi qu'il arrive aux sermons ordinaires : car, la vente ayant commencé, chacun acheta de la manière la plus extravagante, nonobstnnt toutes les remontrances du sermonneur, et les craintes qu'avait l'assemblée de ne pouvoir pas payer les impôts. Je vis que le bonhomme avait soigneusement étudié mes almanachs, et mis en ordre tout ce que j'avais dit sur ces matières pendant vingt-cinq ans. Les fréquentes mentions qu'il avait faites de moi auraient été ennuyeuses pour tout autre; mais ma vanité en fut merveilleusement flattée, quoique je susse bien que, de toute la sagesse qu'on m'attribuait, il n'y avait pas la dixième partie qui m'appartînt, et que je n'eusse recueillie, en glanant, d'après le bon sens de tous les siècles et de toutes les nations. Quoi qu'il en soit, je résolus de faire mon profit de cet écho pour me corriger; et, quoique d'abord j'eusse formé la résolution d'acheter de quoi me faire un habit neuf, je me retirai, déterminé à faire durer le vieux. Lecteur, si vous pouvez faire de même, vous y gagnerez autant que moi.

LE PAUVRE ET LE RICHE.

D. Qu'est-ce que la propriété?

R. C'est le produit du travail soit du corps, soit de l'esprit.

D. Qu'est-ce que le riche?

R. C'est celui qui possède, actuellement, soit par héritage, soit par lui-même,

D. Suit-il de là qu'il a toujours possédé et qu'il continuera de posséder?

R. Evidemment non; car l'expérience prouve que souvent le riche devient pauvre.

D. Quel est le seul moyen soit de conserver l'héritage, soit d'acquérir honorablement la richesse?

R. C'est le travail et l'ordre.

D. Qu'est-ce que la misère?

R. C'est le résultat soit de la paresse, soit du malheur.

D. Qu'est-ce que le pauvre?

R. C'est celui qui ne possède pas, actuellement, soit par lui-même, soit par héritage.

D. Suit-il de là qu'il n'a jamais possédé et qu'il ne possèdera jamais?

R. Evidemment non : car l'expérience prouve que souvent le pauvre devient riche.

D. Par quel moyen le pauvre se condamne-t-il lui même à rester dans la pauvreté?

R. Par la paresse et le désordre.

# APPENDICE.

## LITTÉRATURE AGRICOLE.

A tout ce qui précède, sur les *Comices* et les *institutions agricoles*, j'ai voulu joindre quelques extraits d'excellents auteurs qui ont honoré l'agriculture dans leurs compositions, en vers ou en prose. — Depuis longtemps l'instruction classique est assez répandue pour qu'il soit certain que parmi ceux qui s'adonnent aux soins de l'agriculture un grand nombre reliront avec plaisir les plus beaux vers d'Horace et de Virgile sur ce noble sujet, et quelques-uns des préceptes que Varron, Columelle, Pline et M. Porcius Cato ont tracés pour les agriculteurs de tous les pays et de tous les temps.

### ESTIME DES ROMAINS POUR L'AGRICULTURE.

Viri nostri majores non sine causa præponebant rusticos Romanos urbanis, ut ruri enim, qui in villa vivunt ignaviores, quam qui in agro versantur in aliquo opere faciundo : sic qui in oppido sederent, quam qui rura colerent desidiores putabant. Itaque annum ita diviserunt, ut nonis modo diebus urbanas res usurparent, reliquis septem ut rura colerent. Quod dum servaverunt institutum, utrumque consecuti sunt, ut et cultura agros fecundissimos haberent, et ipsi valetudine firmiores essent. (M. Varro, *De re rustica, lib.* 2.)

Sed ut illud intelligatur, cum apud majores nostros summi viri clarissimique homines, qui omni tempore ad gubernacula reipublicæ sedere debebant, tamen in agris quoque colendis aliquantum operæ temporisque consumpserint.

.... In urbe luxuries creatur : ex luxuriâ existat avaritia necesse est : ex avaritiâ erumpat audacia : indè omnia scelera, ac maleficia gignuntur. — Vita autem hæc rustica, quàm tu agrestum vocas, parcimoniæ, diligentiæ, justitiæ magistra est. (Cic. orat. *Pro Roscio Amerino.*)

Constat memorabiles duces, hoc semper duplici studio floruisse, vel defendendi, vel colendi patrios, quæsitosque fines. (COLUMELL. *De re rustica, lib.* 1.)

### DEMANDE DE CONGÉ

*Adressée par Pline à l'empereur Trajan.*

Agrorum enim, quos in eadem regione possideo, locatio cum alioqui cccc excedat, adeo non potest differri, ut proximam putationem novus colonus facere debeat. Præterea continuæ sterilitates cogunt me de remissionibus cogitare : quarum rationem, nisi præsens, inire non possum. Debebo ergo, Domine, indulgentiæ tuæ, et pietatis meæ celeritatem, et statuarum ordinationem, si mihi ob utraque hæc dederis commeatum xxx dierum. Neque enim angustius tempus præfinire possum, cum et mancipium et agri, de quibus loquor, sint ultra centesimum et quinquagesimum lapidem. (*Epist.* 24, *lib.* 10.)

### L'ŒIL DU MAITRE.

Paterfamilias ubi ad villam venit, ubi larem familiarem salutavit, fundum eodem die, si potest, circumeat : si non eo die, at postidie. Ubi cognovit quomodo fundus cultus siet, operaque quæ facta infectaque sient, postridie ejus diei villicum vocet, roget quid operis siet factum, quid restet, satisne tempori opera sient confecta, possitne quæ reliqua sient conficere, et quid factum vini, frumenti, aliarumque rerum omnium. Patremfamilias vendacem, non emacem esse oportet.

Prima adolescentia patremfamiliæ agrum statim conserere studere oportet, ædificare diu cogitare oportet; conserere cogitare non oportet, sed facere oportet. Ubi ætas accessit ad annos triginta sex, tum ædificare oportet, si agrum consitum habeas. Ita ædifices, ne villa fundum quæreat, neve fundus villam. Patremfamiliæ villam rusticam bene ædificatam habere expedit. (CATO. *De re rustica.*)

### PRUDENCE DANS LES IMPENSES ET LES AMÉLIORATIONS.

... Nec rursùs faciendi aut impendi voluntas profuerit sine arte : quia caput est in omni negotio, nosse quid agendum sit, maximeque in agricultura, in qua voluntas facultasque citra scientiam sæpe magnam dominis afferunt jacturam, cum imprudenter facta opera frustrantur impensas. Itaque diligens paterfamilias, cui cordi est ex agri cultu certam sequi rationem rei familiaris augendæ, maxime curabit, ut ætatis suæ prudentissimos agricolas de quaque re consulat, et commentarios antiquorum sedula scrutetur, atque æstimet quid eorum quisque senserit, quid præceperit : an universa quæ majores prodiderunt, hujus temporis cultura respondeant, an aliqua dissonent. (COLUMELL. *De re rusticâ, lib.* I.)

### ÉTENDUE DES CULTURES.

Modum agri in primis servandum antiqui putavêre : quippe ita censebant, satius esse minus serere, et melius arare : quâ in sententiâ et Virgilium fuisse video. Verumque confitentibus *latifundia perdidêre Italiam!* Jam verò et provincias. (PLIN. *Hist. nat., lib.* XVIII, *cap.* 2.)

### ASSOLEMENTS. — ENGRAIS.

Sed tamen alternis facilis labor : — arida tantum
Ne saturare fimo pinqui pudeat sola; neve
Effœtos cinerem immundum jactare per agros.
Sic quoque mutatis requiescant fœtibus arva.
Nec ulla interea est inaratæ gratia terræ.
Sæpè etiam steriles incendere profuit agros,
Atque levem stipulam crepitantibus urere flammis;
Sive indè occultas vires, et pabula terræ
Pinguia concipiunt; sive illis omne per ignem
Excoquitur vitium, atque exsudat inutilis humor.

(VIRG., *Georgic.*)

### PRÉPARATION ET RENOUVELLEMENT DES SEMENCES.

Semina vidi equidem multos medicare serentes,
Et nitro prius et nigrâ perfundere amurcâ,
Grandior ut fœtus siliquis fallacibus esset,
Et quamvis igni exiguo properata maderent.
Vidi lecta diu, et multo spectata labore
Degenerare tamen, ni vis humana quotannis
Maxima quæque manu legeret. Sic omnia fatis
In pejus ruere, ac retro sublapsa referri.

(*Georg.*)

### TRAVAUX PERMIS LES JOURS DE FÊTE.

Quippè etiam festis quædam exercere diebus
Fas et jura sinunt. Rivos deducere nulla
Relligio vetuit, segeti prætendere sepem,
Insidias avibus moliri, incendere vepres,
Balantumque gregem fluvio mersare salubri.

(*Georg.*)

### MERVEILLES DE LA GREFFE.

Exiit ad cœlum ramis felicibus arbos,
Miraturque novas frondes, et non sua poma.

(*Georg.*)

### PLAISIRS DE L'AGRICULTURE.

Venio nunc *ad voluptates agricolarum* [1], quibus ego incredibiliter delector, quæ nec ulla impediuntur senectute, et mihi ad sapientis vitam proxime videntur accedere. (Cic., *De Senectute.*)

### BONHEUR DE LA VIE RUSTIQUE.

O fortunatos nimium, sua si bona norint,
Agricolas! quibus ipsa, procul discordibus armis,
Fundit humo facilem victum justissima tellus.
Si non ingentem foribus domus alta superbis
Mane salutantum totis vomit ædibus undam,
Nec varios inhiant pulchrâ testudine postes,
Illusasque auro vestes, Ephyreïaque æra :
Alba nec Assyrio fucatur lana veneno :
Nec casiâ liquidi corrumpitur usus olivi :
At secura quies, et nescia fallere vita,
Dives opum variarum : at latis otia fundis,
Speluncæ, vivique lacus : at frigida Tempe,
Mugitusque boum, mollesque sub arbore somni
Non absunt : illic saltus ac lustra ferarum,
Et patiens operum parvoque assueta juventus :
Sacra deûm, sanctique patres : extrema par illos
Justitia excedens terris vestigia fecit.

(*Georg.*)

[1] Ant. Loisel avait fait un livre intitulé : *De l'origine, noblesse, profit et plaisir de l'agriculture.* Pibrac avait aussi traité ce sujet.

### VIE CHAMPÊTRE PRÉFÉRABLE A LA VIE PUBLIQUE.

Felix, qui potuit rerum cognoscere causas ;
Atque metus omnes, et inexorabile fatum
Subjecit pedibus, strepitumque Acherontis avari.
Fortunatus et ille deos qui novit agrestes,
Panaque, Sylvanumque senem, Nymphasque sorores.
Illum non populi fasces, non purpura regum
Flexit, et infidos agitans discordia fratres,
Aut conjurato descendens Dacus ab Istro :
Non res romanæ, perituraque regna : neque ille
Aut doluit miserans inopem, aut *invidit habenti*.
Quos rami fructus, quos ipsa volentia rura
Sponte tulêre suâ, carpsit : nec ferrea jura,
Insanumque forum, aut populi tabularia vidit.
(VIRG., *Georg.*)

### MÊME SUJET.

Non alia magis est libera, et vitio carens,
Ritusque melius vita quæ priscos colat,
Quam quæ relictis mœnibus sylvas amat.
Non illum avaræ mentis inflammat furor,
Qui se dicavit montium insontem jugis;
Non aura populi, et *vulgus infidum bonis* :
Non pestilens invidia, non fragilis favor.
Non ille regno servit, aut regno imminens
Vanos honores sequitur, aut fluxas opes,
Spei metusque liber. Haud illum niger,,
Edaxque livor dente degeneri petit.
Nec scelera populos inter, atque urbes sita
Novit, nec omnes conscius strepitus pavet.
(SENECA *in Hippolyt.*)

### MÊME SUJET.

Beatus ille qui procul negotiis
(Ut prisca gens mortalium)
Paterna rura bobus exercet suis,
Solutus omni fœnore :
Neque excitatur classico miles truci,
Neque horret iratum mare :
Forumque vitat, et superba civium
Potentiorum limina.
Ergo aut adultâ vitium propagine
Altas maritat populos :
Inutilesque falce ramos amputans,
Feliciores inserit :

Aut in reductâ valle mugientium
    Prospectat errantes greges :
Aut pressa puris mella condit amphoris :
    Aut tondet infirmas oves :
Vel quum decorum mitibus pomis caput
    Autumnus arvis extulit,
Ut gaudet insitiva decerpens pyra,
    Certantem et uvam purpuræ!
Quâ muneretur te, Priape, et te, pater
    Sylvane, tutor finium :
Libet jacere, modo sub antiquâ ilice,
    Modo in tenaci gramine.
Labuntur altis interim ripis aquæ :
    Queruntur in sylvis aves :
Fontesque lymphis obstrepunt manantibus,
    Somnos quod invitet leves.
At quum Tonantis annus hibernus Jovis
    Imbres nivesque comparat :
Aut trudit acres hinc et hinc multâ cane
    Apros in obstantes plagas,
Aut amite levi rara tendit retia,
    Turdis edacibus dolos :
Pavidumque leporem, et advenas laqueo grues
    Jucunda captat præmia.
Quis non malarum quas amor curas habet,
    Hæc inter obliviscitur?
Quod si pudica mulier in partem juvet
    Domum, atque dulces liberos :
(Sabina qualis aut perusta solibus
    Pernicis uxor Appuli) :
Sacrum vetustis extruat lignis focum,
    Lassi sub adventum viri :
Claudensque textis cratibus lætum pecus,
    Distenta siccet ubera :
Et horna dulci vina promens dolio,
    Dapes inemptas apparet :
Non me Lucrina juverint conchylia,
    Magisve rhombus, aut scari,
Si quos Eois intonata fluctibus
    Hiems ad hoc vertat mare :
Non Afra avis descendat in ventrem meum
    Non attagen Ionicus,
Jucundior, quam lecta de pinguissimis
    Oliva ramis arborum :
Aut herba lapathi prata amantis, et gravi
    Malvæ salubras corpori :
Vel agna festis cæsa terminalibus,
    Vel hædus ereptus lupo.

Has inter epulas, ut juvat pastas oves
Videre properantes domum!
Videre fessos vomerem inversum boves
Collo trahentes languido :
Positosque vernas, ditis examen domus,
Circum renidentes Lares!
Hæc ubi loquutus fœnerator Alphius,
Jamjam futurus rusticus,
Omnem relegit idibus pecuniam :
Quærit calendis ponere.
(Horat. *Od.* v. 2.)

## VŒUX D'HORACE.

Hoc erat in votis : modus agri non ita magnus,
Hortus ubi, et tecto vicinus jugis aquæ fons,
Et paulum sylvæ super his foret. Auctius, atque
Dî melius fecêre, bene est. Nihil amplius oro,
Maiâ nate : nisi ut propria hæc mihi munera faxis.
Si neque majorem feci ratione malâ rem;
Nec sum facturus vitio culpâve minorem.
Si veneror stultus nihil horum : ô si angulus ille
Proximus accedat, qui nunc deformat agellum!
. . . . . . . . . . . . . . . . . . .
*O rus, quando ego te aspiciam?* quandòque licebit
Nunc veterum libris, nunc somno et inertibus horis,
Ducere sollicitæ jucunda oblivia vitæ?
. . . . . . . . . . . . . . . . . . .
(*Satyr.* vi.)

## MAISON DE CAMPAGNE DU POETE AUSONE.

Salve herediolum majorum regna meorum,
Quod proavus, quod avus, quod pater excoluit,
Quod mihi jam senior properatâ morte reliquit.
Eheu nolueram tam cito posse frui!
Justa quidem series patri succedere : verum
Esse simul dominos, gratior ordo piis.
Nunc labor, et curæ mea sunt. Sola ante voluptas
Partibus in nostris. Cætera patris erant.
Agri bis centum colo jugera. Vinea centum
Jugeribus colitur, prataque dimidium :
Sylva supra duplum quam prata, et vinea, et arvum.
Cultor agri nobis nec superest, nec abest.
Fons propter, puteusque brevis, tum purus et amnis.
Naviger hic refluus me vehit, ac revehit.
Conduntur fructus geminum mihi semper in annum.

Cui non longa penus, huic quoque prompta fames.
Hæc mihi nec procul urbe sita est, nec prorsus ad urbem :
Ne patiar turbas, utque bonis patiar.
Et quotiens mutare locum fastidia cogunt,
Transeo : et alternis rure vel urbe fruor.
(AUSONII VILLULA, *Idyl.* 3.)

### LES JARDINS DU VIEILLARD DE TARENTE.

.....Sub Œbaliæ memini me turribus altis,
Quâ niger humectat flaventia culta Galesus,
Corcyrium vidisse senem : cui pauca relicti
Jugera ruris erant ; nec fertilis illa juvencis,
Nec pecori opportuna seges, nec commoda Baccho.
Hic rarus tamen in dumis olus, albaque circum
Lilia, verbenasque premens, vescumque papaver,
*Regum æquabat opes animis!* serâque revertens
Nocte domum, dapibus mensas onerabat inemptis.
. . . . . . . . . . . . . . . . . .
(*Georg.*)

### FRAGMENT D'UN DISCOURS

*prononcé par M. de Lamartine devant la* Société d'Horticulture *du département de Saône-et-Loire.*

« La nature n'est à mes yeux, comme aux vôtres, que la glace immense, infinie, lumineuse, où se réfléchit son créateur. Mais je la sens si vivante, si intelligente et si divine, que je comprends et que j'excuse sans peine ceux qui m'accusent de la confondre avec son Dieu.

» Oui, ce sont là les séductions qui ont, dans tous les âges, attaché l'âme des hommes de pensée au spectacle de la germination, de la floraison, de la fructification dans les jardins. Vous citerai-je Pythagore, qui imposait à ses disciples, comme un précepte de la sagesse, d'aller *adorer l'écho* dans les lieux agrestes? Scipion à Linternes? Dioclétien renonçant à l'empire du monde pour aller cultiver ses laitues dans ses jardins de Salone? Horace à Tibur? Cicéron à Tusculum ou sous ses orangers de Gaëte? Pline décrivant pour la postérité le plan de ses allées « encadrées de buis, » et donnant le catalogue de ses « arbres taillés en statues végétales? » le vieil Homère, se rappelant sans doute son propre enclos paternel dans la description du petit enclos de Laërte, ombragé et enrichi de ses « treize poiriers? » Pétrarque à Vaucluse, ou sur sa colline d'Arquâ? Théocrite sous ses châtaigniers de Sicile? Gesner sous ses sapins de Zurich? madame de Sévigné dans son jardin des Rochers ou dans son parc de Livry, immortalisant son jardinier dans ce mot touchant d'une de ses lettres, qui vaut à lui seul un mausolée : « Maître Paul, mon jardinier, est mort, mes arbres en sont tout tristes? » et, plus près de nous, Montesquieu dans les larges allées de son château de Labrède [1], évoquant les ombres des empires et l'esprit des législations, comme Machiavel avant lui, et plus grand que lui, dans son rustique ermitage de San-Miniato, sur les collines de Toscane? Voltaire, tour à tour aux Délices ou à Ferney, encadrant le lac Léman et les Alpes d'Italie dans l'horizon de ses jardins? Buffon à Montbard, sachant, comme Pline à Rome, jouir dans les magnifiques musées vivants de son parc des magnificences de la nature qu'il décrivait? Rousseau enfin, que j'allais oublier, lui qui a voulu que sa cendre reposât sous un peuplier, dans une île, au milieu d'un dernier jardin! Ah! cet homme, né dans une condition laborieuse, et presque élevé dans une condition servile, sentait sans doute de plus près qu'un autre les recueillements et les consolations de la solitude! Combien de fois, dans ma première jeunesse, dans la première ferveur de l'imagination et de l'âme pour les grands noms et pour les génies sensibles; combien de fois ne suis-je pas allé visiter seul ou dans la compagnie d'un ami, que j'ai perdu en route, ses chères Charmettes; cette petite maison, cet étroit jardin, cachés dans un ravin plutôt que dans une vallée des collines de Chambéry, mais à l'ombre des beaux châtaigniers de Savoie! Combien d'heures, combien de journées entières n'ai-je pas passées sous la petite tonnelle de pampres qu'il affectionnait, à rêver à lui, à revivre de sa vie, à regarder les rayons du soir filtrer à travers les feuilles de vigne jaunies par l'automne, comme pour y chercher encore le plus sensible et le plus éloquent contemplateur de la nature, de la végétation et de Dieu!... (*Les applaudissements interrompent l'orateur.*) — Je ne m'arrêterais pas, Messieurs, si je voulais vous citer tous les hommes illustres qui ont laissé leur souvenir dans les jardins. En vérité, on referait

[1] Lamoignon à Baville; Boileau à Auteuil.

l'histoire de tous les grands esprits par celle des retraites rurales qu'ils ont habitées, animées ou illustrées par leurs pas! Tant l'homme est mêlé à la terre, soit au berceau, soit pendant la vie, soit au tombeau de son possesseur! et tant la nature reprend sa place dans les existences même qui paraissent le plus loin d'elle et le plus étrangères aux simples et pures jouissances du sol et du cultivateur! (*On applaudit.*)

» Et ne croyez pas, Messieurs, que ces jouissances soient réservées aux grands de la terre, aux riches possesseurs de parcs, ou à ces jardins célèbres comme Versailles ou les Tuileries, dont les gouvernements ont fait de tout temps cadeau aux peuples pour éveiller en eux le sentiment de leur puissance et pour leur faire admirer leur luxe en réduisant les eaux, les arbres, les fleurs à se ranger comme d'orgueilleux courtisans aux portes de leur palais. Non, il n'est pas besoin de richesse, de magnificence, de grands espaces pour jouir de tout ce que Dieu a caché de bonheur dans la culture ou dans le spectacle de la végétation. Il y a des plaisirs qu'il n'est pas donné à la fortune de s'approprier, de monopoliser pour elle seule. La nature n'est jamais aristocratique, en ce sens du moins qu'elle n'a pas donné d'autre sens pour jouir des plaisirs naturels aux riches qu'aux pauvres, aux oisifs qu'aux hommes de travail. Quelle que soit la grandeur ou la petitesse de l'espace que l'homme consacre à ces jouissances, il n'entre par ses sens dans son âme que la même dose de sensations et de voluptés. L'âme humaine est ainsi faite, parce qu'elle est infinie; oui, l'âme humaine est douée d'une telle puissance de compression ou d'extension, elle est douée d'une telle élasticité, d'une telle faculté de se resserrer ou de s'étendre, qu'elle peut déborder de l'univers, trop étroit pour elle, et s'écrier comme Alexandre : « Donnez-moi d'autres univers, celui-ci est trop étroit pour moi! » ou qu'elle peut se concentrer, se replier, se résumer tout entière dans un point imperceptible de l'espace, et s'écrier comme le sage de Tibur, du fond de son demi-arpent semé de mauves et arrosé d'un filet d'eau : « Ce petit coin de terre vaut pour moi tous les mondes! » Soyez sûrs qu'il y avait autant de plaisir, autant d'intensité de jouissance, de sensibilité, de contemplation, d'attendrissement dans l'âme de Rousseau regardant coucher le soleil derrière le cep de vigne du petit enclos des Charmettes, que dans l'âme de Buffon regardant éclater le jour au-dessus des cèdres de son parc de Montbard! Soyez sûrs que le possesseur de milliers d'arpents plantés, routés, irrigués en jardins sur les collines de l'Angleterre, de l'Ecosse ou des environs de Paris, n'a pas un sentiment plus délicieux, plus débordant, plus pieux envers la nature que vous quand vous vous reposez le dimanche dans votre petit enclos d'aubépine ou de pisay, au pied de quelques arbres en fleurs que vous avez greffés, auprès de vos deux ou trois ruches qui bourdonnent au soleil, au bord du carré où vous avez couché la bêche que vous reprendrez demain!

» Et qui peut mieux l'éprouver que moi? car si vous saviez le latin aussi bien que vous savez la langue universelle de la végétation, je pourrais m'écrier au milieu de vous, comme le berger de Virgile : *Et in Arcadia ego!* c'est-à-dire : *Et moi aussi j'ai été jardinier!* Oui, et moi aussi j'ai eu pour premier berceau un petit et agreste jardin entouré d'un mur de pierres sèches, sur une de ces collines arides et sombres que vous apercevez d'ici à l'extrémité de votre horizon : il n'y avait là (la médiocrité plus que modeste de la fortune de mon père ne le permettait pas) ni vaste étendue, ni ombrages majestueux, ni eaux jaillissantes, ni fleurs rares, ni fruits précoces, ni plantes de luxe; c'étaient quelques allées étroites, parquetées de sable rouge, encadrées d'œillets sauvages, de violettes et de primevères, et bordant des carrés de légumes pour la nourriture de la famille. Eh bien! c'est là, et non pas dans les jardins d'Italie ou des grands propriétaires de parcs de France, d'Allemagne, d'Angleterre, que j'ai éprouvé les premières et les plus poignantes jouissances qu'il soit donné à la nature de faire goûter à une âme, à une imagination d'enfant ou de jeune homme! J'habite maintenant des jardins plus vastes et plus artistement plantés. Mais j'ai conservé ma prédilection pour celui-là. Je le garde précieusement dans son ancienne pauvreté d'ombre, d'eau, de fleurs, de fruits! Et quand j'ai quelques rares heures de liberté et de solitude, arrachées aux affaires publiques ou aux travaux d'esprit, à donner à ces vagues entretiens avec moi-même, c'est dans ce jardin que je vais les passer. Oui, pardonnez-moi ces détails intimes, ces retours sur la vie domestique; ils ne sont pas déplacés ici : nous sommes tous concitoyens, tous amis, tous de la même fibre et de la même chair! N'ayons un moment qu'une âme ensemble, comme nous n'avons qu'une patrie! (*Emotion générale et interruption.*) — Oui, c'est dans cette pauvre enceinte depuis longtemps déserte, vidée par la mort, c'est dans ces allées envahies par les herbes, par la mousse et par les œillets des bordures; c'est sous ces vieux troncs épuisés de séve, mais non de souvenirs; c'est sur ce sable mal ratissé, que je cherche encore du regard les pas de ma mère, de mes sœurs, des anciens amis, des vieux serviteurs de la famille, et que je vais m'asseoir contre la clôture en face de la maison qui s'ensevelit d'année en année davantage sous le lierre, aux rayons du soleil couchant, au bourdonnement des insectes, au bruit des lézards de la vieille muraille, que je crois reconnaître comme d'anciens hôtes du jardin, et avec lesquels il me semble que je pourrais du moins encore m'entretenir d'autrefois. (*Marques générales et prolongées d'émotion.*)

» Eh bien! Messieurs, ce sont ces premières joies de l'homme entrant dans la vie, ces premières habitudes, ces premiers enthousiasmes de la contemplation, ces premiers attendrissements de la vie dans ce lieu agreste et solitaire, dans ce foyer de famille aujourd'hui froid et éteint, qui m'ont donné de bonne heure pour les jardins et pour les hommes simples et intelligents qui les cultivent cette prédilection qui me ramène si naturellement et si délicieusement à ces entretiens annuels au milieu de vous. La bêche, la serpe, le râteau, l'arrosoir, le pot de fleur seulement sur la fenêtre du pauvre ouvrier, sont inséparables dans mon cœur de ces ressouvenirs de ma jeune existence à la campagne, au milieu des travaux et des occupations d'une maison rustique et d'un modeste jardin. Excusez-moi donc de vous en avoir parlé en ignorant. Vous êtes horticulteurs par la main, par la science, par l'étude, par la pratique. Je ne le suis que par sensibilité et par attendrissement. (*L'orateur, se tournant vers les jardiniers assis derrière le bureau :*)

» Et maintenant, Messieurs, allons-nous-en chacun à notre métier! Allez, vous, encouragés par ce concours affectueux de vos concitoyens, par cet intérêt touchant, unanime, qu'atteste la foule qui comble ce théâtre plus qu'à aucune représentation d'un art futile, par cette part de cœur que les femmes mêmes prennent par leur présence à votre institution; allez cultiver ces fleurs, ces fruits, ces légumes, ces merveilles de la culture savante dans vos couches, dans vos serres, dans vos laboratoires en plein soleil ! Je retourne, moi, cultiver *dans ce vieux et inculte jardin de mon père* dont je vous parlais tout à l'heure, ce que nous cultivons, nous, pauvres ouvriers de l'esprit, et souvent aussi fatigués que vous !... l'étude, les lettres, les livres, la philosophie, l'histoire, la politique, l'art de gouverner les hommes, d'améliorer les sociétés, d'adoucir la condition du peuple, de faire porter à la civilisation et à la liberté des fruits plus mûrs et plus parfaits ! (*Sensation et applaudissements.*) — Mais je retourne y cultiver surtout *ces images des choses et des personnes aimées et perdues !* Ces mémoires des tendresses évanouies, ces traces vivantes, saignantes souvent, d'une vie déjà à moitié écoulée... (*L'orateur s'arrête un moment comme s'il cherchait une expression ou comme s'il délibérait avec lui-même.*)

» J'hésite, Messieurs, j'hésite ; irai-je plus loin? (*Il s'arrête encore.*) — Non, je n'en dirai pas davantage ; il y a des pudeurs sur tous les sentiments profonds ; il ne faut pas arracher les derniers voiles de l'âme humaine, il y a des larmes qui ne doivent tomber que dans le silence et dans le secret du cœur !... Je vais donc, vous disais-je, retrouver, dans cet asile de mon enfance, des charmes plus puissants pour moi, pour nous tous, que les plus riches et les plus odorantes floraisons de vos expositions : le parfum des souvenirs, l'odeur du passé ! (*Sensation.*) — Les voluptés mêmes de cette mélancolie qui est la fleur d'automne de la vie humaine (*vive émotion*), toutes choses, Messieurs, qui sont pour nous comme des émanations de la terre, comme une senteur lointaine, comme un avant-goût de ces Elysées, de ces Edens, de ces jardins éternels où nous espérons tous retrouver dans le bonheur ceux que nous avons aimés et quittés dans les larmes !... toutes choses qui font désirer à l'homme de la nature, à quelque distance, dans quelque abîme, ou à quelque hauteur que la fortune l'ait jeté, de revenir achever ses jours sur la terre qui l'a vu naître, et d'avoir au moins sa tombe dans le jardin où il eut son berceau. » (*Vif mouvement d'adhésion dans toute l'assemblée.*)

## LE MARÉCHAL BUGEAUD D'ISLY.

La force des nations n'est pas seulement dans le nombre de leurs citoyens, mais dans le mérite et la valeur de ceux qui les commandent et marchent à leur tête.

La mort du maréchal Bugeaud est devenue une cause générale de deuil pour la France parce qu'il était un de ces hommes éminents, enfants de leurs œuvres, parvenus au sommet de leur carrière par une longue série de brillants services, et que nous l'avons perdu dans un âge où son expérience et sa vigueur d'âme rendaient son concours précieux à la chose publique.

Le maréchal Bugeaud se vantait avec raison d'avoir d'abord été soldat. « Comme vous, disait-il à ses *frères d'armes*, » j'ai porté le sac, et ce n'est qu'avec mon fusil, et plus tard » avec mon épée, que je me suis élevé, après quarante- » six ans de service, à l'insigne honneur de vous comman- » der. » — Aussi fut-il toujours le père et l'ami du soldat, sans cesse occupé de son instruction, de son bien-être et de sa moralité. Comme chef, il les a toujours conduits à la victoire!

Dans la vie civile, le patriotisme de Bugeaud se signalait avec d'autres formes; mais il conservait le même caractère : celui d'un dévouement sincère et complet à l'honneur et aux intérêts de la patrie! Dans nos assemblées législatives, sa parole vive et franche exprimait des opinions droites, des vues saines, un amour de l'ordre qu'il aurait voulu voir régner dans la cité comme la discipline dans les camps; et dans toutes les circonstances il montrait cet esprit de modération qui distingue et renforce les bonnes causes.

Vim temperatam Dî quoque provehunt
In majus : idem odere vires
Omne nefas animo moventes.

Dans sa lettre du 19 mai 1849, *Aux soldats de l'armée des Alpes*, au moment où il les quittait, lettre qu'on peut regarder comme son testament militaire et civil, le maréchal Bugeaud leur disait : « Vous n'oublierez jamais que l'armée » est instituée pour faire respecter l'indépendance de la

» France à l'extérieur, et les lois à l'intérieur. » Et moins d'un mois après, à Lyon comme à Paris, l'armée, fidèle au pays et à son drapeau, a montré qu'elle avait accepté la glorieuse hérédité de ses principes et de ses conseils.

Bugeaud se recommandait encore par son amour pour l'agriculture et pour les ouvriers des champs. Il s'était fait leur collaborateur intelligent. L'Algérie lui devra sa colonisation. Dans l'écusson de ses armoiries on voyait une épée et une charrue, avec cette devise : *Ense et aratro.* On pourrait ainsi résumer toute sa vie : *Bon soldat, bon citoyen, bon laboureur.*

FIN.

# TABLE ANALYTIQUE

## DES MATIÈRES CONTENUES EN CE VOLUME.

INTRODUCTION.

De l'agriculture. — Des laboureurs. — La révolution de 1789 affranchit la terre et l'homme. — Excès à la suite. — Gouvernements modérés; progrès de l'agriculture. — Les comices agricoles. — Autres institutions et sociétés. — Congrès central. — Principaux comices, Seine-et-Marne, Seine-et-Oise, la Nièvre, etc. — Invasion de la démagogie, troubles de Paris. — Effets de ces troubles sur l'agriculture. — Des clubs. — Doctrines désolantes du socialisme sur la religion, la propriété, la famille. — Efforts des sectaires pour pervertir l'esprit des campagnes. — Nécessité de se rallier contre eux, III à XXIII.

Le maréchal Bugeaud, XXV.

DISCOURS AUX COMICES [1].

— *A Tannay* en 1839. — Institution du Comice de Clamecy. — État de l'agriculture à cette époque. — Routine. — Progrès espérés. — Éloge des ouvriers de l'agriculture, 1 à 5.

— *A Clamecy* en 1840. — Prix institué pour les chevaux de course. — Irrigations de M. Mathieu de Saint-Pierre-du-Mont, 6. — Esprit que l'agriculture inspire à ceux qui s'y adonnent, 7. — L'agriculture doit se défendre contre les prétentions contraires du commerce et du libre-échange, 7. — Richesse de la Nièvre en fers, bois et bestiaux, 8.

— *A Corbigny*, 1841. — Les Comices sont populaires, 9. — Fatuité de ceux qui les dénigrent, 10. — Chevaux du Morvan, 11. — Le Morvan doit surtout faire du bétail, 11 et 12. — Évêque au Comice, 12.

— *A Varzy*, 1842. — Éloge de la fertilité de son sol, 13. — Décoration de la Légion d'honneur accordée à M. Mathieu de Saint-

[1] En rapportant les *Discours* aux Comices, les *Toasts* et autres *Allocutions*, on a laissé subsister la mention des applaudissements dont ils ont été l'objet. Non, certes, que la postérité puisse accorder le même degré d'intérêt à ces Discours; mais parce que ces manifestations, souvent exprimées avec beaucoup de vivacité et même d'exagération par l'enthousiasme local, montrent les sentiments dont les populations de ces contrées étaient animées, et à quel ordre d'idées elles donnaient si libéralement leur approbation. — Voyez, notamment aux pages 46, 90 et 101, les réflexions des journalistes présents aux Comices de Saint-Révérien, Fourchambault et Grignon.

Pierre-du-Mont, *ibid.* — Taureau de Durham mentionné pour la première fois au Comice, *ibid.*

— *A Lorme*, 1843. — Épigraphe : Tant vaut l'homme, tant vaut la terre, 14. — Le Morvan par opposition au bon pays, *ibid.* — Grand concours d'étrangers et d'illustrations à ce Comice, 15. — Éloge de Vauban, Niverniste, *ibid.* — Sa jeunesse agreste, 16. — Analyse de ses travaux statistiques sur l'agriculture du Morvan, 17 et suiv. — Son écrit sur la cochonnerie, et les produits qu'on en peut retirer, 18. — Ses conseils aux paysans, 19. — Réformes qu'il proposait, 20. — Les prés du Morvan; belles irrigations pratiquées par M. le président Heuilhard-Montigny, 22. — Chastellux, éloge du propriétaire de cette terre, 23. — Conseils aux bâtisseurs, 25. — Améliorations introduites dans le Morvan depuis quelques années, 26. — Conseils sur l'éducation des chevaux, 27. — Caractère d'utilité propre aux Comices, 28. — Toasts portés à ce banquet par M. Sauzet, président de la Chambre des députés, et M. Dupin, président du Comice, 29.

— *A Saint-Révérien*, 1844. — Situation de Saint-Révérien; — ville gallo-romaine dans son voisinage; antiquités, 32 et suiv. — Le donjon et la terre de Champallement, et M. de Mortemart, son propriétaire, 35. — Hervieux, ibid. — Nivernais, terre allodiale, 35. — Que l'homme ne peut être libre quand la terre est esclave. *ibid.* — La communauté des Jault, véritable colonie agricole, 36. — Prix décerné par S. A. R. madame la princesse Adélaïde, 36. — Prix de moralité à un enfant des hospices, 37. — Discours du préfet, 38. — Discours de M. Manuel, député, 42. Réponse de M. Dupin, 43. — Toast par Philippe Dupin, 44. — Toasts aux vainqueurs d'Isly et de Mogador, 46.

— *A Tannay*, 1845. — Cérémonie religieuse avant la célébration du Comice, 47. — Grand nombre de charrues, *ibid.* — Progrès déjà obtenus; ferme-modèle de Poussery, 48. — Sa belle vacherie, 49. — Son asile, *ibid.* — Prix obtenu par la Nièvre au grand concours de Poissy, 50. — Engrais des bestiaux, opinion de M. Thouret, *ibid.* — Race morvandelle, 51. — Note sur la familiarité d'expression que comportent les Comices agricoles, *ibid.* — Congrès central d'agriculture, question du crédit foncier, 52. — Les irrigations, 53. — Les forêts, *ibid.* — Octroi de Paris, on se plaint de ce qu'il a d'excessif, 54. — Amélioration des races de chevaux, *ibid.* — Courses d'Autun, mort de M. de Mac-Mahon, 55. — De l'instruction dans les campagnes; limites dans lesquelles elle est indispensable, note, *ibid.* — Description des richesses forestières, agricoles et manufacturières de la Nièvre, 56 et 57. — Article de M. Wolowski sur ce Comice, 57 et suiv.

— *A Clamecy*, 1846. — Le Comice tient alternativement dans chaque canton, 61. — Prix obtenus au loin par les éleveurs de la Nièvre, *ibid.* — Témoignage de M. Darblay en faveur des bestiaux exposés au Comice de l'arrondissement de Clamecy, *ibid.*

— Chevaux de trait et de labour, 62. — Mauvais étalon envoyé par le gouvernement, *ibid.* — Épizootie; vices signalés à cette occasion dans la construction de la plupart des écuries, *ibid.* — Éloge de la propreté appliquée au nettoiement des étables, au rangement des fumiers, des charrettes et ustensiles aratoires, 63. — Avoir soin des eaux, les appeler à la surface du sol et les distribuer avec soin, *ibid.* — Tenue générale des fermes, 64. — Maladie de la pomme de terre, *ibid.* — Disette, cherté, libre circulation des grains, protection due aux marchés, 65. — Incendies multipliés, recherche de leurs auteurs, 66. — Facilité avec laquelle on accrédite les faux bruits et la calomnie, 67. — Efforts à faire pour dissiper les préjugés de l'ignorance, et répandre l'instruction, 68. — Négligence des populations des moyens d'éducation mis à leur portée, 69. — Belle salle d'asile ouverte à Clamecy, *ibid.* — Jean Rouvet, inventeur des flottages, *ibid.* — Casuel des curés, 70. — Réduction de l'impôt du sel, *ibid.* — Comices sont un enseignement mutuel, 71. — Une occasion de donner de bons conseils, 72. — Toasts portés à ce Comice, *ibid.*

— *A Corbigny*, 1847. — Effets produits dans le département de la Nièvre par les Comices, 74. — Affluence à ce Comice, 75. — Cérémonie religieuse et discours du curé, *ibid.* — Belle vacherie exposée par M. Hervieux, 76. — Discours du président, *ibid.* — Inondations, cherté des subsistances, secours de toutes parts, 77. — Liberté du commerce et de la circulation des grains, 78. — Gendarmerie, éloge de ce corps, il est à désirer que chaque canton ait sa brigade, 79. — Echelle mobile du prix des grains étrangers, *ibid.* — Libre-échange, 80. — Défrichement des bois, *ibid.* Réduction de l'impôt du sel, 81. — L'agriculteur ne doit pas abuser des emprunts, *ibid.* — Danger d'acheter sous prétexte de convenance quand on n'a pas de quoi payer : c'est une cause habituelle de ruine, 82. — Ferme-modèle de Poussery, *ibid.* — Méthode Guénon, 83. — Médailles extraordinaires en prix, *ibid.* — Dépôt de remonte à Nevers, *ibid.* — Prix aux bons domestiques, 84. — Discours de M. Ferdinand Leroy, nouveau préfet de la Nièvre, *ibid.*

— *A Fourchambault*, 1847. — Fraternité de l'agriculture et de l'industrie. — Toast à M. Boigues, fondateur des usines de Fourchambault, 88 et suiv.

— *A Varzy*, 1848. — Discours de M. Métairie, vice-président, 91. — La République devra protéger l'agriculture, 92. — Les habitants des campagnes le méritent, 93. — Enquête sur le travail agricole, 94. — Remplacement militaire est favorable à l'agriculture, 95. — Note contre l'invasion des doctrines socialistes, 96.

DISCOURS AUX COMICES DE SEINE-ET-OISE.

— *A Fromenteau*, 1835. — Courte et vive allocution en l'honneur des comices et de l'agriculture, 97. — La terre, c'est le sol, c'est la patrie, *ibid.*

— *A Grignon*, 1835. — Présence du duc d'Orléans, propriétaire du haras de Meudon, 97. — Exercices du Comice, 98. — Réponse de S. A. R. au discours du directeur de l'école, 99. — Discours de M. Dupin, éloge de Grignon, 100. — Mention du duc d'Orléans, *ibid.* — Le bon serviteur suppose le bon maître, *ibid.* — Président du comice justement décoré, *ibid.* — Les députés sont les représentants du territoire, 101. — Eloge des laboureurs, ils sont aussi les meilleurs soldats, *ibid.*

— *Comice de* 1837. — Médaille obtenue par le duc d'Orléans, 103.

— *Bergeries de Sénart*, 1838. — Présence du duc d'Orléans, 103, et du général Bugeaud, 104. — Travaux et magnanerie de M. Camille Beauvais, *ibid.* — Vers à soie de Chine, *ibid.* — Allocution du duc d'Orléans en décernant la médaille de M. Camille Beauvais, 105.

— *A la Ménagerie*, 1839. — L'agriculture doit se défendre contre les doctrines trop absolues du libre-échange, 106. — Sans cela, effet désastreux, par exemple pour les bestiaux, les laines, les fils de lin, le sucre indigène, 107. — Cependant les tarifs protecteurs doivent être modérés, 108.

— *A Volleran*, 1840. — Eloge du comice de Seine-et-Oise, 108. — Eloge de son président, M. Defitte, 109. — Défense du sucre indigène, *ibid.* — Eloge de l'école de Grignon, *ibid.*

— *Seine-et-Oise*, 1844. — Théorie de l'organisation du travail; l'agriculture en offre le plus parfait modèle, 111. — Apologue de La Fontaine, le travail est un trésor, *ibid.* — Moyens honnêtes de faire fortune, 112.

— *A Grignon*, 1845. — Présence du duc de Nemours, son allocution, 113. — Comice de Seine-et-Oise, ses présidents, 114. — Illustres visiteurs, 115. — Progrès, encouragements, écoles-modèles, concours de Poissy, *ibid.*

— *A Osny près Pontoise*, 1846. — Haras-modèle de St-Cloud, chevaux envoyés par l'iman de Mascate, 116. — Théoriciens hargneux, à qui leurs rêveries ne coûtent rien, *ibid.* — Le libre-échange prêché par les Anglais, 117. — Le sieur Hamelin, agriculteur-modèle, *ibid.*

— *A Soindres près Mantes*, 1847. — Territoire et situation de Mantes-la-Jolie, 117. — Duc de Nemours, 118. — Caractère patient et paisible du laboureur, 119. — Les députés seront les défenseurs des intérêts de l'agriculture, *ibid.* — Sentiment d'honneur qui s'attache aux travaux agricoles, 120.

— *Montfort-l'Amaury*, 1848. — Présence du citoyen Flocon, 120. — Laboureurs de la veille et du lendemain, *ibid.* — Le laboureur défend sa terre et respecte celle de son voisin, 121. — Nourrit tous ceux qui travaillent pour elle, *ibid.* — Vaste atelier pour tous, *ibid.* — Laboureurs intéressés au repos de Paris, sont venus à son secours, 122. — Lois espérées de la législation, *ibid.* — Devoirs politiques des agriculteurs pour le maintien de l'ordre, 122.

— *A Angerville*, 1849. — Toast à la République et à la Constitution, par M. Darblay, 123. — Toast *à l'Agriculture* par M. Dupin. — Comices cimentent l'union des citoyens, *ibid.* — Vœux des amis de l'agriculture, dans les circonstances présentes, 124. — Efforts tentés par les socialistes pour pervertir l'esprit des campagnes par l'appât illicite des dépouilles du prochain, *ibid.* — C'est détruire la société dans son essence, 125. — Le devoir de tous les honnêtes gens est de se rallier pour déjouer ces tentatives, *ibid.* — Toast de M. Lacave aux lauréats du concours. 126.

CONGRÈS CENTRAL D'AGRICULTURE.

CRÉDIT FONCIER. — Discussion de cette question au Luxembourg en 1845, 127. — Et devant le Comité de législation de l'Assemblée constituante, 129 et suiv.

LOI DES CÉRÉALES. — Il ne faut pas que le prix des grains soit trop élevé; mais il y aurait de l'inconvénient à ce qu'il fût si bas, que le laboureur et le fermier ne pussent retrouver le prix de leur travail et de leurs avances, 132.

SUCRE INDIGÈNE. — On combat comme antinational le projet de tuer cette industrie par une indemnité, et de flétrir le sol français par une interdiction de culture, 136.

IMPÔT DU SEL. — Discours de M. Dupin à la chambre des députés pour la réduction de l'impôt du sel dans l'intérêt de l'agriculture, et surtout des pauvres habitants qui, comme ceux du Morvan, sont réduits à manger des pommes de terre, sans pouvoir y ajouter un grain de sel pour relever l'insipidité de cet aliment, 139.

CODE RURAL. — Observation sur les difficultés que présente la rédaction d'un Code rural, 148.

REBOISEMENT DES MONTAGNES. — Discussion académique à ce sujet avec MM. Passy et Blanqui, 149.

STATISTIQUE DE L'AGRICULTURE DE LA FRANCE. — Etendue du domaine agricole, 152. — Décomposition du domaine agricole en cultures, 153. — Rapport de l'étendue des cultures à la population, 155. — Pâturages, *ibid.* — Bois et forêts, 156. — Quantité de la production du domaine agricole, *ibid.* — Richesse du domaine agricole-forestier, *ibid.* — Progrès de l'agriculture depuis 150 ans, 158. — Animaux domestiques recensés en France, 160. — Tableau général de la valeur des produits de l'agriculture en France, 161.

MESSAGE du président de la République, 1849. — Paragraphes relatifs à l'agriculture, 162.

LISTE par ordre alphabétique des Sociétés d'agriculture et Comices agricoles de France dans chaque département, 163.

ENSEIGNEMENT AGRICOLE. — Décret de l'Assemblée constituante du 3 octobre 1848, loi Thouret, 168. — Trois degrés d'enseignement, 169. — Fermes-écoles, *ibid.* — Des écoles régionales, *ibid.* — De l'institut national agronomique, 170.

NOTICE sur les établissements d'instruction agricole créés en France, 172. — Instituts agricoles — de Roville, *ibid.* — Grignon, *ibid.* — Grand-Jouan, 173. — La Saulsaie, *ibid.*

FERMES-ÉCOLES. — Définition de ces écoles, 174. — Tableau des fermes-écoles existantes au 1er juin 1849, 175.

CHAIRES D'AGRICULTURE, 176.

ETABLISSEMENTS DE BIENFAISANCE AGRICOLE. — Le Pénitencier de Marseille, 176. — St-Antoine, *ibid.* — Le Val-d'Yèvre, *ibid.* — St-Illan, 177. — St-Louis, *ibid.* — Le Mettray, *ibid.* — Plougerot, *ibid.* — Le Mesnil-St-Firmin, *ibid.* — Petit-Quevilly, *ibid.* — Petit-Bourg, *ibid.* — Petit-Mettray, *ibid.* — Montmorillon, *ibid.* — Les colonies d'Oswald et de Cernay, *ibid.*

COLONIES AGRICOLES. — Rapport sur ces colonies par le ministre de l'agriculture, 178. — Commission instituée pour s'en occuper.

ECOLES VÉTÉRINAIRES, 181.

HARAS, 182.

GRIGNON, institut agronomique, *ibid.*

PETIT-BOURG, société de patronage des jeunes gens pauvres du département de la Seine, 187.

FERME SAINTE-ANNE, des hospices de Paris, 189.

COLONS DE L'ALGÉRIE, 192.

SCIENCE DU BONHOMME RICHARD, 195.

LE PAUVRE ET LE RICHE, dialogue, 205.

APPENDICE. — Littérature agricole, 206.

— Estime des Romains pour l'agriculture (Varron, Cicéron, Columelle), 206.

— Demande de congé adressée par Pline à l'empereur Trajan, 207.

— L'œil du maître (Caton), *ibid.*

— Prudence dans les impenses et les améliorations, *ibid.*

— Etendue des cultures (*latifundia!*), 208.
— Assolements, engrais (Virgile), *ibid.*
— Préparation et renouvellement des semences, *ibid.*
— Travaux permis les jours fériés, 209.
— Merveilles de la greffe (Virgile), *ibid.*
— Plaisirs de l'agriculture (Cicéron), *ibid.*
— Bonheur de la vie rustique (Virgile), *ibid.*
— Vie champêtre préférable à la vie politique (Virgile — Senèque — Horace), 210.
— Vœux d'Horace, 212.
— Maison de campagne du poëte Ausone, *ibid.*
— Les jardins du vieillard de Tarente, 213.
— Horticulture (fragment de Lamartine), *ibid.*

FIN DE LA TABLE ANALYTIQUE DES MATIÈRES.

www.ingramcontent.com/pod-product-compliance
Ingram Content Group UK Ltd.
Pitfield, Milton Keynes, MK11 3LW, UK
UKHW022041190726
13855UKWH00002B/382